资助项目:

中国气象局气候变化研究专项;

国家重点基础研究发展计划项目(973计划)"气候变化对我国东部季风区陆地水循环与水资源安全的影响及适应对策"(No. 2010CB428401);

"十二五"国家科技支撑计划项目"IPCC第五次报告对我国应对气候变化战略的影响"(2012BAC20B05);

国家自然科学基金"青藏高原高寒草地生态系统及其服务价值对区域气候变化的响应"(31170460);

中国气象局精细化暴雨灾害风险普查项目。

气候变化影响评估方法应用

姜　彤　主编

U0247407

气象出版社
China Meteorological Press

内容简介

本书是一本气候变化影响评估方法的应用指南。全书共 15 章,内容涉及数据处理与分析,未来气候变化情景预估及应用,气候变化对农业、水资源、生态系统、能源、交通及人体健康和社会经济等方面的影响评估方法,气候变化影响的检测与归因方法,气候变化风险分担与转移方法及适应性评估方法和评估中对不确定性的分析和处理等重要课题。本书详细介绍了根据评估框架,把气候变化影响、脆弱性和适应性等几个方面的分析结合在一起的评估方法,在阐释各种评估方法原理的同时,更注重评估方法的实际应用,对各种评估方法的具体应用实例进行介绍和讨论,使读者对各种评估方法的应用有更为深刻的理解。

本书实用性较强,几乎涵盖了国民经济主要部门的影响问题和相关方法,不仅可以为气候和气候变化影响综合评估工作提供思路和方法,亦可为对影响评估感兴趣的读者提供有用的参考和借鉴,作为有关科研领域和大专院校师生的参考书目。

图书在版编目(CIP)数据

气候变化影响评估方法应用/姜彤主编.—北京:气象
出版社,2013.12(2019.7重印)
  ISBN 978-7-5029-5855-8

  Ⅰ.①气⋯ Ⅱ.①姜⋯ Ⅲ.①气候变化-影响-评估
方法 Ⅳ.①P467

  中国版本图书馆 CIP 数据核字(2013)第 288859 号

Qihou Bianhua Yingxiang Pinggu Fangfa Yingyong
气候变化影响评估方法应用
姜 彤 主编

出版发行:气象出版社
地　　址:北京市海淀区中关村南大街 46 号　　　邮政编码:100081
电　　话:010-68407112(总编室)　010-68408042(发行部)
网　　址:http://www.qxcbs.com　　　E-mail:qxcbs@cma.gov.cn
责任编辑:张锐锐　　　　　　　　　　终　　审:章澄昌
封面设计:博雅思企划　　　　　　　　责任技编:吴庭芳
责任校对:华　鲁
印　　刷:北京建宏印刷有限公司
开　　本:787 mm×1092 mm　1/16　　　印　　张:14.5
字　　数:380 千字　　　　　　　　　　彩　插:8
版　　次:2013 年 12 月第 1 版　　　　印　　次:2019 年 7 月第 3 次印刷
定　　价:120.00 元

本书如存在文字不清、漏印以及缺页、倒页、脱页等,请与本社发行部联系调换

序　言

近年来,气候变化成为国际上的一个热门话题,受到了国内外科学和社会各界的关注,对气候变暖的事实和原因也提出了众多质疑。特别是前两年爆发的"气候门"、"冰川门"等问题引起国内外很多学者的思考。我参与过第一次到第四次 IPCC 气候变化评估报告的编写和形成过程,也参加了两次中国国家气候变化评估报告的编写以及中国气候变化专家委员会对 IPCC 第四次气候变化评估报告的分析评估工作,使我认识到气候变化影响评估工作受到的关注越来越高,但同时评估报告的编写和通过的难度也在增加。中国气候变化的研究水平与国外相比有一定的差距,其中之一是我们对相关数据的处理和分析存在一定的欠缺,在相当程度上有关观测数据缺少国际认可,这也是 IPCC 历次评估报告中,总体上来自中国的声音不多、引文偏少的原因之一。

中国非常重视气候变化问题,也进行了节能减排等实质性的努力。2011年通过的国家"十二五"规划中,将"积极应对全球气候变化"列为一项重要的国家任务和行动,明确提出坚持减缓和适应气候变化并重,充分发挥技术进步的作用,完善体制机制和政策体系,提高应对气候变化能力。为增强适应气候变化能力,制定了国家适应气候变化总体战略,其中特别是增强应对极端气候事件的能力建设,加快适应技术研发推广,提高农业、林业、水资源等重点领域和沿海、生态脆弱地区适应气候变化水平,加强对极端天气和气候事件的监测、预警和预防,提高防御和减轻自然灾害的能力。

作为适应和减缓气候变化行动的重要科学前提,中国气象局高度重视气候变化影响评估工作,重视各级气象部门、气象工作者在应对气候变化中开展的各项业务科研工作。中国气象局科技与气候变化司也大力支持和关心气候变化影响评估,重视人才培养与培训;国家气候中心在这方面做了大量工作,其中包括在编写出版一系列流域和区域气候变化影响评估报告的基础上,在姜彤研究员的主持下汇集形成这本《气候变化影响评估方法应用》,为区域和省级气候和气候变化业务工作的开展提供帮助。虽然书的内容尚有不成熟的地方,但是可以为气候和气候变化影响综合评估工作提供思路和方法。这是一本实用性强的专著,几乎涵盖了国民经济主要部门的影响问题和相关方法,可为对影响评估感兴趣的读者提供有用的参考和借鉴。

中国工程院院士、国家气候中心研究员

丁一汇

2012 年 9 月 25 日

目　录

第1章

数据处理与分析

朱玉祥(中国气象局气象干部培训学院)
翟建青,苏布达(国家气候中心)

导读

☞观测资料均一性检验方法包括直接方法(1.2.2.1)和间接方法(1.2.2.2)。如:

✓需要处理权重因子问题,可参考主观方法(可见1.2.2.2部分)。

✓检验气象要素(如气温、降水)序列,可选用单站资料检验方法和参考站资料检验方法,如多元线性回归方法、T检验法、SNHT方法等。其中多元线性回归方法可检验温度序列中的跳跃和趋势,而T检验法则用于温度时间序列均一性检验(可见1.2.2.2部分)。

✓检验均值是否稳定,可用U检验和T检验(可见1.2.2.2部分)。

✓检验方差是否稳定,可用χ^2检验和F检验、M-K检验、滑动T检验、Pettitt检验等(可见1.2.2.2部分)。

☞气候资料均一化步骤,可见1.2.3部分。

☞城市化影响分离方法,可见1.2.4部分。

☞气候变化和土地利用变化对每个地区的区域响应是不同的,本章提供了常用频率值计算和分布模型,使用者可根据需求选择合适的方法(可见1.3.2部分):

✓ 在分布函数形式未知的情况下，模拟和拟合极端值的分布规律，常采用皮尔逊Ⅲ型分布(Pearson Ⅲ)、指数分布(Exponential)、对数正态分布(Logarithmic normal)、耿贝尔分布(Gumbel)、韦布尔分布(Weibull)等分布。

✓ 极大值问题，很多气候要素的极值分布都属指数型的，耿贝尔(Gumbel)分布是一个适用较广的分布理论。而在实际应用中韦伯(Weibull)分布有时能取得更好的效果，特别是在风速的概率分布及风能资源的研究中。对于极小值问题，只要将样本资料改变符号，就可以当作极大值问题处理。这样可以直接应用极大值的分布理论进行计算，最后将所得到的重现期值改变符号，就得到 T 年一遇的极小值。

☞ 参数估计和检验方法(可见 1.3.3 部分)：

✓ 当样本量较少时，最小二乘法(LSE)对尺度参数估计结果较差，极大似然法(MLE)或矩法(MOM)均不能给出参数估计的解析表达，运用概率权重矩法(PWM)则比 MLE 简单而精度有时甚至高一些。L 矩法(LME)与 PWM 对统计参数的估计有同解，但 LME 引进了 L 矩变差系数，L 矩偏态系数等无因次的统计量，便于进行统计参数的地区综合和线型鉴别。

✓ 理论分布与经验分布的偏离程度，可采用柯尔莫洛夫—斯米尔诺夫(K-S)方法检验。

☞ 气候变化风险分析方法(可见 1.4 部分)：

✓ 计算风险水平的高低和相应的概率，可用数理统计和概率论方法。

✓ 当与风险有关的资料不充分时，可用模糊数学法。

✓ 针对问题需要得到最合理的决策，可选用运筹学方法，该方法从全局出发，且可建立模型。

1.1 引言

　　数据是气候变化影响评估工作的基础。气候变化影响评估用到的数据除气象、水文等方面观测到的基础数据，以及数字高程模型、土壤、土地利用等地理空间数据之外，还要用到大量的社会经济数据，包括国民经济核算、人口、能源生产和消费、环境保护等综合数据，以及产出、政府财政、就业、收入和支出等经济指标。由于种种原因，这些数据在用于气候变化影响评估时，往往存在很多质量问题，需要进行质量控制和误差订正后，才能用于具体的研究工作中。限于篇幅，本章仅介绍气候资料的数据处理中常用的均一性检验和订正方法以及频率(重现期)分析方法。其他资料的处理方法类似，但需要结合相应的专业知识进行认真细致的分析处理。

1.2　气候资料的审查和订正

1.2.1　气候资料审查的必要性

从统计意义上讲,各种气象要素观测值都可以看作是随机变量。一地的气候状况可以用这些要素的气候统计量来描写。描写气候特征的各种气候指标,如算术平均值、频率、均方差等,实质上就是这些气候统计量的样本值。一个气候指标能否很好地反映一地的气候特征,主要取决于两方面的因素,即观测值对真值的误差(观测误差)和气候统计量样本值对总体值的抽样误差。在任何一种测量中,无论所用仪器多么精密,观测方法多么完善,观测者多么细心,由于大气湍流性质及其他方面的原因,所得到的观测值和真值总会有误差。

气象观测资料的误差按性质不同分为 3 类,即随机误差、系统性误差、过失误差。

随机误差是由相互独立的多种随机因素共同作用下产生的观测值对真值的误差。其分布状态在统计上常被假设为正态分布,均值为零。因此,在气候平均处理中,其影响会基本消除。

系统性误差与随机误差的主要差别在于其均值不为零。即系统性误差分布相对零为非对称,它的平均值显著偏离于零,也就是通常称为的偏差。其表现通常为在长序列资料中数据突然发生显著变化,称之为"间断"。系统性误差的原因多数是由于仪器发生变化、台站迁移、数据计算方法变化、数据处理程序改变等。系统偏差通常在时间上具有持久性,通过均一性检验等方法可以确定资料的系统性误差。

存在过失误差的资料是一种毫无气象学意义的错误资料。其产生的原因包括:仪器失灵;观测员人为的操作失误,如仪器读数错误;由于错误的译码或数字化而产生的错误。过失误差在$(-\infty,+\infty)$值域内呈均匀分布。

气候资料统计分析的目的是揭示各地的气候规律。为使统计结果能正确地反映各地的气候特征,必须对资料的质量进行分析,以确定其使用价值,这就是气候资料审查的目的。

对气候资料质量的要求,主要有下列四个方面:

(1)准确性和精确性

准确性的审查主要是检查资料中有无明显的过失误差。如果发现这种误差,应将其改正或订正。对无法改正或订正的明显错误记录,则应考虑是否不参加统计分析。精确性的审查主要是检查记录是否达到了规定的精度,例如气温是 0.1℃,气压是 0.1 hPa,降水量是 0.1 mm 等。精度不够会影响分析的结果。对观测误差较大的一些项目,过高的记录精度也没有实际意义,徒然增加资料处理的麻烦。

(2)代表性

气候资料的代表性指它能否反映我们研究地区范围内的气候状况。一般来说,由于地理环境的差异,各个测站所能代表的范围是很不一样的。因此,在不同目的、不同尺度的气候分析中,同一测站代表性的结论可以是不同的。例如,河谷中的测站,由于地形对降水的影响,降水量常常偏大,在大范围气候分析中,由于它不能反映广大非河谷地区的气候特征,因此是没有代表性的。但是,在中小尺度的气候分析中,特别是分析地形对降水量的影响时,河谷测站的资料就是有代表性的了。对于气候变化影响评估来说,在使用气象资料的时候,需要考虑其代表性。

(3)比较性

在气候分析中,为了研究气候空间变化和时间变化的规律,必须了解各地区或各时期气候的差异和联系。这就要比较各地区或各时期的气候特征。在做空间比较时,要求各测站的资料都是在相同的观测时期内取得的,这是因为气候状况既有明显的年际变化,还存在着各种不同时间尺度的周期振动或长期趋势的不同阶段,从而会失去比较意义。在作比较时,由于类似的原因,通常要求所比较的资料有相同的长度。对于观测时期(或长度)不同的资料进行空间(或时间)比较时,原则上都应先用适当的方法加以订正。这些订正方法就是我们后面要详细讨论的气候资料的序列订正。

(4)均一性

如果一个测站得到的气象记录序列仅仅是天气和气候实际变化的反映,那么,这样的资料就是均一的。测站位置的迁移、周围环境的改变、观测仪器和安装方法的更新、观测时次的改变、观测者的习惯性误差、定义指数时所用观测台站数量的变化等,都可能使观测序列发生改变,这些改变都不是实际天气和气候变化的反映,因而破坏了资料的均一性。气候资料序列的非均一性,制约了气候模式预报、预测和预估的准确性,影响气候变率和气候极端事件研究的统计评估,影响数值模式效果检验,对不均一的资料应该加以订正或者在分析中注意到使均一性受到破坏的那些因素的作用,才能做出恰当的分析。

一般来说,气候资料的质量控制分为两个层次:第一层次为对原始文件和数据集进行逻辑、界值、一致性和空间性等的审查;第二层次为均一性检验和订正。

气候资料的审查是一种复杂而细致的工作,不仅需要具备一定的气象学、天气学、气候学和气象观测的知识,而且需要相当丰富的气候资料实际工作经验,才能把工作做好。气候资料审查主要是从下列几方面进行:查阅测站的历史沿革记载和资料的说明等,分析是否存在测站迁移、仪器和观测方法的更新、观测时制的改革等可能引起资料不均一性的因素;根据观测规范、统计规定,检查观测记录和统计结果是否符合规定,核对统计计算是否错误;检查同一要素的各个统计项目之间是否协调。

传统的资料质量控制主要是根据气象学、天气学、气候学原理,以气象要素的时间、空间变化规律和各要素间相互联系的规律为线索,分析气象资料是否合理。其方法包括:范围检查、极值检查、内部一致性检查、空间一致性检查、气象学公式检查、统计学检查、均一性检查。这些方法被普遍应用到地面气象资料的质量控制中。近年来国外在地面气象资料质量控制技术方面虽然有了新进展,但是在运用质量控制方法时,传统的质量方法仍是主要工具。随着计算机能力的提高,可以使用自动控制和人机交互、气候背景资料和统计检验相结合的技术,并适当应用空间检验方法,来设计我国地面自动站资料质量控制业务流程(刘小宁等,2005)。

　　气候变化研究的基础是均一性的长序列数据。然而由于仪器变动、站址迁移、观测方法改变,常会使序列数据产生非均一性,这样的数据用于研究时,可能会导致错误结论的产生,所以需要对序列数据进行均一化处理。同时,在观测形成的气候资料序列中,也包含有气候变化、气候趋势的有关信息,而这些气候变化、气候趋势的信号在做非均一性检验时可能会导致错误,因此在进行非均一性检验之前,应首先对原始序列进行"过滤",删除序列中气候变化或趋势的信号。"过滤"原始序列中的气候变化或趋势的方法有差值法、比值法、回归法等。

1.2.2　观测资料均一性检验方法

　　气候资料是气候变化研究的基础。由于仪器变动、站址迁移、观测方法改变等原因,使得气候资料序列中往往包含了很多气候之外的变化因素,利用这种资料序列进行气候变化分析可能会导致错误结论。根据资料均一性的定义,这种包含了多种非气候因素的资料序列就是非均一性的,为了准确地进行气候变化分析和研究,需要对资料序列进行均一化检验。

　　只有使用均一化的资料进行气候变化影响评估分析,得到的结论才是准确合理的。

　　Heino(1997)总结了导致长期气候变化的因子(图 1-1),他把导致长期观测气候变化的原因划分为两种:明显变化和真实变化。其中明显变化就是我们这里提到的导致气候资料非均一的因素。而要保留的就是去除了明显变化的气候的真实变化,也就是所谓的均一的气候序列所反映的气候变化特征。

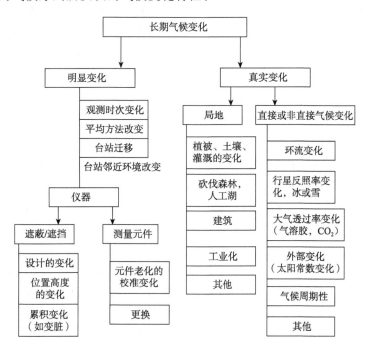

图 1-1　导致长期气候变化的因子(Heino,1997;李庆祥等,2003)

目前气候资料的均一性研究(包括检验和订正)的基本思路有两种:一种思路是从观测站点的历史沿革变化入手,把可能产生非均一性的点作为可能的非均一性点,通过对比检验,确定出非均一性的幅度,再进行调整,得到相对均一化的时间序列;第二种思路是通过目标台站的观测序列和几个周边站点的序列进行比较,剔除目标台站序列中的气候背景信号后,利用统计手段对剩余的差值序列进行检验,根据检验结果确定非均一性点的位置和幅度,利用统计学手段进行调整,得到新的相对均一化序列。下面对常用的气候序列均一性研究方法做一介绍(Peterson 等,1998;李庆祥等,2003;李庆祥,2008)。

1.2.2.1 直接方法

(1)元数据(Metadata)

在所有的均一性技术中最常用的信息来自于台站历史元数据文件。所谓元数据是指台站迁移、仪器变更、仪器故障、新的计算平均公式、台站周围的环境变化如建筑和植被情况、新的观测者、观测次数变化以及仪器变化中的仪器比较研究等评估均一性的相关信息(吴利红等,2005)。这些元数据可以在台站纪录、气象年册、原始观测表、台站检查报告及通信、技术手册当中找到,元数据还可以从台站操作人员的口头调查获得。元数据包含的特殊信息和观测数据是非常相关的,并且可以提供给研究者关于非均一性发生的精确时间以及造成的原因,是均一性研究的重要基础环节。

(2)仪器的平行比较及统计

根据各国的实际情况,仪器类型改变时常常采用不同仪器的平行比较观测。理想状况下是在每一个台站均作这样的比较,以便新旧仪器之间有交替的时间序列,但实际上通常只在有限数量的台站中作比较。平行观测比较必须持续至少一整年,这是为了评估不同仪器之间季节变率的差异。仪器平行比较观测所得到的气象资料要纳入统一的观测数据集,需要进行统计研究。

1.2.2.2 均一性检验的间接方法

(1)利用单站资料

单站资料可以使用大部分均一性检验技术。但仅利用单个台站的资料是有问题的,因为这时检测到的变化很难区分是由实际气候变化造成,还是其他原因造成的,需要借助元数据和相邻台站资料进行分析。然而,有一些独立的台站周围并没有足够的台站,这样就必须要求单个台站的资料更可靠。另外,当元数据不精确时,还必须用台站资料来确定变化时间,当尽可能多的要素都能取得时最好,比如气压常常比降水资料更好地确定出迁移时间。

Zurbenko 等(1996)将一个滤波器应用于单个台站资料来确定不连续时间,这个过程是迭代的,它可以平滑掉时间序列的噪声而保留下作为明显的断点的非均一性;Rhoades 等(1993)也提出了一些统计程序来做单个台站资料的均一化。虽然对不连续点的调整需要主观判断,但很多的图形和分析技巧对于均一性调整也是有帮助的,例如图形分析、平均间隔上的年及年内差异的简单统计检验以及不连续断点的检验程序等。

高晓容等(2008)对山西五台山地面观测站的气温、相对湿度和降水进行了均一性分析,即是单站资料均一性检验的例子。

(2)构造参照序列

台站的时间序列的变化可能显示不均一性,但也可能仅显示局地气候的一个突变。为了把这二者分离,许多检验技术应用了邻近台站的资料作为局地气候的显示器。在均一性检验工作中,直接利用邻近台站的资料或者利用台站资料发展一个参考序列在许多方法中得到应用。

建立参考台站时间序列的方法是非常重要的,并且需要对站网和调整方法有充分了解,这主要是因为通常情况下无法提前估计台站序列的均一性对于参考序列的作用。在有些情况下,可以利用元数据来判断哪些邻近台站在特定时段内是均一的。Potter (1981)建立了一个由19个站组成的站网的参考序列,对观测时间相同的其他18个站的平均作为每一个待检台站的参考序列。在经过均一性检验,去除那些含有非均一性的台站后,用相同的方法重新建立了一个新的参考序列。

利用含有未知的非均一性的序列建立一个完全均一的参考序列是不可能的,但采用一些技术可以减小参考序列中潜在的不均一性。首先是找寻相关性最好的邻近台站,对第一差异序列作相关分析。比如,温度计的改变将只改变第一差异序列中的1年的值,而对于原始数据,这样的变化将改变所有后面的年份。第二个建立第一差异参考序列的最小化技术是计算不包括待检年份数据的相关系数。这样,如果某一年待检序列的第一差异值因为不连续而特别异常的话,当年的第一差异参考序列值的确定将完全不受该不连续点的影响。在建立每年的第一差异值时,采取一种多元随机块置换检验(MRBP)(Mielke,1991),利用周围5个最高相关的台站的途径有足够的资料准确地模拟待检序列,以至于由于随机性导致的相似性的可能性<0.01;另一个减少参考序列的非均一性方法——Peterson等(1994)利用5个最高相关的中心的3个值来构造第一个差异序列的资料点。当然别的一些技术,比如主成分分析(PCA),也可以产生非常好的参考序列。当邻近台站资料在许多均一性调整途径之中时,当那些资料都不够好的时候,就要进行多次调整。

(3)主观方法

主观调整在众多的调整方法中是一个很重要的工具,因为它可以解决很多不能用客观程序实现的因子权重问题。例如,当看到一个图形输出揭示一个台站时间序列,一个邻近台站的序列和一个差异序列(待检—邻近)时,主观的均一性评估就取决于台站序列之间的相关、通过序列方差比较表现的明显不连续的幅度、邻近台站的资料质量、其他相关的信息以及可得到的元数据的可信度等。主观调整在台站资料的内部检查和当某种因素(比如元数据)的可信度变化时尤其有用。

流量对照分析(Kohler,1949)可以作为对主观方法的补充。一个流量对照曲线图画出了一个邻近台站的累计和与待检台站的累计和的对照。许多流量分析图都粗略地为直线,所以一个新的倾斜度突然变化则表示不连续,缺点是它不能认定是因为待检序列还是邻近台站的序列发生不连续。为了解决这个问题,Rhoades等(1993)同时画出了邻近一些台站的平行累计和(CUSUM)曲线。

（4）客观方法

所谓客观方法就是采用数学方法使得序列中不连续点在统计上体现出来,可以用客观程序进行判断。国外经常采用的检验方法为:第一步为滤波,这样去除系统的气候变化和变率;第二步是应用随机性检验方法来决定接受或拒绝是否存在趋势;最近还有人提出了一些更复杂的方法,主要是针对多个断点的检验,这些检验方法主要是基于最大似然原理。下面是国外研究者发展的一系列具体的研究气候序列均一性的方法。

1)Potter方法。Potter(1981)应用这种技术对待检台站序列的降水比率序列和复合的参考序列进行了检查。Potter方法是对原假设——整个序列具有相同的双变量正态分布和可变假设,检验年份之前、后具有不同的分布之间的最大似然比率的显著性检验,这种双变量检验和流量对照曲线分析非常相似。一部分检验统计取决于时间序列的所有点,而另一部分检验统计仅取决于在有问题的点之前的点,统计量值的最大值点的次年即为台站时间序列的均值不连续点。Plummer等(1995)利用Potter方法来形成一个对每个资料值的检验统计和对资料值的最大可能抵消或调整的评估。

2)SNHT方法。Alexandersson(1986)发展了广泛应用的SNHT方法。用这种方法不仅可以对多个断点的情况以及除了跳点以外趋势的均一性检验外,还可检验方差变化的情况(Alexandersson等,1997)。和Potter方法一样,SNHT方法也是一种最大似然检验方法。这个检验是针对待检序列和参考序列的比率或差值序列的。首先序列被正态化,在最简单的形式下,SNHT统计检验量是T_v的最大值。

$$T_v = v(\overline{z_1})^2 + (n-v)(\overline{z_2})^2$$

式中$\overline{z_1}$是$1\sim v$的平均值,$\overline{z_2}$是$v+1\sim n$的平均。

黄群(2007)采用这种方法对中国近50年降水和湿度资料进行了均一性检验和订正。吴利红等(2007)采用这种方法,对浙江省36个站的年平均气温序列进行均一性检验。高晓容等(2008)和高理等(2010)也采用了这种方法做资料的均一性检验。

3)多元线性回归。加拿大的Vincent(1998)发展了一个基于多元线性回归的新方法来检验温度序列中的跳跃和趋势。这个技术是基于应用一个回归模型来确定被检验的序列是否均一、有一个趋势、一个单独的跳跃或者(在跳跃点前和/或后的)趋势。这里,非独立的变量是待检台站序列,独立变量是许多周围台站的序列。额外的独立变量用来描述或衡量存在于检验序列中的趋势或跳跃。为了确定跳跃点的位置,在不同时间位置应用第三个模式,提供了最小残差平方和的位置点,它代表检验时间序列中最可能的跳跃点位置。

4)二位相回归。Solow(1987)描述了一种通过在一个二位相回归中确定变点来检验时间序列的趋势变化的技术,被检验的年前、后的回归线强迫在该点会合。因为仪器变化可能导致跳跃点,Easterling等(1995a;1995b)发展了这一技术,称为E-P技术,使得回归线不强迫在该点会合,而在被检验年份的前后的差异序列(待检—参考)都用线性回归来拟合。二位相回归方法的基本原理如下:

假设时间序列$\{x_t\}$,$t=1:2,\cdots,N$的长期趋势、均值有转折性变化,可以建立如下趋势拟合模式：

$$\begin{cases} x_t = a_0 + b_0\,t + e_t & t = 1,2,\cdots,r \\ x_t = a_t + b_1\,t + e_t & t = r+1,\cdots,N \end{cases}$$

r 为序列的转折点。

原假设 H_0：序列无不连续点。备择假设 H_1：序列存在不连续点，即 $b_0 = b_1$，根据 Solow(1987)构造似然比统计量：

$$U = \frac{(Q_0 - Q)/3}{Q/(n-4)}$$

Q_0, Q 分别为 H_0, H_1 成立时的残差平方和，可以证明，在 H_0 成立时，U 统计量的渐近分布为 F 分布，其自由度分别为 3 和 $n-4$。根据假设检验，若实测样本在给定的显著性水平 α 上满足：

$$U \geqslant F_{3,n-4}(1-\alpha)$$

则拒绝原假设，否则接受原假设。其中 $F_{3,n-4}(1-\alpha)$ 是分布的 $1-\alpha$ 分位数。

Zhai 等(1996)对此方法进行了改进并成功地应用到 CARDS 的时间序列不均一检测过程中。翟盘茂(1997)使用此方法对中国历史探空资料的系统偏差进行了分析。

5)秩序变点检验。使用基于一个时间序列秩序值的检验具有不受到外界反向影响的好处。Lanzante(1996)描述了一个和 Wilcoxon-Man-Whitney 检验相关的无参数检验。这种检验利用的统计量在每一点都计算了基于从开始到有问题的点秩的和。首先是判断时间序列中每一点的秩，然后形成一个秩的和的序列(SR_i)；下一步对长度为 n 的序列计算一个调整和(SA_i)：$SA_i = |(2SR_i) - i(n+1)|$。除了最后一个点，$SA_i$ 的最大值被认为是可能的不连续点。如果记为 x，则统计量 z：

$$z = \frac{(SR_x - x(n+1)/2 + d)}{[x(n-x)(n+1)/12]^{0.5}}$$

式中 d 为一个经验值，如 $SR_x = \frac{x(n+1)}{2}$ 则 $d=0$；如 $SR_x < \frac{x(n+1)}{2}$ 则 $d=0.5$；如 $SR_x > \frac{x(n+1)}{2}$ 则 $d=-0.5$。如果 $x>10$ 并且 $(n-x)>10$，即不连续点前后至少有 10 年资料，那么利用一个正态概率表的双尾检验可以应用来评估统计量的显著性。

6)Craddock 检验。由 Craddock(1979)发展，尽管有时有足够长均一的子段就足够了，但这个检验仍需要一个均一的参考序列。Craddock 检验根据下列公式计算了参考序列和待检序列的正态化差异序列：

$$s_i = s_{i-1} + a_i \cdot (\frac{b_m}{a_m}) - b_i$$

式中 a_i 是均一的参考序列，b_i 是待检序列，a_m、b_m 是整个序列的平均值。如果检验的气候元素变为 0(或者接近 0)，它必须用一个附加常数来转换，以避免被 0 除。对于温度，则可以通过用绝对温标 K 代替℃。

7)T 检验。通常的 T 检验也被用于评估均一性(Panofsky 等,1968)。在挪威气象研究所，这种检验方法用于温度时间序列均一性检验。

8）Caussinus-Mestre 技术。Caussinus-Mestre 方法同时集检验未知数量的多断点和构造均一的参考序列于一体。它是基于这样两个前提：两个断点之间的时间序列是均一的；这些均一的子序列可以用作参考序列。单个序列在相同的气候区域同别的序列比较产生差值（温度、气压）或者比值（降水）序列，然后检验这些差值或比率序列的不连续性。当一个检验的断点在整个待检站和周围站比较的过程中都保持不变时，这个断点就认为存在于待检台站的时间序列当中。

9）序列均一性的多元分析（MASH）。该方法由匈牙利气象局的 Szentimrey（1994；1995；1996）发展的，这种方法没有假定参考序列是均一的，可能的断点或者转折点能够被检测出来，然后通过相同气候区域的相互比较进行调整。待检序列是从所有可得到的序列中选出来的，其余的序列就成了参考序列，这些众多序列的作用在程序中一步步改变。针对不同气候要素，应用加法或者乘法模式，乘法模式也可以通过取对数转化为加法模式。差异序列是由待检序列和权重参考序列构成的，最佳的权重是由最小化差异序列的方差来决定的。为了增加统计检验的效率，假设待检序列就是所有的差异序列中唯一的普通序列，在所有差异序列中检测到的断点就认为是待检序列中的断点。这种方法考虑了显著性和效率在内，显著性和效率分别根据与两类不连续点有关的常规统计公式量化计算。这个检验不仅得到评估的断点和转折值，还得到相应的显著性间隔。可以利用这些点和间隔对序列做出调整。

必须指出气候序列均一性研究方法很多，上面只是列出了部分具有代表性的方法。理论上来说，气象统计中研究气候突变点的各种方法，比如均值是否稳定的 u 检验和 t 检验、方差是否稳定的 χ^2 检验和 F 检验、M-K 检验、滑动 t 检验、Pettitt 检验等都可以用来做均一性检测，但如何区分是否是真正的非均一点，还是真实的气候突变点，需要结合元数据和相关背景知识做进一步判断。但各种方法特点各异，各有优缺点，不同方法应用于同一序列甚至会得到相互矛盾的结论（具有普遍适用性的统一的均一化方法很可能是不存在的），具体使用哪种方法效果好，需要根据不同气象要素结合天气气候知识，具体问题具体分析。

1.2.3　气候资料均一化步骤

本节主要参考了罗勇等（2010）文献。在气候变化科研和业务工作中，检验出的非均一气候序列，需要订正后，才能应用到气候变化分析中。由上节可见，气候序列均一性的检验并不是客观唯一的，气候资料的订正也不可能是 100% 准确的，而是一种尽可能"精确"的过程。一般来说，对于主观方法判断的非均一性来说，订正更多依赖于主观思路，或者是依据某一个邻近的站点进行简单的对比而进行订正调整。

对于一个由较为庞大的站网组成的气候数据集，显然，如果仅仅依靠主观判断，是几乎不可能完成整个数据集的均一化的。这时候，客观方法往往是实现数据集中所有序列均一化的唯一选择。对于一个较大范围（站点数据较多）的地理区域来说，实现数据集的均一化一般要经过以下几个重要步骤：

（1）台站元数据收集和原始资料的质量控制。元数据对于气候序列的均一性研究至关重要,因为它是提供序列订正的最可靠的依据。一般来说,对于没有元数据支持的"均一化",都被称作为一种"Gambling"(赌博)。这种支持序列均一性检验订正的元数据可以包括台站迁移、仪器换型、观测方法改变、计算方法变化、台站周围环境的变化甚至观测员的观测习惯等详细的记录。因此,尽可能收集整理详细的元数据信息,对于序列均一性检验和订正的作用是无法替代的。

原始资料的质量控制也是保证均一性检验尽可能准确的一个重要基础。如果从观测系统中获取的气象数据本身误差相当大,并且这种误差是无序的,那么这种数据构成的气候序列本身就不可能代表相关站点的气候特点,对这种数据再做均一性检验没有任何意义。

(2)站点数据空间代表性分析。不是任何经过了质量控制的数据集都可以进行所谓的"均一化"的,它必须满足一定的要求。最重要的一点就是数据集中站点数据的空间代表性。所谓空间代表性,主要是两方面:一是每个站点能够代表多大范围内的气候变化特征;二是这种代表性在经向和纬向上是否存在显著的差别。对于一些空间代表性较好的气候序列,如气温序列,单个站点可以代表较大范围的地理区域,因此每个站点可供选择的参考站点序列也较多,因此也就更可能获得更为准确的订正序列。而对于那些空间代表性较差的气候序列如降水、风速等要素序列,局地性较强,因此对于每个站点,可供选择的参考台站也就越少,因此获得准确的订正序列的可能性就更小,而不能对任何一个数据集都不做分析地采取一般思路进行处理。

(3)建立参照序列。当数据集在质量上、单个站点的代表性上满足一定要求时,即可建立参考序列。参考序列必须满足两个基本条件:一是参考序列应该可以代表所要研究的站点的气候变化特征;二是参考序列本身应该是相对均一性的。一般的做法是在空间代表性基本满足的前提下选取 4~5 个质量较好的参考台站,利用一定的加权方法,建立一个待检查站点序列的参考序列,作为下一步均一性检验和订正的依据。

类似 Peterson 等(1994),利用一级差分方法(First Difference Methods),首先选定待检验序列周围地区若干个与待检验序列高相关、距离近的台站作为参考台站,然后将各站序列利用一级差分方法转换后再求算术平均。

$$D_{ij} = T_{ij} - T_{i-1j}$$

$$R_i = \sum_{j=1}^{r} D_{ij} + \sum_{j=1}^{r} x_{1j}$$

$i=1,2,\cdots,r=3,4,5$,其他同上。

这样,求每个待检台站序列参考序列就转化为求所有选定的参考台站序列的平均序列,得到的平均一级差分序列再按上式反算,得到待检验序列的参考序列。这样做的好处有:1)可以减少邻近区域内序列的长度不一致对平均序列的影响;2)降低区域内个别序列出现奇异值对平均序列的影响;3)尽可能利用更多的站点数据。为了保证周围参考台站选取的合理性,还应用了一种非参数的多元块排列检验方法(MRBP)对参考台站的序列进行了检验。有关一级差分方法的应用可参阅 Peterson 等(1994)的相关文献。

（4）断点（Breakpoints）检测。均一性检验的过程就是一个所谓的"断点"发现的过程，这个过程需要借助上文中介绍的统计方法。对于不同要素，选用的统计方法会有所区别，进行检验的处理技巧也有所不同，往往需要根据检验要素的不同选择适合的检验方法。

（5）序列订正（Adjustment）。上面检验得出的断点一般认为是"可能不连续点"，但由于所用方法的不同，以及显著性水平的差异，这种"可能不连续点"会存在很大的差别。并不是每个"可能不连续点"都需要进行订正。一般的做法是只对那些有充分证据证明为真实的不连续点进行订正，这种过程往往依赖于元数据，以及细致的分析对比。订正就是将检测出的断点或不连续点去除，使包含不连续点的时间序列变得"相对均一"。通过订正，使包括台站迁移、仪器换型、观测方法改变、计算方法变化甚至台站周围环境的变化对资料均一性的影响尽可能减少到最小。

假设 r 是检测出的不连续点，Z 为差值序列，如何订正，需根据不连续点的物理意义进行。对于年均序列：

$$\begin{cases} Z_i \in N(\mu_1, \sigma) & i \in \{1, \cdots, r\} \\ Z_i \in N(\mu_2, \sigma) & i \in \{r, \cdots, N\} \end{cases}$$

$\mu_2 - \mu_1$ 即为计算所得的订正补偿值，将该补偿值加到序列中不连续点 r 之前的序列片断中，然后根据逐年逐月待检序列和参考序列差值的线性关系将该补偿值应用到各月序列中，得出逐月订正值。日值订正可参考 Vincent 等（2002）的文献。

（6）序列插补和延长。为了减少短序列统计得到的气候指标的抽样随机性，需要通过一定的方法求出较长时期内气候指标值。由于气候状况的长期变化和逐年振动，在进行气候状况的空间分析时，要求各站气候指标都是用同一时期的观测资料求得。但有些台站并非在所计算的整个时期内都有观测资料，这时需要对这些缺测台站的资料序列进行插补和延长。常用的方法有回归法、插值法、比值法等，另外全概率公式在超短序列订正中也有很多应用，具体细节可参考屠其璞等（1984）文献。

1.2.4 城市化影响的分离方法

城市热岛效应被怀疑是过去几十年中陆地观测气温升高的部分原因。但如何有效分离城市化影响，是气候变化科研和业务工作中需要考虑的一个重要方面。

在表征城市发展指标当中，一般来说人口数据记录最为完整、记录时间最长，最容易获得，所以经常应用人口数据来订正气温序列当中城市化的影响。Oke（1973）指出一个城市的热岛强度和人口对数呈现很好的相关关系。Karl 等（1988）利用 1950 和 1980年的人口数据作了检验，发现热岛强度与人口平方根的相关比与人口对数的相关更好一些，并利用美国 1219 个观测台站的热岛增温速率和人口数据建立了回归方程。但是Karl 指出这个回归方程在美国之外的其他地区并不一定适用，更重要的是，由于气象观测站一般不是位于城市中心，多在近郊区和郊区，人口因素所能解释的仅仅是一部分台站地面气温变化。

单个城市的热岛影响模型订正研究可以利用较多的参数（如城镇建设用地面积、人均公路里程、能源消耗量、每千人公交车数量、私人汽车数量等)进行回归处理。但是,对于大区域的研究来说很难得到足够的基础数据。谢志清等(2007)利用 DMSP/OLS 夜间灯光数据、土地利用数据和气象站常规观测资料,结合 NOAA/AVHRR、MODIS 反演的地表温度数据,定量考察了长江三角洲城市群热岛增热效应对区域温度气候趋势的贡献。其中,DMSP/OLS 非辐射定标夜间灯光数据,用于定量提取城市的空间扩展过程,对研究城市化对气候变化的影响很有帮助。

谢志清等采用了基于 Chow 检验的长江三角洲人类活动、城市热岛加速发展特征提取方法,下面介绍这种方法。

由于长江三角洲不同时期经济发展、城市建设、能源消耗和城市热岛强度在不同时期都有明显差异,为了表征人类活动及城市热岛强度在不同时期有不同的发展速度,结合线性倾向原理,采用可进行统计信度检验的分段线性拟合方法来分析人类活动的变化趋势。将区域人类活动各指标(能源消耗、城市人口、经济发展数据)及城市热岛强度看作有序时间序列 Y,以线性模型将时间序列表示成相邻的线段簇,那么可以用一组线性函数描述时间序列 Y 的变化,即

$$Y = \begin{cases} a_{10} + a_{11}t & 1 < t \leqslant k_1 \\ a_{20} + a_{21}t & k_1 < t \leqslant k_2 \\ \cdots & \cdots \\ a_{m0} + a_{m1}t & k_{m-1} < t \leqslant n \end{cases}$$

式中:n 表示时间序列长度;$k_1, k_2, \cdots, k_{m-1}$ 分别表示线段的起始点和终止点,也称为变结构点,m 表示线段条数。那么,$a_{11}, a_{21}, \cdots, a_{m1}$ 表示在相应时段内时间序列的线性增长率。在实际应用中,需要确定上式中各参数值,参照高仁祥等(1997)的原理,基于 Chow 检验的最优两分段线性建模算法,将线性模型参数稳定性分析、变结构点数检测、变结构点位置诊断与检验按下列步骤统一处理。

第一步,对于给定样本区间 $\{1, 2, \cdots, n\}$,计算 Chow 检验的 F 分布变量:$F_1^* = \max_{\Omega_1} F^{(i)}$,$\Omega_1 = \{i = 1, 2, \cdots, n\}$,计算给定显著性水平 α(通常取 0.05 或 0.01)的临界值 F_α,若有 $F_1^* > F_\alpha$,那么找到时间序列的第一个变结构点 $k_1 = \arg F_1^*$。

第二步,根据第一个变结构点 n_1^* 将原始样本序列分成两个区间 $\Omega_2^1 = \{i = 1, 2, \cdots, n_1^*\}$,$\Omega_{21}^2 = \{i = n_1^* + 1, 2, \cdots, n\}$,分别计算 $F_2^* = \max_{\Omega_2^1} F^{(i)}$,$F_3^* = \max_{\Omega_2^2} F^{(i)}$,同样,计算给定显著性水平 α 的临界值 F_α^1,F_α^2,若有 $F_2^* > F_\alpha^1$,那么得到第二个变结构点 $k_2 = \arg F_2^*$,若有 $F_3^* > F_\alpha^2$,得到第三个变结构点 $k_3 = \arg F_3^*$。

第三步,用第二步求得的变结构点,继续分解子样本区间,重复第二步,直到无满足信度条件 α 的变结构点为止。此时得到样本的 $m-1$ 个变结构点,并分别计算 m 条子线段的线性拟合参数,就可以在具有统计检验条件的前提下,得到上式中的各参数。利用 $a_{11}, a_{21}, \cdots, a_{m1}$ 分析时间序列 Y 在 m 个时间段内的变速发展特征。

1.3　气候要素极值的频率(重现期)分析

在气候和气候变化科研业务中,各种气候事件,特别是极端天气气候事件出现的频率发生了怎样的变化,是一个受到广泛关注的问题。由于在全球气候变暖的背景下,极端天气气候事件呈现越来越频繁的趋势,并且对工农业生产和人民生命财产带来巨大破坏,因而备受瞩目。

在很多实际问题中,特别是大型工程设计中,考虑到建筑物的安全性和经济性,常要对一些带有破坏性的自然灾害进行评估。例如在建造高大建筑物时,必须考虑大风的破坏作用,设计时要考虑今后若干年内可能出现的最大风速;在水库建设中,必须考虑流域内的降水量和暴雨出现的情况,估计今后若干年内可能出现的最大降水量,以便做到既节约资金又安全可靠。这类在国民经济建设中经常出现的问题,在气候统计中称为极值问题。这些问题的解决,具有很重要的经济和社会意义。

过去,人们经常采用气候记录中的一些实测极值作为设计的依据。由于气候要素的极值是随着观测的年代而变化的,显然这种估计极值的方法是不完善的,或者说是有缺陷的。从统计学意义上讲,各种气候要素的观测极值,比如最高气温、最大降雨量、年最大洪峰流量和最高最低水位等都可以看作随机变量,它们的出现受到多种因素的影响。从一般的气候学意义上讲,气候随机变量极值是不稳定的。用动力学气候模式只能描述消除噪声的平均气候状态,而对于气候要素的极端值或气候突变是难以模拟的。但从概率论的意义上讲,气候要素的极值可以是稳定的,对其极值的变化可以进行概率预报。因此,要科学地解决实际中遇到的气候极值问题,必须对气候要素极值的概率分布进行统计推断,以便对今后若干年可能出现的极值做出合理、正确的估计。

极值统计的根本目的是准确地推断极值序列的重现期(某事件的平均重现间隔期)或某一极值平均可能在多少年内出现一次的重现期,即常常使用的"N年一遇"的描述,这个问题实际上是研究右侧(或左侧)概率问题。

设X为连续型随机变量,对于任意的实数x,X的取值$<x$的概率为

$$F(x) = P(X < x) = \int_{-\infty}^{x} f(x)\mathrm{d}x$$

其中,$f(x)$为密度函数。则X超过某个定值x的发生概率称为右侧概率,即

$$P(X > x) = 1 - F(x) = \int_{x}^{\infty} f(x)\mathrm{d}x$$

同理,把X超过某个特定值x不发生的概率叫作左侧概率,即

$$P(X < x) = F(x) = \int_{-\infty}^{x} f(x)\mathrm{d}x$$

当X大于某个特定值x的事件或小于某个特定值x的事件,平均在T年内出现1次时,则把这个T叫作X的特定值x的重现期,而在T年内平均出现1次的这个特定值x叫作重现期值。如果令$F(x)$为X的分布函数,x代表X的年最大值或最小值,则

根据概率分布,最大值或最小值的重现期 $T(x)$ 分布可由

$$T(x) = 1/(1 - F(x)) \text{ 和 } T(x) = 1/F(x)$$

给出。这就是说,重现期就是右侧概率或左侧概率的倒数。而重现期内的极大值或极小值可分别由

$$F(x) = 1 - \frac{1}{T} \text{ 和 } F(x) = \frac{1}{T}$$

解出 x。即重现期和重现期值互为函数关系,可以互相解出,只要知道函数 $F(x)$ 或密度函数 $f(x)$ 即可。因此需要对 X 的极值的概率分布进行统计推断。

概率分布的统计推断问题包括两种情况,一种是分布的函数形式已知(或假定为已知的某种形式),但其中的参数未知,这时统计推断问题就是估计参数问题。另一种是分布函数的形式未知,要根据观测资料来推断其是否服从某种类型:一是运用经验分布函数或曲线;另一种是根据随机变量 X 的母体分布推断其极值的理论分布。

对于极大值问题而言,很多气候要素的极值分布都属指数型的,耿贝尔(Gumbel)分布是一个适用较广的分布理论。而在实际应用中韦伯(Weibull)分布有时能取得更好的效果,特别是在风速的概率分布及风能资源的研究中。对于极小值问题,只要将样本资料改变符号,就可以当作极大值问题处理。这样可以直接应用极大值的分布理论进行计算,最后将所得到的重现期值改变符号,就得到 T 年一遇的极小值。

需要指出的是,无论用经验分布函数还是极值的理论分布函数研究实际极值问题,其效果优劣主要取决于所采用的分布函数对实际资料的拟合程度。要使研究的问题获得满意的结果,所采用的资料样本必须很大,各次观测必须相互独立且服从同一分布。对于气候极值的观测而言,一般都能满足相互独立和服从同一分布的要求。

1.3.1　气候水文极端事件指数定义

为了研究气候和水文的极端事件,需要定义极端事件指数。通常,以日观测资料超过某一强度(如降水达到 50 mm/d 或 100 mm/d 等)或超过某一分位点(如 $>90^{th}$)或达到某一重现期数值为标准,定义为气象—水文极端事件指数。极值事件的分布特征,可以从年最大值序列(AM)或超门限峰值序列(POT)频率分析基础上获取。若按平均每年一次极值事件统计,则 POT 序列丰水年份可能出现几个极值,干旱年份可能不出现极值。而 AM 序列每年有一个极值,且离差较 POT 序列大。

世界气象组织(WMO)气候委员会推荐了一套极端气候事件指数,即"CCl/CLIV-AR/JCOMM 气候变化检测和指数联合专家组"(ETCCDI)定义的 27 个极端气候事件指数,列于表 1-1 之中:

表 1-1　　　　　　　　　　与气温相关的极端气候指数(16 个)

序号	代码	名称	定义	单位
1	FD	霜冻日数	每年日最低气温(TN)<0℃的全部日数	d
2	SU	夏季日数	每年日最高气温(TX)>25℃的全部日数	d

序号	代码	名称	定义	单位
3	ID	结冰日数	每年日最高气温（TX）<0℃的全部日数	d
4	TR	热带夜数	每年日最低气温（TN）>20℃的全部日数	d
5	GSL	生长期长度	每年前半年日平均气温至少连续 6 天稳定>5℃的第一天与后半年日平均气温至少连续 6 天稳定<5℃的第一天之间的日数	d
6	TXx	月极端最高气温	每月内日最高气温的最大值	℃
7	TNx	月最低气温极大值	每月内日最低气温的最大值	℃
8	TXn	月最高气温极小值	每月内日最高气温的最小值	℃
9	TNn	月极端最低气温	每月内日最低气温的最小值	℃
10	TN10p	冷夜日数	日最低气温（TN）<第 10 百分位值的日数	d
11	TX10p	冷昼日数	日最高气温（TX）<第 10 百分位值的日数	d
12	TN90p	暖夜日数	日最低气温（TN）>第 90 百分位值的日数	d
13	TX90p	暖昼日数	日最高气温（TX）>第 90 百分位值的日数	d
14	WSDI	热浪持续指数	每年至少连续 6 天日最高气温（TX）>第 90 百分位值的日数	d
15	CSDI	寒潮持续指数	每年至少连续 6 天日最低气温（TN）<第 10 百分位值的日数	d
16	DTR	气温日较差	月平均最高气温与最低气温之差	℃

附与降水相关的极端气候指数（11 个）

序号	代码	名称	定义	单位
17	RX1 day	1 日最大降水量	每月最大 1 日降水量	mm
18	Rx5 day	5 日最大降水量	每月连续 5 日最大降水量	mm
19	SDII	降水强度	年降水量与降水日数（日降水量≥1.0 mm）比值	mm/d
20	R10 mm	中雨日数	日降水量=10 mm 的日数	d
21	R20 mm	大雨日数	日降水量=20 mm 的日数	d
22	R50 mm	暴雨日数	日降水量=50 mm 的日数	d
23	CDD	持续干期	日降水量连续<1 mm 的最长时期	d
24	CWD	持续湿期	日降水量连续=1 mm 的最长时期	d
25	R95pTOT	强降水量	日降水量>第 95 百分位值的总降水量	mm

续表

序号	代码	名称	定义	单位
26	R99pTOT	极强降水量	日降水量＞第 99 百分位值的总降水量	mm
27	PRCPTOT	年总降水量	每年全部雨/雪日（日降水量＝1 mm）的总降水量	mm

注：有关这套指数的详细信息可参阅：http://www.clivar.org/organization/etccdi/indices.php

"欧洲地区极端事件统计和区域动力降尺度"项目（STARDEX）定义了 57 个指数，列于表 1-2 中。

表 1-2　　　　　　　　　　　　　STARDEX 定义的 57 个指数

STARDEX				
气温（共计 24 个）		降水（共计 33 个）		
txav	平均最高气温	pav	平均降水量（降水量/总天数）	pdsav	干期长度平均值
tnav	平均最低气温	pq20	湿日降水量的第 20 百分位数	pdsmed	干期长度中位数
tav	平均气温	pq40	湿日降水量的第 40 百分位数	pdssdv	干期长度标准差
trav	气温日较差的平均值	pq50	湿日降水量的第 50 百分位数	px3 d	最大连续 3 日降水总量
trq10	气温日较差的第 10 百分位数	pq60	湿日降水量的第 60 百分位数	px5 d	最大连续 5 日降水总量
trq90	气温日较差的第 90 百分位数	pq80	湿日降水量的第 80 百分位数	px10 d	最大连续 10 日降水总量
txq10	日最高气温的第 10 百分位数	pq90	湿日降水量的第 90 百分位数	pint	雨日每日降水量
txq90	日最高气温的第 90 百分位数	pq95	湿日降水量的第 95 百分位数	pfl90	日降水量大于湿日第 90 百分位数的降水量占总降水量的百分比

STARDEX				
气温(共计 24 个)		降水(共计 33 个)		
tnq10	日最低气温的第 10 百分位数	pf20	大于第 20 百分位的湿日降水量占总降水量的百分比	pnl90	日降水量大于湿日第 90 百分位数降水量的日数
tnq90	日最低气温的第 90 百分位数	pf40	大于第 40 百分位的湿日降水量占总降水量的百分比		
tnfd	日最低气温＜0℃的天数	pf50	大于第 50 百分位的湿日降水量占总降水量的百分比		
txice	日最高气温＜0℃的天数	pf60	大于第 60 百分位的湿日降水量占总降水量的百分比		
tgdd	生长期日平均气温大于用户给定的阈值的有效积温(日平均气温—阈值)	pf80	大于第 80 百分位的湿日降水量占总降水量的百分比		
tiaetr	期间极端最高气温、极端最低气温之差	pf90	大于第 90 百分位的湿日降水量占总降水量的百分比		
tgsl	生长期长度(通过用户给定的日平均气温阈值判定生长期起、止日期)	pf95	大于第 95 百分位的湿日降水量占总降水量的百分比		
txhwd	日最高气温＞历史同期(气候基准期内逐年以该日为中点的连续 5 日)平均值＋5℃的所有异常热日数,持续至少 6 天	pn10 mm	日降水量≥10 mm天数		

续表

STARDEX			
气温（共计 24 个）		降水（共计 33 个）	
txhw90	日最高气温＞历史同期（气候基准期内逐年以该日为中点的连续 5 日）第 90 百分位数的最长连续天数	pxcdd	最长连续干日数
tncwd	日最高气温＜历史同期（气候基准期内逐年以该日为中点的连续 5 日）平均值－5℃的所有异常冷日数，持续至少 6 天	pxcwd	最长连续湿日数
tncw10	日最低气温＜历史同期（气候基准期内逐年以该日为中点的连续 5 日）第 10 百分位数的最长连续天数	ppww	湿日的下一天仍为湿日的概率
tnfsl	日最低气温首次和最后一次低于 0℃之间的天数（北半球为当年 7 月至下年 6 月，南半球为当年 1—12 月）	ppdd	干日的下一天仍为干日的概率
txf10	日最高气温低于第 10 百分位数天数的百分比（冷日比例）	ppcr	ppww－(1－ppdd)
txf90	日最高气温高于第 10 百分位数天数的百分比（暖日比例）	pwsav	湿期长度平均值

STARDEX				
气温(共计 24 个)		降水(共计 33 个)		
tnf10	日最低气温低于第10 百分位数天数的百分比(冷夜比例)	pwsmed	湿期长度中位数	
tnf90	日最低气温高于第90 百分位数天数的百分比(暖夜比例)	pwssdv	湿期长度标准差	

其中常用的 10 个核心气象指数列于表 1-3 中。

表 1-3 **STARDEX 项目中的 10 个核心指数(陈正洪等,2010)**

序号	指数名称	新代码	旧代码	定义	单位
1	(较强)高温阈值	txq90	tmax90p	日最高气温的第 90 百分位值	℃
2	(较强)低温阈值	tnq10	tmin10p	日最低气温的第 10 百分位值	℃
3	霜冻日数	tnfd	125Fd	日最低气温＝0℃的全部日数	d
4	最长热浪天数	txhw90	txhw90	日最高气温大于基准期第 90 百分位值(最高气温)的最长热浪天数	d
5	(较)强降水阈值	pq90	prec90p	有雨日降水量的第 90 百分位值	mm
6	(较)强降水比例	pfl90	691R90T	大于基准期第 90 百分位的有雨日降水量占总降水量的百分比	%
7	(较)强降水日数	pnl90	692R90T	大于基准期第 90 百分位的有雨日数	d
8	最大 5 日降水量	px5 d	644R5 d	最大的连续 5 日总降水量	mm
9	日降水强度	pint	646SDII	有雨日的降水量与有雨日数比值	mm/d
10	持续干期	pxccd	641CDD	最长连续无雨日数	d

注:1)第 90 百分位值算法:取当日及前后两天共 5 天,基准期为 30 年(1971—2000 年),合计 150 天的日最高气温,取第 90 百分位值。2)第 1、2、5 指数的第 90%或第 90%分位值计算与年份有关,仅采用当年逐日气温或有雨日资料计算,即不同年的结果不同。第 6、7 个指数用到的第 90 百分位值是基准期内所有有雨日资料的计算结果,对某一站该分位点值是固定的。3)日降水量≥1.0 mm 为有雨日,否则为无雨日。4)有关这套指数的详细信息,可参阅 http://www.cru.uea.ac.uk/projects/stardex/

目前国家气候中心的干旱监测业务实现了多种指标的实时监测,包括标准化降水指数、湿润度指数和综合旱涝指标 Ci 等。其中综合指数 Ci 为最主要的监测指标。Ci 是一个融合了标准化降水指数、湿润百分率指数以及近期降水量等要素的一种综合指数,其等级划分如表 1-4(邹旭恺等,2005)。

表 1-4 <center>Ci 指数的旱涝等级</center>

旱涝等级	旱涝类型	Ci 值
0	特涝	Ci≥2.4
1	重涝	2.4>Ci≥1.8
2	中涝	1.8>Ci≥1.2
3	轻涝	1.2>Ci≥0.6
4	正常	0.6>Ci>−0.6
5	轻旱	−0.6≥Ci>−1.2
6	中旱	−1.2≥Ci>−1.8
7	重旱	−1.8≥Ci>−2.4
8	特旱	−2.4≥Ci

1.3.2　常用频率值计算和分布模型

概率分布的统计推断问题包括分布函数的形式已知和未知两种情况。气候水文极值分析中,一般侧重于单测站的频率计算和参数估计。对于分布函数形式未知的情况,常采用皮尔逊Ⅲ型分布、指数分布、对数正态分布、耿贝尔分布、韦布尔分布等分布,模拟和拟合极端指数的分布规律。

由于环流和下垫面的复杂多样,气象要素的时空分布差异明显,各地区降水极值的概率分布最优拟合函数呈多种形式。根据随机变量 X 的取值范围,可以将分布模型分为四大类:随机变量 X 取值范围 $[m,n]$ 的有界分布模型,随机变量 X 取值范围 $(-\infty,+\infty)$ 的无界分布模型,随机变量 X 取值范围 $[\mu,+\infty)$ 的非负分布模型,不受样本取值类型限制的广义概率模型。

有界概率分布模型

(1)贝塔分布(Beta):
$$F(x) = Iz(a_1,a_2)(a_1,a_2 \text{ 为形状参数})$$

其中,$Iz(a_1,a_2) = \dfrac{Bz(a_1,a_2)}{B(a_1,a_2)}; B(a_1,a_2) = \dfrac{\Gamma(a_1)\Gamma(a_2)}{\Gamma(a_1+a_2)}; z = \dfrac{x-m}{n-m}$

(2)约翰逊分布(Johnson SB):
$$F(x) = \Phi\left(\gamma+\delta\ln\left(\frac{z}{1-z}\right)\right)(\gamma,\delta \text{ 为形状参数})$$

其中,$\Phi(x) = \dfrac{1}{\sqrt{2\pi}}\int_0^x e^{-t^2/2}dt; z = \dfrac{x-m}{n-m}$

(3)幂函数分布(Power function):
$$F(x) = \left(\frac{x-m}{n-m}\right)^a (a \text{ 为形状参数})$$

无界概率分布模型

(4)柯西分布(Cauchy)：

$$F(x) = \frac{1}{\pi}\arctan\left(\frac{x-\mu}{\sigma}\right) + 0.5 (\delta, \mu, \sigma \text{ 为尺度和位置参数})$$

(5)耿贝尔分布(Gumbel)：

$$F(x) = \exp(-\exp(-z)) (\delta, \mu, \sigma \text{ 同上})$$

其中，$z = \dfrac{x-\mu}{\sigma}$

(6)逻辑分布(Logistic)：

$$F(x) = \frac{1}{1 + \exp(-z)} (\delta, \mu, \sigma \text{ 同上})$$

其中，$z = \dfrac{x-\mu}{\sigma}$

非负概率分布模型

(7)指数分布(Exponential)：

$$F(x) = 1 - \exp(-\beta(x-\mu)) (\delta, \mu \text{ 为尺度和位置参数})$$

(8)疲劳寿命分布(Fatigue life)：

$$F(x) = \Phi\left(\frac{1}{a}\left(\sqrt{\frac{x-\mu}{\beta}} - \sqrt{\frac{\beta}{x-\mu}}\right)\right) (\alpha, \beta, \mu \text{ 为形状、尺度和位置参数})$$

(9)弗罗滋分布(Frechet)：

$$F(x) = \exp\left(-\left(\frac{\beta}{x-\mu}\right)^{\alpha}\right) (\alpha, \beta, \mu \text{ 同上})$$

(10)伽玛(或皮尔森Ⅲ)分布(Gamma or Peason Ⅲ)：

$$F(x) = \frac{\Gamma_{\left(\frac{x-\mu}{\beta}\right)}(a)}{\Gamma(a)} (\alpha, \beta, \mu \text{ 同上})$$

其中，$\Gamma(a) = \displaystyle\int_0^{\infty} t^{a-1} e^{-t} \mathrm{d}t$；$\Gamma_x(a) = \displaystyle\int_0^x t^{a-1} e^{-t} \mathrm{d}t$；

(11)逆高斯分布(Inverse Gaussian)：

$$F(x) = \Phi\left(\sqrt{\frac{\alpha}{x-\mu}}\left(\frac{x-\mu}{\beta}-1\right)\right) + \Phi\left(-\sqrt{\frac{\alpha}{x-\mu}}\left(\frac{x-\mu}{\beta}+1\right)\right)\exp\left(\frac{2\alpha}{\beta}\right) (\alpha, \beta, \mu \text{ 同上})$$

(12)对数逻辑分布(Log—Logistic)：

$$F(x) = \left(1 + \left(\frac{\beta}{x-\mu}\right)^{\alpha}\right)^{-1} (\alpha, \beta, \mu \text{ 同上})$$

(13)对数正态分布(Lognormal)：

$$F(x) = \Phi\left(\frac{\ln(x-\mu)-\beta}{\alpha}\right) (\alpha, \beta, \mu \text{ 同上})$$

(14)帕雷托分布(Pareto)：

$$F(x) = 1 - \left(\frac{\beta}{x}\right)^{\alpha} (\alpha, \beta \text{ 同上})$$

(15)瑞利分布(Rayleigh)：

$$F(x) = 1 - \exp\left(-\frac{1}{2}\left(\frac{x-\mu}{\beta}\right)^2\right)(\beta,\mu \text{ 同上})$$

（16）韦伯尔分布（Weibull）：

$$F(x) = 1 - \exp\left(-\left(\frac{x-\mu}{\beta}\right)^\alpha\right)(\alpha,\beta,\mu \text{ 同上})$$

广义分布模型

（17）广义极值分布（General Extreme Value）：

$$F(x) = \begin{cases} \exp\left(-(1+kz)^{-\frac{1}{k}}\right) & k \neq 0 \\ \exp\left(-\exp(-z)\right) & k = 0 \end{cases}$$

其中，$z = \dfrac{x-\mu}{\sigma}(k,\mu,\sigma$ 为形状、尺度和位置参数）

（18）广义帕雷托分布（General Pareto）：

$$F(x) = \begin{cases} 1 - \left(1+k\left(\frac{x-\mu}{\delta}\right)\right)^{-\frac{1}{k}} & k \neq 0 \\ 1 - \exp\left(-\left(\frac{x-\mu}{\sigma}\right)\right) & k = 0 \end{cases}$$

其中，$z = \dfrac{x-\mu}{\sigma}(k,\mu,\sigma$ 同上）

（19）广义逻辑分布（General Logistic）：

$$F(x) = \begin{cases} \dfrac{1}{1+(1+kz)^{-\frac{1}{k}}} & k \neq 0 \\ \dfrac{1}{1+\exp(-z)} & k = 0 \end{cases}$$

其中，$z = \dfrac{x-\mu}{\sigma}(k,\mu,\sigma$ 同上）

（20）韦克比分布（Wakeby）：

韦克比分布常以极值分位点（逆分布函数）的形式给出，公式为

$$x(F) = \xi + \frac{\alpha}{\beta}(1-(1-F)^\beta) - \frac{\gamma}{\sigma}(1-(1-F)^{-\sigma})(\alpha,\beta,\gamma,\xi,\sigma \text{ 为连续型参数})$$

1.3.3　参数估计和检验方法

对于分布函数形式已知，但其中的参数未知的情况，这时统计推断问题就是估计参数问题。分布函数参数估计方法有矩法（MOM）、极大似然法（MLE）、最小二乘法（LSE）、概率权重矩法（PWM）和 L 矩法（LME）等。

MLE 是通过选取参数 θ，使子样观察结果出现的概率最大的方法。设总体 X 的概率密度形式 $f(x;\theta)$ 为已知；样本观测值为 $x_1,x_2,\cdots,x_n$；则样本观测值出现的概率（似然函数）为：

$$L(x_1,x_2,\cdots,x_n;\theta) = \prod_{i=1}^{n} f(x_i;\theta)(\theta \subseteq \varnothing)$$

选取 $\hat{\theta}$，使得 $L(x_1, x_2, \cdots, x_n; \hat{\theta}) = \max\limits_{\theta \subseteq \varnothing} L(x_1, x_2, \cdots, x_n; \theta)$，$\hat{\theta}$ 为 θ 的极大似然估计值。

对于分布函数没有确定形式的 Wakeby 分布，极大似然估计法难以估算分布参数。线性矩法（L-moment estimator）可以估算模型的参数。样本线性矩的计算公式为：

$$\lambda_{r+1} = \sum_{i=0}^{r} \beta_i (-1)^{r-i} \binom{r}{i} \binom{r+i}{i}$$

其中，概率加权矩 $\beta_r = \int_0^1 x(F) F^r \mathrm{d}F$ 的无偏估计为 $\beta_r = \dfrac{1}{n} \sum\limits_{i=1}^{n-r} \dfrac{\dbinom{n-i}{r}}{\dbinom{n-1}{r}} x_i$

对于 Wakeby 分布，5 个参数的估计可通过运用 Newton-Raphson 迭代过程，计算总体线性矩与样本线性矩等式来获取。总体线性矩为：

$$\lambda_1 = \xi + \frac{\alpha}{(1+\beta)} + \frac{\gamma}{(1-\delta)}$$

$$\lambda_2 = \frac{\alpha}{(1+\beta)(2+\beta)} + \frac{\gamma}{(1-\delta)(2-\delta)}$$

$$\lambda_3 = \frac{\alpha(1-\beta)}{(1+\beta)(2+\beta)(3+\beta)} + \frac{\gamma(1+\delta)}{(1-\delta)(2-\delta)(3-\delta)}$$

$$\lambda_4 = \frac{\alpha(1-\beta)(2-\beta)}{(1+\beta)(2+\beta)(3+\beta)(4+\beta)} + \frac{\gamma(1+\delta)(2+\delta)}{(1-\delta)(2-\delta)(3-\delta)(4-\delta)}$$

$$\lambda_r = \frac{\alpha\Gamma(1+\beta)\Gamma(r-1-\beta)}{\Gamma(1-\beta)\Gamma(r+1+\beta)} + \frac{\gamma\Gamma(1-\delta)\Gamma(r-1+\delta)}{\Gamma(1+\delta)\Gamma(r+1-\delta)} \cdots r \geqslant 5$$

当样本量较少时，LSE 对尺度参数估计结果较差，MLE 或 MOM 均不能给出参数估计的解析表达，运用 PWM 则比 MLE 简单，而精度有时甚至高一些。LME 与 PWM 对统计参数的估计有同解，但 LME 引进了 L 矩变差系数，L 矩偏态系数等无因次的统计量，便于进行统计参数的地区综合和线型鉴别。

理论分布与经验分布的偏离程度，可采用柯尔莫洛夫-斯米尔诺夫（K-S）方法检验。K-S 是一种非参数假设检验，比较样本分布与总体分布函数的拟合程度。检验总体的分布函数是否遵循某一函数 $F_n(x)$ 的假设为：$H_0 : F(x) = F_n(x)$

备择假设为：$H_1 : F(x) \neq F_n(x)$

如果原假设成立，那么 $F(x)$ 与 $F_n(x)$ 的差距就较小。当 n 足够大时，对于所有的 x 值，$F_n(x)$ 与 $F(x)$ 之差很小，这一事件发生的概率为 1。

$$D_n = \max_{-\infty < x < \infty} | F(x) - F_n(x) | ; P\{\lim_{n \to \infty} D_n = 0\} = 1$$

式中，$F_n(x)$ 为经验分布函数，为 $F(x)$ 理论分布函数。若 $D_n < D_{n,a}$（显著性水平为 α，容量为 n 的 K-S 检验临界值），认为理论分布与样本序列的经验分布拟合较好，无显著差异；否则拒绝原假设，接受备择假设，认为理论分布与样本序列的经验分布拟合存在显著差异。

1.4　气候变化风险分析

　　"风险"一词,不同的学科、领域,其定义不同。从哲学观点看,风险现象之所以产生,是由于人类生活在一个充满不确定性的世界。统计学、保险学等学科把风险定义为事件造成破坏或伤害的可能性或频率。还有学者把风险与目标联系起来,指出风险是"能够影响一个或多个目标的不确定性"。在 IPCC(2007)中,气候变化是指气候状态的变化,这种变化能够通过其特性的平均值或变率的变化予以判别(如:运用统计检验),气候变化通常为几十年或更长时间。对于气候变化风险如何定义? 目前并没有公认的结论。本文根据气候变化特点和前人的研究结果,提出气候变化风险是气候变化(比如气温的平均值、变率、分布形态的变化)对人类社会经济发展和自然生态系统造成影响的可能性,特别是造成财产损失、生命伤害、自然生态系统破坏等负面影响的可能性。

　　一般来说,风险分析技术包括以下四个方面:风险的定义(概念和范围);风险源;风险估计(模型、方法、个例);风险管理。灾害风险是致灾风险和受灾体的脆弱性共同作用的结果,可以表达为物理暴露度、损失率、灾害发生频率的乘积,或物理暴露度与损失率的乘积。

　　目前的风险分析方法主要有:

　　(1)数理统计和概率论方法。风险分析需要收集和处理大量的资料,如何从大量纷纭复杂的信息中去粗存精、去伪存真,需要用到数理统计方法。借助于概率论知识,可以得到某事件发生的概率,而风险分析需要得到风险水平的高低和相应的概率,因此概率论是研究风险水平的重要方法。概率风险分析提供了一个在经济、环境、工程、医疗等行业广泛使用的量化概念,用来评估各种风险以及评估减少和管理这些风险的替代方案。灾害风险管理和气候变化文献都使用这一构架来进行风险分析。但在有些情况下,受资源和能力的限制,无法用定量的方法来分析概率风险,这时需要定性的风险分析。尽管如此,概率风险分析为大部分灾害风险管理和气候变化适应提供了广泛的适用方法和重要的概念基础。

　　(2)模糊数学方法。概率统计方法需要用到大量资料,当与风险有关的资料不充分时,可以用模糊数学方法进行分析,因为风险的不确定性与随机性和模糊性有关,而模糊的方法在处理资料不完备问题时有可取之处。

　　(3)运筹学方法。运筹学处理问题有两个特点,一是从全局出发,二是通过建立模型,如数学模型或模拟模型,对所要求解的问题得到最合理的决策。现实生活中,风险无处不在,尤其是一些大型工程项目,可供选择的方案很多,不同方案的后果差别很大,而且有些方案还需要随时间和外部条件的变化而变化,风险的这些特点符合运筹学研究的方向。

　　(4)其他方法。比如,通过模拟某研究过程并建立模拟模型的方法。

　　气候变化风险分析也主要基于上述方法。气候变化风险源主要包括两个方面:一是气候平均状况(气温、降水、海平面等)的变化;二是极端气候(极端洪涝、干旱、高温热浪、寒潮等)的变化。气候变化风险的后果包括经济损失,生命威胁,各种系统的产出、特性以及系统本身的变化等,涉及农业、森林、草原、渔业、水文水资源、海岸带、自然生态系统、生存环境、人类健康、重要基础设施和产业风险等部门和领域。

气候变化存在不确定性,针对这一特点,IPCC 历次评估报告都提出了针对气候变化不确定性的处理方法。以第四次评估报告为例,其中第二工作组重点关注气候变化对不同部门、系统、区域所产生的影响及其表现出来的脆弱性,其不确定性描述以支持风险分析为目的,可以直接利用其表述不确定性的定量术语信度和可能性作为分类的特征参数,建立其与风险类别之间的对应关系,从定量的角度对气候变化风险进行分类。信度是指根据相关研究结果以及 IPCC 作者的专业判断对某个问题现有知识水平可信程度的理解和评估,按可信程度分为 5 级:非常高(至少 9 成是正确的),高(约 8 成正确),中等(约 5 成正确),低(约 2 成正确),非常低(少于 1 成正确)。可能性表述了自然界某一事件或结果的发生概率,它是由专家判断估算出来的,这与传统风险评估中事件发生的严格意义上的频率或概率不同,是一种包含专家主观判断的较为广义的理解。因此,它不仅可以用来描述比较确定的事件,也可以用来表达相对不确定的、甚至是模糊风险发生概率的主观判断。可能性分为 7 个级别:几乎确定(99% 以上的概率),很可能(90%~99% 的概率),可能(66%~90% 的概率),中等可能(33%~66% 的概率),不可能(10%~33% 的概率),很不可能(1%~10% 的概率),几乎不可能(<1% 的概率)。对于不确定性的表述,可能性侧重的是结果的概率,而信度侧重于对一个问题的理解达成一致的程度。在 IPCC 第四次评估报告中可以查到各种气候变化风险对应的信度水平和可能性级别,从而可以用这两个参数来进行气候变化风险分析。但是,在 IPCC 报告中,有些风险并没有给出指标值,其原因可能与作者习惯有关,但也有一些不确定程度和模糊程度高的风险确实无法用定量结果来表示,比如对于标准性模糊风险,需要斟酌具体风险的可容忍与可接受的界限是否明确,很难定量划分级别,这就需要根据达成一致的程度和证据量这两个 IPCC 描述不确定性的定性指标来分析,这两个指标是从相对意义上对一个问题理解程度的科学判断,或对无法进一步定量评估的结果的不确定表达。在做省、市、县、村(社区)等空间尺度的气候变化风险分析时,其指标的制订,可参照 IPCC 对定量和定性指标的定义方法。

在已经完成专家和政府评审的 IPCC 第五次评估报告 SREX 的内容中也对气象灾害和气候变化风险评估与管理进行了系统的阐述,其提纲如下:第一章介绍气候变化背景下灾害风险管理所涉及的概念、定义和术语;第二章阐述了风险的决定因素,即暴露度和脆弱性,包括基本概念、构成因素、应对和适应能力、维度及变化趋势、风险的识别和评估、风险的累计及自然灾害以及目前存在的不足;第三章论述了极端气候事件的变化及其对自然环境的影响,包括天气气候事件与灾害的联系,风险极端事件变化的要求和方法,观测和预测的极端天气气候事件变化情况,观测和预测的与极端天气气候事件相关现象的变化情况,观测和预测的极端天气气候事件对自然环境的影响;第四章论述了极端气候事件的变化及其对人类系统及生态系统的影响,包括极端气候事件对自然和社会经济系统的作用,自然影响及其与危害的关系,观测和预测的系统暴露度和脆弱性趋势,基于系统和部门的脆弱性、暴露度和影响,地区的脆弱性、暴露度和影响,极端气候事件和灾害的成本;第五至七章分别就地方尺度上、国家尺度上以及国际及综合交叉尺度上对极端事件的风险管理进行了讨论,地方尺度上侧重于阐述风险的评估,社区应对处理机制、管理策略、机遇和挑战,地方尺度上的信息、数据及研究中存在不足,国家尺度上概括了风险管理系统的执行者、组织结构、功能和面对挑战的调整方向等,国际尺度上主要介绍了联合国减灾战略和气候变化框架公约两个相关的国际制定安排,分析了目前国际上在减灾和气候变化适应方面的选择、约束和机遇,并对未来政策和研究做了规划;第八章为构建可持续和有防御力的未来;第九章为一些研究案例的分析。

中国学者在风险分析领域做了不少研究。张月鸿等(2008)用信度和可能性作为特征参数,分别构建了四类风险的模糊隶属函数,根据最大隶属度原则从定量角度对气候变化风险进行分类,同时利用 IPCC 的两个定性指标达成一致的程度和证据量对定量分类方法进行补充,初步建立了气候变化风险的分类方法体系。葛全胜等(2008)的文献中,浙江省自然灾害风险评估的案例,其区域的选择、资料的获取、评估方法和流程,以及章国材(2010)文献中,气象灾害风险的识别、产生气象灾害临界气象条件的确定、临界气象条件出现概率的分析、承灾体易损性的评估等内容,都对进行气候变化风险分析有很好的借鉴意义。

中国气象部门在灾害风险评估或者气候可行性论证方面工作的领域,主要集中在风能太阳能电站选址、核电、城乡规划、交通设施、火电空冷等领域。对三峡工程、青藏铁路、南水北调等国家大型重点工程,气象部门也进行了气候分析。但对气候和气候变化对相关工程项目的影响,以及工程项目建成后对气候会产生哪些影响,进而导致的可能的气候变化,即气候变化风险分析,在广度和深度上都还有待进一步研究。

1.5　应用案例

1.5.1　降水极值重现期

降水极值的重现期计算是气象、水文水资源研究,及水利水电工程设计洪水推算中的一个重要方面,也是极值分布规律研究的热点。苏布达等(2008)利用长江流域 147 个气象站 1960—2005 年最大值序列(AM)或超门限峰值序列(POT)降水资料,采用 20 种不同分布拟合分析,计算了逐站重现期 $T=46$ 年的最大日降水量 $F(x)$,并与实测最大值比较,得出计算结果对实际资料的拟合误差。从拟合误差来看,运用广义极值与韦克比分布模式模拟 AM-1 序列的参数估计和广义帕雷托与韦克比分布模式模拟 POT-1 序列的参数估计值,所估算的重现期最大降水极值结果基本一致,长江流域 70% 的气象站误差在 10% 以下。另有 17% 左右气象站误差在 10%—20% 之间,13% 的测站误差 >20%。误差较大的测站主要位于长江流域强降水中心,其某一年的实测记录往往高于 200 mm,甚至超过 300 mm。

表 1-5   长江流域 147 站的重现期 $T(=46)$ 年最大日降水量拟合误差分级

		1‰~5‰	5‰~10‰	10‰~15‰	15‰~20‰	20‰~25‰	25‰~30‰	>30‰
AM-1	GEV	61	100	119	127	139	143	147
	GPD	37	77	102	122	131	140	147
	WAKEBY	69	103	117	125	140	144	147
POT-1	GEV	68	105	118	129	140	142	147
	GPD	70	104	118	131	141	144	147
	WAKEBY	71	102	119	129	140	142	147

具体资料处理和分析过程如下:

(1)建立极值序列。将 147 个国家基准、基本气象站 1960 年 1 月 1 日—2005 年 12 月 31 日的逐日观测数据进行分析,选取每年降水最大值建立了逐站的 AM-1 降水序列,并按照每年发生一次的频率,建立了逐站过去 46 年超门限峰值 POT-1 降水序列。

图 1-2 对比了位于长江中下游地区的滁州站 AM-1 序列与 POT-1 序列降水极值的分布。可见,AM-1 序列与 POT-1 序列 1960—2005 年均由 46 个极值组成,平均每年一个极值,但 POT-1 序列丰水年份可能出现几个极值,干旱年份则可能不出现极值。AM-1序列的离差比 POT-1 序列的大。

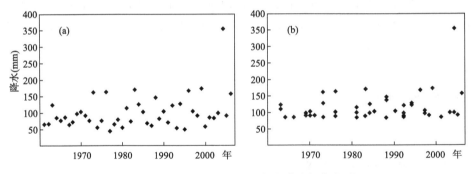

图 1-2   滁州站 1960—2005 年的降水极值序列

(a)AM 序列;(b)POT 序列

(2)选择分布函数的模式。运用了国内外广泛应用于降水与极端降水分布的统计分布模型,如:皮尔森Ⅲ分布、对数正态分布、广义极值分布等分布函数,模拟了长江流域降水极值的分布。同时,尝试了一些没有普及推广的模式,如:约翰逊分布、柯西分布、韦克比分布等分布函数,作为推算长江流域降水极值事件概率分布的被选方案。

(3)统计参数的估计和假设检验。对以上分布函数采用极大似然法(MLE)进行了参数估计。K-S 检验是一种常用的无参估计方法,用于检验两种经验分布是否起源于同一分布。本例即利用柯尔莫哥洛夫-斯米尔诺夫检验法(K-S)进行检验,本例中显著性水

平 α 为 0.05,容量为 46 的 K-S 检验临界值为 0.19625。

表 1-6　　　　　　　　　　长江流域极端降水分布函数 KS 检验结果

（$D_n < D_{n,a}$ 列:使原假设 H_0 成立的气象站个数;$\sum D_n$ 列:147 站的检验统计量 D_n 累积排序）

	$D_n < D_{n,a}$		$\sum D_n$	
	AM-1 序列	POT-1 序列	AM-1 序列	POT-1 序列
贝塔分布	138	117	2073	2348
约翰逊 SB 分布	146	144	1008	1280
幂函数分布	50	84	2795	2690
柯西分布	146	111	1984	2692
耿贝尔分布	146	136	1547	2328
逻辑分布	140	77	2374	2793
指数分布	90	146	2563	1634
疲劳寿命分布	146	147	1027	1246
弗罗滋分布	146	146	1004	1229
伽玛分布	146	145	1180	1648
逆高斯分布	146	145	1093	1135
对数逻辑分布	147	146	963	1224
对数正态分布	147	146	939	1084
帕雷托分布	22	146	2946	1487
瑞利分布	139	65	2153	2928
韦伯尔分布	145	145	1422	1471
广义极值分布	146	146	764	1292
广义帕雷托分布	146	146	1443	865
广义逻辑分布	146	146	1013	1636
韦克比分布	144	143	582	716

(4)极端降水统计分布拟合。选定 20 种分布形式,利用长江流域 147 气象站 1960—2005 年日降水量年极大值进行拟合,并根据 K-S 优度检验法进行了比较验证,结果如表 1-6 所示。表中 $D_n < D_{n,a}$ 列统计了 $Fn(x)$ 与 $F(x)$ 最大差异程度(检验统计量 D_n)小于显著性水平 0.05 的 KS 临界值($D_{n,a}$)的气象站个数,发现 90%～99% 气象站采用约翰逊 SB 分布,耿贝尔分布,疲劳寿命分布,弗罗滋分布,伽玛分布,逆高斯分布,对数逻辑分布,对数正态分布,韦伯尔分布,广义极值分布,广义帕雷托分布,广义逻辑分布,韦克比分布等函数模拟 AM-1 与 POT-1 两套降水极值序列的拟合结果满足条件 $D_n < D_{n,a}$,可以接受原假设 H_0。说明长江流域极端降水总体能较好地服从于上述 13

类分布模型。表中 $\sum D_n$ 列是首先对逐站 20 类分布的检验统计量 D_n 进行自小到大的排序$(1,2,\cdots,20)$，继而求出的每一类分布 D_n 在 147 站的累积排序。数据表明韦克比分布与广义极值分布拟合 AM-1 极端降水序列的 $\sum D_n$ 最小，检验效果最好，韦克比分布与广义帕雷托分布拟合 POT-1 极端降水序列的检验效果最好。

（5）最优分布模式的应用。图 1-3（a）与 1-3（b）分别为位于滁州站极端降水 AM-1 与 POT-1 序列实测概率密度（直方图）与理论密度曲线的对比。广义极值、广义帕雷托和韦克比分布拟合 AM-1 序列的 K-S 统计量 D_n 为 0.053、0.064、0.055，拟合 POT-1 序列的 K-S 统计量 D_n 为 0.093、0.076、0.076。由图 1-3 可见，以广义帕雷托分布模拟 AM-1 序列分布规律的拟合程度不如广义极值分布，但韦克比分布接近于广义极值分布的拟合结果（图 1-3a）；以广义极值分布模拟 POT-1 序列分布规律的拟合程度不如广义帕雷托分布，而韦克比分布拟合曲线重叠于广义帕雷托分布曲线之上（图 1-3b）。说明，韦克比分布对 AM-1 与 POT-1 两种极值序列的分布规律均具有较好的模拟效果。

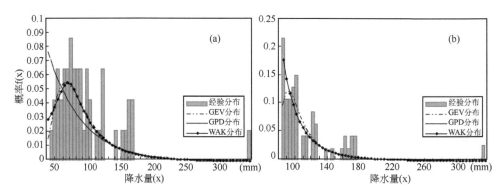

图 1-3 滁州站极端降水概率密度观测直方图与拟合曲线
（a）AM 序列；（b）POT 序列

从而得到以下结论：

（1）通过 K-S 显著性水平 0.05 拟合优度检验的模式有约翰逊 SB 分布，耿贝尔分布，疲劳寿命分布，弗罗兹分布，伽玛分布，逆高斯分布，对数逻辑分布，对数正态分布，韦伯尔分布，广义极值分布，广义帕雷托分布，广义逻辑分布，韦克比分布等 13 种分布模型。其中，拟合误差最小的为韦克比分布、广义极值分布与广义帕雷托分布。

（2）就 3 种最优拟合模式的效果来看，广义极值分布拟合 AM-1 降水极值有良好效果；广义帕雷托分布拟合 POT-1 降水极值有良好效果。韦克比分布则具很强的适应性，模拟 AM-1 与 POT-1 序列均可以达到前两种模式的拟合程度。说明了长江流域降水极值分布符合韦克比分布。

（3）从重现期年最大降水估算结果来看，由于受到资料限制，不同分布模式的模拟，均未能推算出突发事件为主的最大降水量，降水极值的拟合仍有许多的不确定性。

1.5.2　洪水重现期

在水文上,常常分析洪水或枯水水位的频率或重现期。世界各国在制定有关设计洪水规范或手册时,根据对当地洪水数据序列的拟合情况,选定一种能较好地拟合大多数序列的线型,在有关规范或手册中予以规定,以供本国或本地区有关工程设计使用。徐长江(2005)指出,根据中国诸多长期洪水系列分析结果和多年来设计工作的实践经验,自 20 世纪 60 年代以来,中国一直采用皮尔逊Ⅲ型曲线作频率分析,特殊情况,经分析论证后也可采用其他线型;英国、法国及其原殖民地国家选用 GEV 分布,但英国的最新《设计洪水估算手册》提出采用 GL 分布;美国采用 Gumbel 分布做降雨频率分析。WMO 在极端值分析中推荐采用 GEV 分布。梁启成(2001)为了确定 1885 年桂林漓江历史洪水的重现期,采用考证文献历史洪水排位法、分历史时期排位法和实际发生洪水年排位法等多种方法综合分析,确定 1885 年历史洪水重现期为 235 年,对今后桂林漓江上的工程设计洪水的确定及其他类似工程具有一定的参考价值。

洪水计算目前常用的是频率计算或用暴雨分析两种途径,频率计算要求有很长的洪水序列资料,实际上洪水资料年限都比较短,为此要求抽样对总体有较好的代表性。洪水(洪峰)序列代表性应具备以下条件:1)要有较远的历史大洪水;2)序列中要有较大级别的洪水及一定个数的历史大洪水;3)序列中要包含丰、平、枯的洪水年份;4)要有一定的时间长度,统计学上一般要求 30 年以上。所用资料代表性的好坏与重现期的可靠程度有关,确定重现期时必须慎重。

参考文献

陈正洪,向华,高荣.2010.武汉市 10 个主要极端天气气候指数变化趋势分析.气候变化研究进展,**6**(1):22-28

高仁祥,张世英,刘豹.1997.基于 Chow 检验的最优分段建模.信息与控制,**26**(5):342-345

高晓容,李庆祥,董文杰.2008.五台山站历史气候资料的均一性分析.气象科技,**36**(1):112-118

高理,史茜,高凤娇.2010.山东省观测资料的均一性检验.山东气象,**30**(1):1-4

葛全胜,邹铭,郑景云,等.2008.中国自然灾害风险评估初步研究.北京:科学出版社

李庆祥,刘小宁,张洪政,等.2003.定点观测气候序列的均一性研究.气象科技,**31**(1):3-22

李庆祥.2008.近百年中国气温变化趋势与突变.中国科学院大气物理研究所博士论文

李世奎.1999.中国农业灾害风险评价与对策.北京:气象出版社

梁启成.2001.确定桂林漓江历史洪水重现期的探讨.广西水利水电,**2001**(4):46-48

刘小宁,任芝花.2005.地面气象资料质量控制方法研究概述.气象科技,**33**(3):199-203

罗勇.2010.气候变化业务基础.北京:气象出版社

黄群.2007.中国近 50 年降水和湿度资料均一性检验及订正研究.南京信息工程大学硕士论文

苏布达,姜彤,董文杰.2008.长江流域极端强降水分布特征统计拟合.气象科学,**28**(6):625-629

屠其璞,王俊德,丁裕国等.1984.气象应用概率统计学.北京:气象出版社

吴利红,毛裕定,胡德云,等.2005.地面气候资料序列均一性检验与订正系统.浙江气象,**26**(4):40-44

吴利红,康丽莉,毛裕定,等.2007.SNHT方法用于气温序列非均一性检验的研究.科技通报,23(3):337-341

谢志清,杜银,曾燕,等.2007.长江三角洲城市带扩展对区域温度变化的影响.地理学报,62(7):717-727

徐长江.2005.中英美三国设计洪水方法比较研究.人民长江,36(1):24-26

么枕生,丁裕国.1990.气候统计.北京:气象出版社

翟盘茂.1997.中国历史探空资料中的一些过失误差及偏差问题.气象学报,55(5):563-572

章国材.2010.气象灾害风险评估与区划方法.北京:气象出版社

张月鸿,吴绍洪,戴尔阜,等.2008.气候变化风险的新型分类.地理研究,27(4):763-774

邹旭恺,张强,王有民,等.2005.干旱指标研究进展及中美两国国家级干旱监测.气象,31(7):6-9

Alexandersson H. 1986. A homogeneity test applied to precipitation data. *International Journal of Climatology*. ,**6**:661-675

Alexandersson H. , Moberg A. 1997. Homogenization of Swedish temperature data,Part I :A homogeneity test for linear trends. *International Journal of Climatology*. ,**17**:25-34

CraddockJ. M. 1979. Methods of comparing annual rainfall records for climatic purposes. *Weather*,**34**:332-346

Easterling D. R. ,Peterson T. C. 1995a. A new method for detecting and adjusting for undocumented discontinuities in climatological time series. *International Journal of Climatology*,**15**:369-377

Easterling D. R. ,Peterson T. C. 1995b. The effect of artificial discontinuities on recent trends in minimum and maximum temperatures. *Atomospheric Research*. ,**37**:19-26

HeinoR. 1997. Metadata and their role in homogenization of climate data. In:*Climate detection reports for CCI-XII from rapporteurs that relate to climate change detection*. WMO WCDMP-29,WMO,Geneva,**36**:3-4

IPCC. 2007. *Climate Change 2007:The physical science basis.* //Solomon D Q S,Manning M,*et al*. Contribution ofWorking Group I to the Fourth Assessment Report. Cambridge:Cambridge Universityhttp://www.ipcc-wg2. gov/AR5/ar5. html

Karl T. R. ,Diaz H. F. ,Kukla G. 1988. Urbanization:its detection and effect in the United States climate record. *Journal of Climat*,**1**:1099-1123

Kohler M. A. 1949. Double-mass analysis for testing the consistency of records and for making adjustments. *Bulletin of the American Meteavological Society*. ,**30**:188-189

LanzanteJ. R. 1996. Resistant,robust and nonparametric techniques for the analysis of climate data. Theory and examples,including applications to historical radiosonde station data,*International Journal of Climatology*. ,**16**:1197-1226

Mielke P. W. 1991. The application of multivariate permutation methods based on distance functions in the earth sciences. *Earth • Science. Reviews*. ,**31**:55-71

Oke T. R. 1973. City size and the urban heat island. *Atmospheric Environment*,**7**:769-779

Panofsky H. A. and BrierG. W. 1968. Some Applications of Statistics to Meteorology. Pennsylvania State University,University Park:224

PetersonT. C. ,EasterlingD. R. 1994. Creation of homogeneous composite climatological reference series. *International Journal of Climatology*. ,**14**:671-679

Peterson T. C. ,Easterling D. R,Karl T. R,*et al*. 1998. Homogeneity adjustments of in situ atmospheric climate data：A review. *International Journal of Climatology*，**18**(13)：1493-1517.

Plummer N.，Lin Z. and Torok S. 1995. Trends in the diurnal temperature range over Australia since 1951. *Atmospheric Research.*，**37**：79-86

Potter K. W. 1981. Illustration of a new test for detecting a shift in mean in precipitation series. *Mon. Wea. Rev.*，**109**：2040-2045

Rhoades D. A. and Salinger M. J. 1993. Adjustment of temperature and rainfall records for site changes. *International Journal of Climatology.*，**13**：899-913

Solow A. 1987. Testing for climatic change：an application of the two-phase regression model. *J. Appl. Meteorol.*，**26**：1401-1405

SzentimreyT. 1994. 'Statistical problems connected with the homogenization of climatic time series'. in Heino，R. (ed.)，*Climate Variations in Europe*，Proceedings of the European Workshop held in Kirkkonummi(Majvik)，Finland 15-18 May 1994. Publications of the Academy of Finland 3：94，pp. 330-339

SzentimreyT. 1995. 'General problems of the estimation of inhomogeneities，optimal weighting of the reference stations'. *Proceedings of the 6 th International Meeting on Statistical Climatology*，Galway，Ireland，pp. 629-631

SzentimreyT. 1996. 'Statistical procedure for joint homogenization of climatic time series'. *Proceedings of the Seminar for Homogenization of Surface Climatological Data*，Budapest，Hungary，47-62

Vincent L. 1998. A technique for the identification of inhomogeneities in Canadian temperature series. *J. Climate*，**11**：1094-1104

Vincent L. A.，Zhang X.，Bonsal B. R.，*et al*. 2002. Homogenization of Daily Temperatures over Canada. *Journal of Climate*，**15**：1322-1334

Zurbenko I.，Porter P. S.，Rao S. T.，*et al*. 1996 . Detecting discontinuities in time series of upper air data ：Development and demonstration of an adaptive filter technique. *J. Climate*，**9**：3548-3560

Zhai P. M. and Eskridge R. E. 1996. Analyses of inhomogeneities in radiosonde temperature and humidity time series. *Joumal of Climate*，**9**：884-894

第 2 章

未来气候变化情景预估及应用

徐影,高学杰,刘绿柳,翟建青,石英(国家气候中心)

导读

☞气候变化情景 SERES,RCP 和 SSPs 情景可见 2.2 部分。

☞中国地区气候变化预估数据集可见 2.3 部分。

☞模拟地形降水之类的大气过程,可选用动力降尺度模型。动力降尺度法能应用于任何地方而不受观测资料的影响,也可应用不同的分辨率(详见 2.4.1 部分)。

✓需要较高空间分辨率和模拟较长时间尺度,可选用 CCLM 模型,CCLM 模型不需要任何尺度估计。

✓需要应用成熟的,可选用 RegCM3 和 RegCM4 模型。由于 RegCM4 单向嵌套了国家气候中心 BCC_CSM1.1 全球气候系统模式所得到的模拟结果,所以对东亚和中国地区气候有较好的模拟能力特别是在季风降水上。

☞成熟的降尺度方法有转换函数、环流分型和天气发生器(可见 2.4.2.1 部分)。

✓在统计降尺度法中应用最多的方法就是转换函数。

✓环流分型可以充分应用气象工作者的气象知识和经验积累,但其应用只限于特定区域。

✓天气发生器在近几年已广泛应用于统计降尺度方法中。

☞统计降尺度模型。（可见 2.4.2.2 部分）

✓用于评估区域气候变化影响，可选用较为成熟的 SDSM 模型。

✓用于模拟降水，可选用 Delta 模型和 NHMM 模型。Delta 模型可描述不同等级降水量的不同变化，也可描述降水的时间变化特征。NHMM 模型可适用于日序列和月序列的模拟。

✓利用统计规律，对气候要素进行预估，并保持统计特征的稳定性，可选用 STAR 模型。

2.1　引言

目前，用于未来气候变化预估的主要工具是全球和区域气候模式。全球和区域气候模式提供有关未来气候变化，特别是大陆及其以上尺度的气候变化的可靠的定量化估算，具有相当高的可信度。某些气候变量（如温度）的模式估算可信度高于其他变量（如降水）。

本章主要介绍了气候变化情景、中国地区气候变化预估数据；在降尺度方法和数据中，介绍了动力降尺度模型（如 CCLM 模型）和统计降尺度模型（如 SDSM 模型、STAR 模型等）；简述了气候变化预估的不确定性，最后给出了相应的应用案例。

2.2　气候变化情景

气候变化情景是建立在一系列科学假设基础之上对未来气候状态的时间、空间分布形式的合理描述。气候变化情景可分为增量情景和基于气候模式模拟的情景。增量情景是根据基准气候对不同气候因子进行简单的算术调整，这是研究生态系统响应气候变化的敏感性和脆弱性的简单而有效的方法。但由于增量情景包含了强制的调整，从气象学上讲可能是不真实的。如：根据未来气候可能的变化范围，任意给定气温、降水等气候要素的变化值，例如假定年平均气温升高 1℃、2℃、3℃、4℃等，年降水量增加或减少 5％、10％、20％等。每一种气温与降水的可能状况的组合就构成区域未来气候的一种情景。

目前更为常用的情景是基于大气环流模式（GCMs）模拟的未来气候变化情景。这些大气环流模式将假设的未来温室气体排放情景作为模式输入，这些假设的排放情景是根据一系列驱动因子（包括人口增长、经济发展、技术进步、环境变化、全球化、公平原则等）的假设提出的未来温室气体和硫化物气溶胶排放的情况，进而得到一系列未来可能发生的气候情景。

利用 GCMs 进行气候情景的研究主要经历了以下阶段：20 世纪 80 年代末对大气

中的温室气体浓度达到加倍时的气候变化情景;1992 年对大气中温室气体按照每年以 1％的幅度增至某一浓度时的气候变化情景模拟,共有 6 个 IS92(IPCC 于 1992 年提出的排放情景)排放情景;2000 年 IPCC 完成了排放情景特别报告(SRES),在 2007 年出版的 IPCC 第四次评估报告中使用 SRES 排放情景代替了前面的 6 个 IS92 排放情景。

在 IPCC 于 2000 年出版的 SRES 中,考虑社会经济发展的主要方向是全球性经济发展或是区域性经济发展,侧重于发展经济或是致力于保护环境,未来世界发展框架主要假设为 4 种排放情景家族 A1、A2、B1 和 B2,利用这 4 种不同排放情景,对未来的气候变化情景进行预估,来共同捕捉与驱动和排放相关的不确定性。

A1 框架和情景系列。该系列描述的未来世界主要特征是:经济快速增长,全球人口峰值出现在 21 世纪中叶,随后开始减少,未来会迅速出现新的和更高效的技术。它强调地区间的趋同发展和能力建设,文化和社会的相互作用不断增强,地区间人均收入差距持续减少。A1 情景系列划分为 3 个群组,分别描述了能源系统技术变化的不同发展方向,以技术重点来区分这 3 个 A1 情景组:矿物燃料密集型(A1F1)、非矿物能源型(A1T)、各种能源资源均衡型(A1B,此处的均衡定义为在假设各种能源供应和利用技术发展速度相当的条件下,不过分依赖于某一特定的能源资源)。

A2 框架和情景系列。该系列描述的是一个发展极不均衡的世界。其基本点是自给自足和地方保护主义,地区间的人口出生率很不协调,导致人口持续增长,经济发展主要以区域经济为主,人均经济增长与技术变化日益分离,低于其他框架的发展速度,代表着高排放情景。

B1 框架和情景系列。该系列描述的是一个均衡发展的世界。与 A1 系列具有相同的人口,人口峰值出现在 21 世纪中叶,随后开始减少;不同的是,经济结构向服务和信息经济方向快速调整,材料密度降低,引入清洁、能源效率高的技术。其基本点是在不采取气候行动计划的条件下,在全球范围更加公平地实现经济、社会和环境的可持续发展,代表着中等排放情景。

B2 框架和情景系列。该系列描述的是世界强调区域经济、社会和环境的可持续发展。全球人口以低于 A2 的增长率持续增长,经济发展处于中等水平,技术变化速率与 A1、B1 相比趋缓,发展方向多样。同时,该情景所描述的世界也朝着环境保护和社会公平的方向发展,但所考虑的重点仅局限于地方和区域一级。

SRES 情景为气候变化分析提供了一个研究平台,正在成为气候变化研究领域的标准参照情景。在我们的未来气候变化情景预估结果中广泛应用的是 SRESA2、SRE-SA1B 和 SRESB1 这 3 种情景。

2011 年 Climatic Change 出版专刊,详细介绍了新一代的温室气体排放情景。"典型浓度路径"(Representative Concentration Pathways),主要包括四种情景:

RCP8.5 情景:假定人口最多、技术革新率不高、能源改善缓慢,所以收入增长慢。这将导致长时间高能源需求及高温室气体排放,而缺少应对气候变化的政策。2100 年辐射强迫上升至 8.5 W/m²。

RCP6.0 情景:反映了生存期长的全球温室气体和生存期短的物质的排放,以及土地利用/陆面变化,导致到 2100 年辐射强迫稳定在 3.0 W/m²。

RCP4.5 情景:2100 年辐射强迫稳定在 4.5 W/m²。RCP2.6 情景:把全球平均温度上升限制在 2.0℃之内,其中 21 世纪后半叶能源应用为负排放。辐射强迫在 2100 年之前达到峰值,到 2100 年下降至 2.6 W/m²(如图 2-1)。

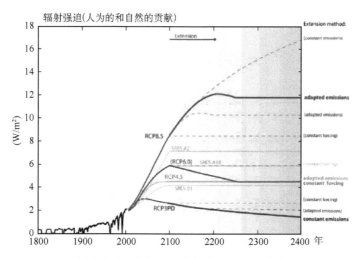

图 2-1　RCP 情景下辐射强迫的时间变化

(http://www.iiasa.ac.at/web-apps/tnt/RcpDb/dsd? Action＝htmlpage&page＝welcome)

IPCC 在 RCPs 的基础上发展共享社会经济路径(Shared Socio-economic Pathways,SSPs)来构建社会经济新情景。共享社会经济路径(SSPs),反映辐射强迫和社会经济发展间的关联。每一个具体的 SSP 代表了一类发展模式,包括了相应的人口增长、经济发展、技术进步、环境条件、公平原则、政府管理、全球化等发展特征和影响因素的组合,可以包括人口、GDP、技术生产率、收入增长率以及社会发展指标(如收入分配)等定量数据,也包括对社会发展的程度、速度和方向的定性描述,但不包括排放、土地利用和气候政

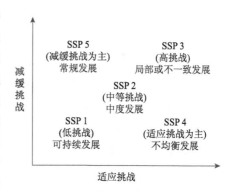

图 2-2　考虑适应和减缓挑战的 SSPs 示意图

策(减缓或适应)等假设。如果从未来社会经济面临的减缓和适应挑战角度来设定 SSPs(Arnell 等,2011),如图 2-2 所示,可以划分为 SSP1-5,分别代表可持续发展、中度发展、局部发展、不均衡发展和常规发展等 5 种路径。

通过对具体指标的设定,SSPs 可以涵盖 SRES 等已有情景中的社会经济假设。如将 SSP 设定为人口在经历较快增长后稳定并逐步减少,经济维持高速增长,全球化水平不断提高,环境条件、社会管理和民生得到稳步发展的模式,类似 SRES 情景族中的 B1或者 A1T 情景。同样,也可以设定相当于 SRES 情景中的 A2 情景,非均衡发展的世

界,自给自足和地方保护主义,地区间的人口出生率很不协调,导致持续的人口增长,全球化程度较低,经济发展以区域经济为主,经济增长与技术变化越来越小,经济发展速度较慢,减缓和适应能力都较差(Kriegler 等,2011)。如图 2-3 所示,如果将 SRES 排放情景放到 SSPs 情景框架中,可以看出在减缓/适应能力中,B2 情景与 RCP6 的中等发展程度相当,A2 情景与 RCP8.5 的低度发展程度相当,A1F1、A1B、B1/A1T 在相当于矩阵中较高的经济发展阶段,具有较强的适应及减缓能力(Van 等,2011)。

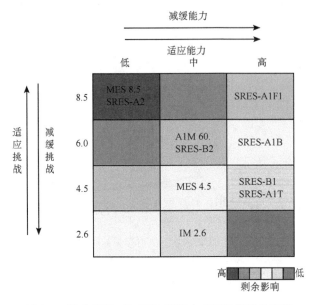

图 2-3　基于 RCPs 的 SSPs 框架中 SRES 情景示意图

　　SSPs 涵盖了 SRES 情景中的社会经济假设,但也不局限于这几种具体情况,SSPs 可以包含各种发展模式,可以根据掌握的社会经济数据进行设定,可用于更为宽泛的环境。例如,根据当前某个国家或区域的实际情况以及发展规划,利用 SSPs 的指标体系来设定社会经济发展路径;还可以根据需要或者是区域的实际情况,改变其人口发展模式,或经济增长速度,从而获得一个区域的社会经济战略选择;也可以保持在 SSP 的其他指标和因素不变的条件下,仅改变其中的一个指标(因素),比如假设社能源技术得到极大的提高,评估技术水平进步对未来社会发展的影响。因此,SSPs 不仅可用于全球、区域,还可以应用在具体部门(如能源、农业等),为分析不同的气候政策(人为减排)、社会经济发展模式的成本和风险提供了可能(Van 等,2011)。

2.3　中国地区气候变化预估数据

　　IPCC 第四次评估报告(AR4)共包含 20 多个复杂的全球气候系统模式对过去气候变化的模拟和对未来全球气候变化的预估,其中美国 7 个(NCAR_CCSM3,GFDL_CM2_0,

GFDL_CM2_1，GISS_AOM，GISS_E_H，GISS_E_R 和 NACR_PCM1），日本 3 个（MROC3，MROC3_H 和 MRI_CGCM2），英国 2 个（UKMO_HADCM3 和 UKMO_HADGEM），法国 2 个（CNRMCM3 和 IPSL_CM4），加拿大 3 个（CCCMA_3，CGC-MT47 和 CGCMT63），中国 2 个（BCC-CM1 和 IAP_FGOALS1.0），德国（MPI_ECHAM5），德国/韩国（MIUB_ECHO_G），澳大利亚（CSIRO_MK3），挪威（BCCR_CM2_0）和俄罗斯（INMCM3）各有 1 个。参加的国家之广、模式之多都是以前几次全球模式对比计划所没有的。IPCCAR4 的气候模式的主要特征是：大部分模式都包含了大气、海洋、海冰和陆面模式，考虑了气溶胶的影响，其中大气模式的水平分辨率和垂直分辨率普遍提高，对大气模式的动力框架和传输方案进行了改进；海洋模式也有了很大的改进，提高了海洋模式的分辨率，采用了新的参数化方案，包括了淡水通量，改进了河流和三角洲地区的混合方案，这些改进都减少了模式模拟的不确定性；冰雪圈模式的发展使得模式对海冰的模拟水平进一步提高。

表 2-1 是这些气候模式的基本特征。访问如下网页，可获取关于各国参与 IPCC 第四次评估报告的全球气候模式特征的详细介绍。

http://www-pcmdi.llnl.gov/ipcc/model_documentation/ipcc_model_documentation.php。

表 2-1 气候模式基本特征

模式	国家	大气模式	海洋模式	海冰模式	陆面模式
BCC-CM1	中国	T63L16 1.875°×1.875°	T63L30 1.875°×1.875°	热力学	L13
BCCR_BCM2_0	挪威	ARPEGE V3 T63 L31	NERSC—MICOM V1L35 1.5°×0.5°	NERSC 海冰模式	ISBA ARPEGE V3
CCCMA_3 (CGCMT47)	加拿大	T47L31 3.75°×3.75°	L29 1.85°×1.85°		
CNRMCM3	法国	Arpege—Climatv3 T42L45(2.8°×2.8°)	OPA8.1 L31	Gelato 3.10	
CSIRO_MK3	澳大利亚	T63L18 1.875°×1.875°	MOM2.2 L31 1.875°×0.925°		
GFDL_CM2_0	美国	AM2 N45L24 2.5°×2.0°	OM3 L50 1.0°×1.0°	SIS	LM2
GFDL_CM2_1	美国	AM2.1 M45L24 2.5°×2.0°	OM3.1 L50 1.0°×1.0°	SIS	LM2
GISS_AOM	美国	L12 4°×3°	L16	L4	L4—5
GISS_E_H	美国	L20 5°×4°	L16 2°×2°		

模式	国家	大气模式	海洋模式	海冰模式	陆面模式
GISS_E_R	美国	L20　5°×4°	L13　5°×4°		
IAP_FGOALS1.0	中国	GAMIL T42L30 2.8°×3°	LICOM1.0	NCAR CSIM	
IPSL_CM4	法国	L19　3.75°×2.5°	L19　(1°~2°)×2°		
INMCM3	俄罗斯	L20　5°×4°	L33　2°×2.5°		
MIROC3	日本	T42 L20 2.8°×2.8°	L44 (0.5°~1.4°)×1.4°		
MIROC3_H	日本	T106 L56 1.125°×1°	L47 0.2812°×0.1875°		
MIUB_ECHO_G	德国	ECHAM4 T30L19	HOPE—G T42 L20	HOPE—G	
MPI_ECHAM5	德国	ECHAM5 T63 L32(2°×2°)	OM　L41 1.0°×1.0°	ECHAM5	
MRI_CGCM2	日本	T42 l30 2.8°×2.8°	L23 (0.5°~2.5°)×2°		SIB　L3
NCAR_CCSM3	美国	CAM3 T85L26 1.4°×1.4°	POP1.4.3　L40 (0.3°~1.0°)×1.0°	CSIM5.0 T85	CLM3.0
NCAR_PCM1	美国	CCM3.6.6 T42L18(2.8°×2.8°)	POP1.0　L32 (0.5°~0.7°)×0.7°	CICE	LSM1 T42
UKMO_HADCM3	英国	L19　2.5°×3.75°	L20　1.25°×1.25°		MOSES1
UKMO_HADGEM	英国	N96L38 1.875°×1.25°	(1°~0.3°)×1.0°		MOSES2

2.3.1 《中国地区气候变化预估数据集 1.0》

2008 年 12 月中国气象局国家气候中心对参与 IPCC AR4 的 20 多个不同分辨率的全球气候系统模式的模拟结果经过插值降尺度计算,将其统一到同一分辨率(1°×1°)下,对其在东亚地区的模拟效果进行检验,利用简单平均方法进行多模式集合,制作成一套 1901—2099 年月平均资料《中国地区气候变化预估数据集 1.0》(以下简称《数据集

1.0》），提供给从事气候变化影响研究的科研人员使用。同时考虑到有些影响评估工作对日平均资料的需求，还整理了一套德国马普研究所利用 MPI_ECHAM5 计算的逐日平均 1951—2050 年气候变化数值模拟资料，供气候变化研究使用。

《数据集 1.0》中还包括国家气候中心研究人员使用意大利国际理论物理中心（ICTP）的区域气候模式 RegCM3 模拟计算的高分辨率整个中国区域的气候变化模拟和未来预估结果。

《数据集 1.0》中全球模式部分数据全称为"WCRP 的耦合模式比较计划——阶段 3 的多模式数据"，后文中可简称为 CMIP3 数据。此数据集提供多模式平均的地面温度、降水月平均资料和日平均资料。

月平均资料：多模式的集合平均值（简单集合平均），包含 20C3M，SRESA1B，SRE-SA2，SRESB1 情景预估数据。

日平均资料：仅提供 MPI_ECHAM5 模式预估数据，包含 20C3M，SRES A1B 情景数据。不同 SRES 情景下，月平均资料模式集合平均值所用模式数量见表 2-2。

说明：20C3M 指的是模式模拟的过去 100 年（1901—2000 年）的实验结果，SRES A1B、SRES A2、SRES B1 分别指的是上文中 3 种排放情景下的未来预估结果（2001—2100 年）。数据的范围为：经度 60°～149°E，纬度 0.5°～69.5°N，如图 2-4。

表 2-2　　　《中国地区气候变化预估数据集》月平均模式集合平均值所用模式

SRES A1B(17)	SRES A2(17)	SRES B1(18)
CCCMA_3(T47)	BCC_CM1	BCC_CM1
CNRMCM3	BCCR_BCM2_0	BCCR_BCM2_0
CSIRO_MK3	CCCMA_3(T47)	CCCMA_3(T47)
GFDL_CM2_0	CNRMCM3	CNRMCM3
GFDL_CM2_1	CSIRO_MK3	CSIRO_MK3
GISS_AOM	GFDL_CM2_0	GFDL_CM2_0
GISS_E_H	GFDL_CM2_1	GISS_AOM
IAP_FGOALS1.0	GISS_E_R	GISS_E_R
INMCM3	INMCM3	IAP_FGOALS
IPSL_CM4	IPSL_CM4	INMCM3
MIROC3	MIROC3	IPSL_CM4
MIROC3_H	MIUB_ECHO_G	MIROC3
MIUB_ECHO_G	MPI_ECHAM5	MIROC3_H
MPI_ECHAM5	MRI_CGCM2	MIUB_ECHO_G
MRI_CGCM2	NCAR_CCSM3	MPI_ECHAM5
NCAR_CCSM3	NCAR_PCM1	MRI_CGCM2
KMO_HADCM3	UKMO_HADCM3	NCAR_CCSM3
		UKMO_HADCM3

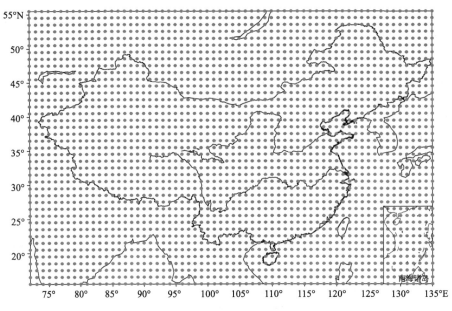

图 2-4　海洋—陆地区域格点分布图

所提供的月平均资料和日平均资料气候要素如下。

(1)地面温度(TAS),指近地面(通常为 2 m 高处)的温度,单位:K。

(2)降水量(PRE),包括所有类型(降雨、降雪、大尺度降水、对流降水等),单位:mm/d。

　　另德国马普气象研究所逐日平均的 1951—2050 年气候变化数值模拟资料由 ECHAM5/MPI-OM 全球海气耦合模式计算获取。ECHAM5/MPI-OM 全球海气耦合模式其分辨率为 $1.875° \times 1.865°$,T63 波数,31 垂直层,其控制实验包括 20 世纪气候变化的控制实验期(1860—2000 年)和 3 种排放情景 SRESA2,SRESA1B,SRESB1。其具体内容可参见 http://ncc.cma.gov.cn/cn/。

2.3.2 《中国地区气候变化预估数据集 2.0》

　　2009 年 11 月中国气象局国家气候中心在《数据集 1.0》的基础上,发布了《中国地区气候变化预估数据集 version2.0》(以下简称《数据集 2.0》),在《数据集 2.0》中,对多模式平均的方法进行了改进,由简单平均方法更新为加权平均方法,加权平均方法的主要原理是:首先对单个模式对于当代气候的模拟能力进行检验,包括模式对当前气候平均态和气候变率的检验,在此基础上,定义一个权重因子系数,对当前气候模拟较好的模式得到的权重系数较大,模拟不好的权重系数较小,对未来预估结果的贡献也就较小。

　　《数据集 2.0》主要包含以下数据。

　　(1)月平均数据。全球气候模式平均温度和降水集合平均值数据。

　　5 个全球气候模式 20 世纪和 21 世纪的模拟预估数据。包括平均温度、最高温度、最低温度、降水、海平面气压、经向地面风速、纬向地面风速 7 个气候要素。

区域气候模式(RegCM3)20 世纪控制实验和 21 世纪预估试验的月平均数据。同样提供了平均温度、最高温度、最低温度、降水、海平面气压、经向地面风速、纬向地面风速 7 个气候要素(高学杰等,2010)。

(2)日平均数据。区域气候模式(RegCM3)20 世纪控制实验和 21 世纪预估试验的日平均数据。高分辨率(0.25°×0.25°)的地面温度和降水日平均数据。

《数据集 2.0》加权平均数据在不同 SRES 情景下所使用的模式数量与此前发布的《数据集 1.0》中提供的全球气候模式集合平均一样,所不同的是《数据集 1.0》集合平均采用简单集合平均方法而《数据集 2.0》则采用了加权平均的方法。数据提供范围与《数据集 1.0》一样,但该数据中平均温度单位为℃,降水为 mm/d。

2.3.3 《中国地区气候变化数据集 3.0》及网站

为更直观、形象和方便的向公众介绍新的温室气体排放情景 RCPs(Representative Concentration Pathways)下未来中国区域气候变化的预估结果,及向相关用户提供 CMIP5(the Fifth phase of the CMIP)全球气候模式以及新版本区域气候模式的模拟和预估数据,国家气候中心气候变化适应室在中国气象局相关气候变化业务项目的支持下,2012 年 12 月发布“中国地区气候变化预估数据集”的第三版(Versin3.0)。

在“中国地区气候变化预估数据集”3.0 版本中,提供的全球气候模式数据为 CMIP5 多模式简单集合平均数据,包括长期历史气候模拟(Historical)和 RCP2.6、RCP4.5、RCP8.5 情景下未来气候变化预估数据;区域气候模式数据为使用区域气候模式 RegCM4.0,单向嵌套 BCC_CSM1.1 全球气候系统模式所得到的模拟结果,包括历史气候模拟(Historical)和 RCP4.5、RCP8.5 情景下未来气候变化预估数据。

为了进一步满足不同行业、不同部门和领域进行气候变化影响评估的需求,在前面发布的《数据集 1.0》和《数据集 2.0》版本的基础上建立了“中国地区气候变化预估数据网站”。网站提供了可供查看和下载的数据,包括格点化的中国境内 700 多个观测站资料制作的气温资料、降水观测数据,分辨率为 0.5°×0.5°;全球气候模式部分为原“中国地区气候变化预估《数据集 1.0》和《数据集 2.0》”中的的数据,包括使用算术平均和 REA 加权平均(Xu 等,2010;Giorgi 等,2002;2003)方法得到的气温和降水多模式集合结果等;区域气候模式的结果中,包括 RegCM3 和 PRECIS 的多次模拟,如 FvGCM-RegCM3(即在 FvGCM 全球模式驱动下 RegCM3 的模拟,其余类似)(Gao 等,2008),MIROC-RegCM3(石英等,2010),HadAM3P-PRECIS(许吟隆等,2005),HadCM3Q0-PRECIS 等。

在这个数据网站上,包括数据说明、术语、用户手册、使用协议和用户注册。用户可以根据自己的需求,随意选择所需的范围和不同的要素,可以直接保存图片,也可以下载数据(图 2-5)。

图 2-5　中国地区气候变化预估数据网站

2.4　降尺度方法及数据

气候变化影响评估是否准确,首要的条件就是获得详细的区域气候信息,作为诸如水文、农业、生态、交通等影响评估模型的输入信息,因此如何获得更为详细的区域气候信息是摆在气象学家面前的一个非常迫切的任务。对于未来气候变化,GCMs 生成气候情景是很有前途的方法,它能够有效地提供有价值的气候要素信息(江涛等,2000)。IPCC AR4 提供了内容丰富的气候模拟和预估数据集,但是在区域或流域尺度上直接解释和应用这些数据仍然存在困难,原因之一即是由于 GCMs 空间分辨率较低(一般300 km),缺少区域气候信息,很难对区域气候情景做详细的预测,限制了其与大部分影响评估模型的直接耦合(Varis 等,2004;Dibike 等,2005),很难满足实际应用的需要。另外,GCMs 虽然提供了日或更小时间尺度的气候信息,但存在较大的系统误差和不确定性,使得直接用于气候影响评估时具有更大的不确定性。

针对 GCMs 分辨率较粗的问题,一般通过降尺度方法,将大尺度、低分辨率的 GC-Ms 输出信息转化为区域尺度的地面气候信息(如气温、降水),从而弥补 GCMs 对区域气候预测的局限性。目前发展了许多降尺度技术用于提供区域或局地气候情景,可概括为动力降尺度与统计降尺度(Wilby 等,2000;Stehlik 等,2002;Hellström 等,2003;Wetterhall 等,2005;2007)。动力学模型和经验统计模型都利用全球模式的结果作为边界条件和大尺度驱动条件,这些降尺度方法仍处于发展与试验阶段。每种方法都有其自身优点与缺点,区域降尺度动力模型对计算能力要求较高,而统计模式则对计算要求相对较低,目前尚没有一种方法适用于所有情况,仍需不断发展完善现有方法,以更好地模拟区域气候要素的变化(Wetterhall 等,2005;2007)。研究表明,统计降尺度法和动力降尺度法在估计当前气候情景时,结果基本一致,但在未来气候情景预估方面却存在很大的差别,其原因尚不清楚。因此哪种方法对未来区域气候情景预估更可信一些,仍是一个亟待研究的问题。

2.4.1 动力降尺度

动力降尺度即利用与 AOGCM 耦合的区域气候模式(RCM)预估区域未来气候变化情景。该方法能够产生与外部强迫物理意义一致的响应,可以模拟地形降水之类的大气过程。物理意义明确,能应用于任何地方而不受观测资料的影响,也可应用于不同的分辨率模拟更精确的物理过程。动力降尺度模型包括了 CCLM 模型、RegCM3 模型等。

(1)CCLM 模型(图 2-6)

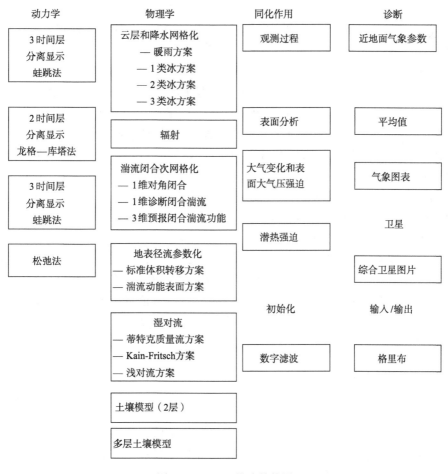

图 2-6 CCLM 模式结构图

COSMO 模型气候模式版(COSMO-CLM 或 CCLM)是由"德国气象服务"(GWD)的局部模型(LM)发展而来的非静力区域气候模式,自 2005 年起该模型就是德国气候研究的"社区模型"。该模式模拟时间尺度可达百年,空间分辨率介于 1~50 km 之间(http://www.clm-communtiy.eu/)。

20 世纪 90 年代早期,GWD 开发了一个空间分辨率在 10 km 以下的非静力模型——LM,在该模型基础上,波茨坦气候影响研究所于 2002 年夏天开发了 LM 模型气候版(CLM)。此后,科特布斯理工大学和德国国立 GKSS 研究中心参与了该区域气候模式的研究工作。2004 年,CLM 模式执行了第一次长期气候模拟(15 年模拟,由 ERA15 再分析数据驱动)。2007 年,CLM 模式与 LM 模型再次结合,形成了一个既可以进行天气预报又可以进行区域气候模拟的统一模型,名叫 COSMO4,该模型通过设置后可以进行气候模拟,进行气候模拟的这部分功能被称为 COSMO-CLM,即 CCLM(Burkhard 等,2008)。该模式以全球模式 ECHAM5 的输出结果作为边界条件,基于描述湿空气可压缩非静水流的水—热动力基础方程,不需要任何尺度估计。

目前,德国波茨坦气候影响研究所已经完成了 CCLM 区域气候模式对中国地区未来 A1B 情景下主要气候要素日序列的模拟(由 ECHAM5 全球气候模式驱动),模拟结果的空间分辨率为 0.5°×0.5°,时间序列为 1959—2100 年。

(2)RegCM3 模型

RegCM3 是 ICTP 在 RegCM2 基础上发展起来的。RegCM 系列模式对东亚和中国地区气候有较好的模拟能力,特别是在季风降水上,模式在这一地区的气候变化、土地利用、当代气候模拟以及古气候研究等方面有很多应用(Shi 等,2009)。

试验中模式水平分辨率取为 20 km,中心点在(35°N,107°E),格点数为 360×275(东西—南北),范围为整个中国及东亚地区。模式垂直方向分 18 层,顶层高度为 100 hPa。辐射采用 NCAR CCM3 方案、海表通量参数化方案使用 Zeng 方案、行星边界层方案使用 Holtslag 方案、积云对流参数化方案选择基于 Arakawa-Schubert 闭合假设的 Grell 方案、陆面过程采用 BATS 方案。初始场和侧边界值,均由上述全球模式 FvGCM 结果得到,变量包括地面气温、地面气压、高空各层的风(经向分量和纬向分量)、温度、比湿等。侧边界场采用指数松弛边界方案,每 6 h 输入一次,缓冲区为 12 个格点。海温和海冰的选取与 FvGCM 相同。模式所需的植被覆盖资料在区域内使用实测资料,区域外使用 USGS 基于卫星观测反演的 GLCC 资料。试验中模式积分的时间步长取为 45 s(马艳等,2006)。

2.4.2 统计降尺度

2.4.2.1 统计降尺度方法

统计降尺度利用多年的观测资料建立大尺度气候状况和区域气候要素之间的统计关系,并用另一时段观测资料进行检验,再把这种统计关系应用于 GCMs 输出的大尺度气候信息,把大尺度空间气候变化资料系列转换到小尺度空间上,以得出更为详细的局地气候变化。优点是计算量小,耗时少,可以模拟上百年尺度的区域气候信息,能够很容易应用于不同的 GCMs 模式,以较低的计算资源就能够提供集合预估结果。能够直接与区域观测信息相结合,可灵活应用于特定研究目的,不仅能够模拟地面气候信息(气温、降水等),而且能够应用于模拟非气候要素场,比如开花期和水生态系统,热岛指数等的研究。对下垫面不均一的环境(比如岛屿,高山)的预测非常有益。缺点是需要有足够的观测资料来建立统计模式,而且统计降尺度法不能应用于大尺度气候要素与区域气候要素相关不明显的地区。另外,其假设前提——预报因子与预报量间的统计关系在全球气候变化背景下可能发生变化,从而造成预报量存在较大不确定性。

国外关于统计降尺度的研究较早,近 10 多年发展较快,国内在近几年也陆续开始统计降尺度方面的研究工作,已经发展了一些成熟的降尺度方法,并应用于气候变化预估及影响评估工作。基本上可概括为转换函数、环流分型和天气发生器三种方法。

(1)转换函数:建立大尺度气候预报因子与区域气候预报变量间的转换函数关系,将此关系式应用于 GCMs 输出的大尺度气候信息,预估区域未来的气候变化情景。大致可分为 2 种类型,一种是线性的转换函数法,另一种是非线性转换函数法。以往统计降尺度的研究中,最常用的线性方法就是线性回归方法,最简单的统计降尺度方法就是建立大尺度气候场与地面气候变量场之间的多元线性回归方程。还有一些回归方法,如逐步线性回归、典型相关分析(CCA)、奇异值分解 SVD、主分量分析与多元线性回归相结合方法、主分量分析与逐步线性回归相结合、主分量分析(PCA)与 CCA 结合等方法。还可以使用一些逐级线性和非线性内插法来进行回归。

(2)环流分型:对与区域气候变化相关的大尺度大气环流进行分类。一般可以利用大尺度大气环流信息如海平面气压、位势高度场、气流指数(U,V,ζ)、风向、风速、云量等对大气环流分型。常见的分型技术一般有 2 种:一种是主观分型技术如 Lamb Weather Type、Grosswetterlagen 等,其优点是可以充分应用气象工作者的气象知识和经验积累,缺点是结果不能被重建,而且只能应用于特定的区域。另一种分型技术为客观分型技术,以统计方法进行的分型技术,如 PCA、CCA、平均权重串组法、PCA-平均权重串组相结合的方法、人工神经网络分类法和模糊规则为基础的分类方法等。环流分型方法应用于统计降尺度时,首先应用已有的大尺度大气环流和区域气候变量的观测资料对与区域气候变量相关的大气环流分型,其次计算各环流型平均值、发生的频率和方差分布以及在各天气型发生情况下区域气候量如气温或降水的平均值、发生的频率和方差分布,最后通过把未来环流型的相对频率加权到区域气候状态得到未来区域气候值。

(3)天气发生器:一系列可以构建气候要素随机过程的统计模型,可以被看作复杂的随机数发生器。天气发生器通过直接拟合气候要素的观测值,得到统计模型的拟合参数,然后用统计模型模拟生成随机的气候要素的时间序列,这种生成的气候情景的时间序列与观测值很相似。它的优点之一就是不仅能产生气候平均值,而且可以任意调整气候变率,生成任意长度的时间序列。对于模拟日降水的发生,有 2 种基本的发生器:马尔可夫链方法和一阶自回归过程和干期/湿期计算方法。

天气发生器在近几年来已广泛应用于统计降尺度方法中。对于统计降尺度法来说,天气发生器不再是仅与前一天的天气状况有关,而是以大尺度气候状况为条件的。

以大尺度气候状况为条件的天气发生器在一定程度上克服了许多天气发生器存在的缺点(过低地估计了气候要素的年际变率)。

其他方法如相似法、订正技术也被用于降尺度。多方法联合越来越多地被用于气候变化影响评估中,如通过不同转换函数结合、主分量分析与多元线性回归结合、主分量分析与逐步线性回归结合、主分量分析与典型相关结合、转换函数与天气发生器结合等。

2.4.2.2 统计降尺度模型

(1)SDSM 模型

SDSM 是一个综合了天气发生器和多元线性回归两种方法的统计降尺度模型,是一种应用稳健的统计降尺度技术评估区域气候变化影响的决策支持工具。SDSM 促进了现在和未来气候强迫条件下地面单个站点气象要素逐日资料的多情景输出。此外,该模型软件也可以完成一些辅助工作,如数据质量控制、数据格式转换、预报变量的预筛选、自动化率定、基础诊断分析、统计分析,以及气候数据绘图等。已广泛应用于非洲、欧洲、北美与亚洲地区的气候、水文与环境评估。最初的 SDSM V2.1 是在气候变化行动基金资助下的加拿大气候影响情景(CCIS)研究小组研发的,之后在英国环境署资助下改进推出了 SDSMV2.2 版本,在英格兰与威尔士环境署资助下陆续推出了 SDSM V3.2、V4.2 两个版本。SDSM 基本计算流程如图 2-7 所示。SDSM 排放情景的合理性依赖于气候模式驱动的真实性,并通过控制期的正态化步骤,缩小 GCMs 预估数据的系统误差。GCMs 大尺度大气环流模式的误差及其内部变量之间的关系很难调节。但可以通过应用多种驱动情景(不同全球模式,多模式集合,多时段或者多种排放途径)更好地认识存在的不确定性。

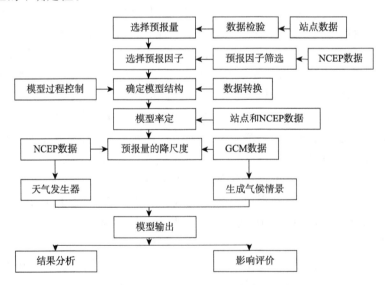

图 2-7　SDSM 计算流程

（2）Delta 方法

常用 Delta 方法即固定比例法以月或季为时间尺度，基于 GCMs 计算的月或季节平均的气候要素值和过去气候观测值，在基准期观测序列基础上同一月或同一季节按固定 Delta 值计算未来的气候要素。该方法忽略了降水的时间分布特征和极端事件的量级、频率等统计特征。在应用该方法研究气候变化对径流影响评估时，GCMs预估的强降水增加使得径流增加，在强降水事件增加而年降水量减少的情景下，固定比例方法可能高估平均年径流的减少量。日比例法的提出在一定程度上克服了这一局限性。其中一种方法是将时间尺度从月或季缩小到日，即将未来的日降水变化形态应用于基准期。由于应用同样的参考期序列，该方法仍然没有考虑气候要素时间变化特征，但可以描述不同等级降水量的不同变化（Chiew 等，2003；Harrold 等，2005）。基于百分位的日比例法则克服了前两种比例法的局限性，它能够描述不同等级降水量的不同变化，也可以描述降水的时间变化特征，可用于不同 GCMs 不同排放情景的集合研究，有效地再现随机气候，用于驱动影响评估模型并评估气候变化预估的不确定性（Chiew，2006）。

（3）NHMM 模型

NHMM（Nonhomogeneous Hidden Markov Model）由降水发生概率分布和转移概率矩阵两部分组成（Charles 等，1999），最初由 Hughes 等（1994）开发。NHMM 包含了两个基本假定：1）降水发生与否仅与给定的隐状态有关。通过隐状态而不是大气环流类型来决定降水发生概率，NHMM 可以更充分地考虑多站点实测日降水发生序列的时空变化特征。正是隐状态的引入，使得 NHMM 并不局限于月序列，可以适合应用于日序列的模拟。2）隐状态仅与其前一天的状态有关，这符合马尔科夫过程的特点。NHMM 应用步骤主要包括：(a)选择预报因子；(b)选择隐状态个数；(c)生成降水发生序列；(d)模拟降水量；(e)模型验证。

（4）STAR 模型

STAR（STAtistical Regional climate model）模型是一种既可以依据站点数据对区域尺度气候要素进行模拟的模型，也是一种能依据格点数据诸如全球气候模式或区域气候模式输出的格点数据进行模拟的模型。STAR 模型主要基于统计相似度重采样技术（Werner 等，1997），其驱动场为全球模式 ECHAM4-OPYC3。STAR 方法假定训练期给定的观测值在未来某个时期会以同样或类似的方式再次出现，模拟序列由观测日资料序列段的重采样资料构成。这种重采样方式的优点是保证了空间场和多种气象参数的物理一致性。STAR 最重要的特点之一就是输出的气候要素时间序列只受气温驱动，气温是描述区域气候变率的基本要素。其他气候要素变量的时间序列，如降水、辐射、湿度等，都依据气温观测当天的资料所生产。因此，该模式保持了主要统计特征的稳定性，如变率、频率分布、年周期以及总体趋势等。此外，STAR 可以通过实施随机采样，在同一种排放情景下生成多种气候预估结果（Monte Carlo 模拟）。

2.5　气候变化预估的不确定性

目前,用于未来气候变化预估的主要工具是全球和区域气候模式。全球和区域气候模式提供有关未来气候变化,特别是大陆及其以上尺度的气候变化的可靠的定量化估算,具有相当高的可信度。某些气候变量(如气温)的模式估算可信度高于其他变量(如降水)。在几十年的发展中,模式始终提供一幅因温室气体增加而引起气候显著变暖的强有力和清晰的图像。

气候模式的可信度来自于以下事实:1)模式的基本原理是建立在物理定律基础之上的,如质量守恒定律、能量和动力定律,同时还有大量的观测资料;2)在于模式模拟当前气候重要方面的能力,通过把模式的模拟结果与大气、海洋、冰雪圈和地表的观测结果对比,可以对模式进行常规的和广泛的评估;3)模式具有再现过去气候和气候变化特征的能力。

但是,模式仍然存在重要的局限性,例如对云的表述,这种局限性导致预测的气候变化在量级、时间以及区域细节上存在不确定性。导致模式预测结果包含有相当大的不确定性,其中降水预测的不确定性比气温更大。

在对未来气候变化预估时,产生不确定性的原因很多,主要有:在未来温室气体排放情景方面存在的不确定性,包括温室气体排放量估算方法、政策因素、技术进步和新能源开发方面的不确定性;还包括气候模式发展水平的限制引起的对气候系统描述的误差,以及模式和气候系统的内部变率,后者可以通过集合方法减少;计算机能力的限制;对科学理解的限制以及对一些重要物理过程细节的观测存在限制;用于评估气候模式结果的观测资料不足也是导致模拟产生不确定性的重要方面。

在区域级尺度上,气候变化模拟的不确定性则更大,一些在全球模式中可以忽略的因素,如植被和土地利用、气溶胶等,都对区域和局地气候有很大影响,而各个模式对这些强迫的模拟结果之间的差别很大。区域模式降尺度结果的可靠性,很大程度上取决于全球模式提供的侧边界场的可靠性,全球模式对大的环流模拟产生的偏差,会被引入到区域模式的模拟,在某些情况下还会被放大。此外,目前观测资料的局限性也在区域模式的检验和发展中引入了更多的不确定性。当前区域气候模式的水平分辨率向 15～20 km 及更高分辨率发展,而现有观测站点的密度及格点化资料的空间分辨率都较难满足评估这些高分辨率模拟的需要。

2.6　应用案例

2.6.1　多个全球模式对中国地区不同分区未来温度和降水变化的预估

利用 1.0 版本中发布的 IPCC AR4 多模式简单集合平均值数据,将其插值到中国地区 160 个站上,对 21 世纪中国地区的气温和降水变化进行了分析(相对于 1980—1999 年)。分析中将中国分为 7 个地区:东北地区、西北地区、华北地区、华东地区、华中地区、华南地区、西南地区。

2021—2030 年模式平均整个中国的增温 SRES A1B 时在 0.7～1.3℃之间(图 2-8),东北、华北和西南地区增温最大;SRES A2 和 B1 时增温幅度与 SRES A1B 基本一致,范围也在 0.7～1.3℃之间,最大增温区域在东北、西北的新疆地区(图略),2041—2050 年时 3 种排放情景下增温的幅度加大,比 2021—2030 年增加将近 1 倍,最大的增温地区仍然是华北、西南和东北地区(图 2-9),降水在 2021—2030 年和 2031—2040 年增加 2%～ 3%,2041—2050 年增加 3%～5%,2050 年以后将增加 5%以上,到 21 世纪末的 10 年将增加 8%～12%。

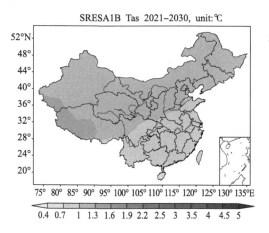

图 2-8a SRES A1B 排放情景下 2021— 2030 年中国地区气温变化分布图

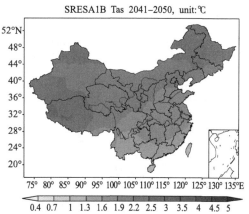

图 2-8b SRES A1B 排放情景下 2041— 2050 年中国地区气温变化分布图

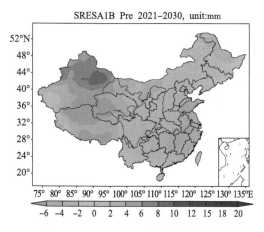

图 2-8c SRES A1B 排放情景下 2021— 2030 年中国地区降水变化分布图

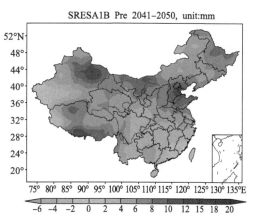

图 2-8d SRES A1B 排放情景下 2041— 2050 年中国地区降水变化分布图

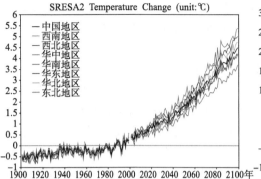

图 2-9a　A2 排放情景下 21 世纪中国地区
气温的年平均变化

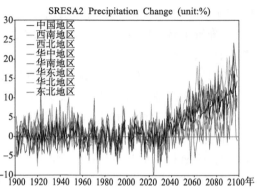

图 2-9b　A2 排放情景下 21 世纪中国地区
降水的年平均变化

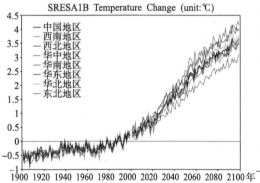

图 2-9c　A1B 排放情景下 21 世纪中国地
区气温的年平均变化

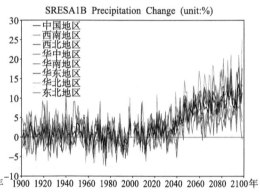

图 2-9d　A1B 排放情景下 21 世纪中国地
区降水的年平均变化

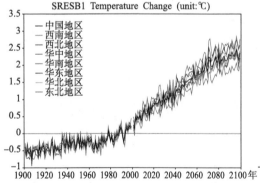

图 2-9e　B1 排放情景下 21 世纪中国地区
气温的年平均变化

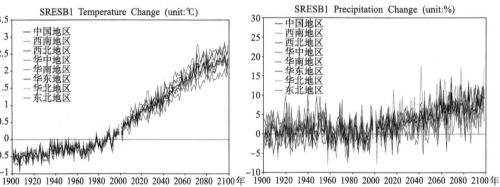

图 2-9f　B1 排放情景下 21 世纪中国地区
降水的年平均变化

　　不同情景下,21 世纪中国地区气温将持续上升。2040 年以前,不同情景下中国地
区变暖趋势差异不大,2050 年以后差异明显。SRES B1 情景下,增温趋势缓慢,到 21 世

纪末变暖不会超过 2.5℃,线性趋势为 2.1℃/(99a);SRES A1B、SERS A2 情景下变暖
趋势较大,分别为 3.7℃/(99a)和 4.2℃/(99a),2070 年以后两者变暖程度开始出现差
异(大气中 CO_2 含量的不同)。SRES A2 情景下达到 $2\times CO_2$ 时,温度增加大约 2.6℃。

　　3 种情景下,2040 年以前降水变化波动起伏,某些年份出现减少的趋势,尤其以西
南、华南地区降水减少明显;2040 年以后整个中国地区降水持续增加,不同情景下降水
增加趋势差异不大。就 10 年平均来说,SRESA2 情景下 2020—2030 年降水将减少。整
个 21 世纪,SRES A1B、A2 情景下降水变化线性趋势为 13%/(99a),大于 SRES B1 情
景下的 7%/(99a)。

2.6.2　动力降尺度应用案例

(1)区域气候模式对高温炎热事件的模拟

　　利用区域气候模式 RegCM3 模拟的温室气体浓度增加时的模拟结果,石英等
(2009)分析了华北地区整个区域日最高气温≥35℃的天数(T_{35D})。结果表明高温日数
明显增加,其中以南部和西部增加较多,北部及沿海较少(图 2-10)。

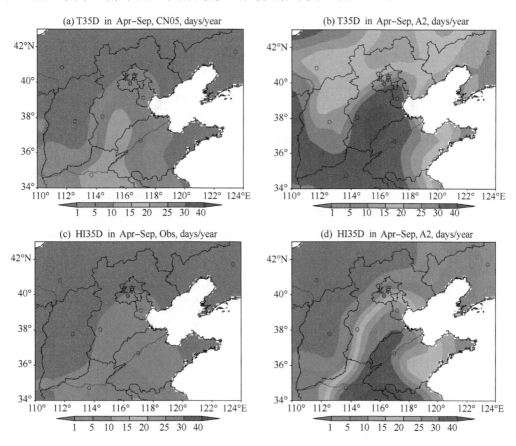

图 2-10　华北 4—9 月 T_{35D} 和 HI_{35D} 的观测及对未来的模拟(单位:d/a)(石英等,2009)

(a)1961—1990 年 T_{35D};(b)2071—2100 年 T_{35D};(c)当代 HI_{35D};(d)未来 HI_{35D}

石英等(2009)还分析了包含相对湿度作用的一个炎热指数(HI),将气温≥35℃(95℉)的天数记为HI_{35D},结果表明:未来HI_{35D}的发生次数,在区域中的平原地带类似于T_{35D},将有较大的增加,但和T_{35D}在区域内普遍增加不同,山西北部至河北东北部和内蒙古地区,HI_{35D}的数值保持在1 d/a以下。区域平均的HI_{35D}在当代和未来,分别为3 d/a和7 d/a。

(2)区域气候模式对未来极端降水事件的模拟

结果表明:RR_1(1~10 mm/d降水的日数)变化的主要特点,为在西北地势较低的地方,如塔克拉玛干沙漠、准格尔和柴达木盆地等有一定的增加,此外内蒙古沿国境,RR_1也将增加。中国其他大部分地区以减少或变化不大为主,青藏高原中部是减少的大值区,减少值一般在10%以上。RR_{10}(10~20 mm/d降水的日数)相对于RR_1以减少为主,增加的地区明显变多,特别是在东部地区。增加和减少最多的地方和RR_1类似,分别为西北和青藏高原地区。RR_{20}(>20 mm/d降水的日数)的变化,进一步表现为在中国境内的普遍增加,大部分地方的增加值都在10%以上,少部分地区包括青藏高原中部及云南西北部与四川交界处等RR_{20}为减少,无论增加还是减少的幅度,RR_{20}都较RR_1和RR_{10}要大(图2-11)。

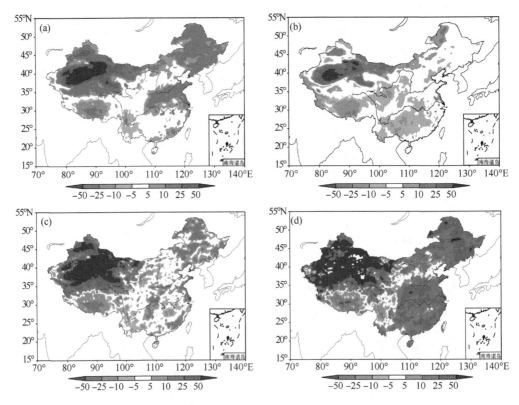

图2-11 中国区域未来年平均降水(a)及RR_1(b)、RR_{10}(c)和RR_{20}(d)的变化(单位:%)

2.6.3　统计降尺度应用案例

（1）SDSM 在黄河流域的应用

刘绿柳等（2008）基于 NCEP 再分析数据、黄河上中游的气候站点（图 2-12）观测数据，应用 SDSM V3.2 将 HadCM3 的模拟数据（包括 IPCC A2、B2 两种情景）处理为具有较高可信度的逐日站点序列，以 1961—1990 年为基准期，预估了 21 世纪黄河流域上中游地区未来最高气温、最低气温与年降水量的变化（图 2-13、图 2-14、图 2-15）。在 A2、B2 两种气候变化情景下，日最高气温、日最低气温均呈升高趋势；但 A2 的变化较显著，日最高气温的升高趋势在景泰站最明显，日最低气温的升高趋势在河曲站最显著。流域平均的年降水量变化范围为−18.2%～13.3%。A2 情景下降水量增加和减少的面积基本相等，宝鸡站降水量增加最多；B2 情景下大部分区域降水减少，西峰镇降水量减少最显著。

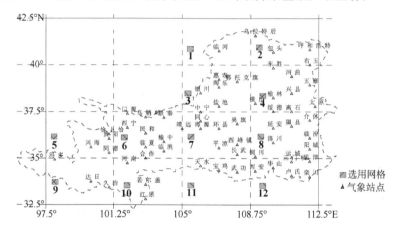

图 2-12　黄河上中游地区 HadCM3 网格点（12 个）、气候观测站（64 个）位置分布图

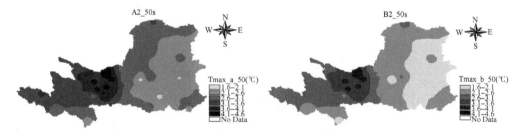

图 2-13　A2（左）、B2（右）情景下 2050 年代日最高气温相对基准期变化的空间分布（单位：℃）

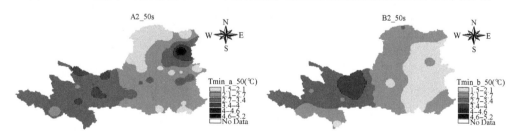

图 2-14　A2（左）、B2（右）情景下 2050 年代日最低气温相对基准期变化的空间分布（单位：℃）

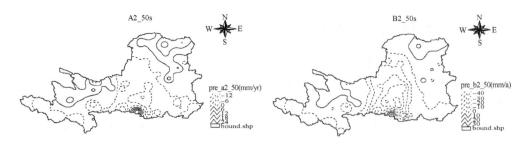

图 2-15 A2(左)、B2(右)情景下 2050 年代平均年降水量相对基准期变化的空间分布(单位:mm)

在此基础上,应用 SDSM 降尺度生成的逐日最高气温、最低气温和降水序列驱动 SWAT 模型,模拟了黄河花园口径流。并与双线性插值生成的最高气温、最低气温和降水序列驱动 SWAT 模拟的径流结果进行了比较(图 2-16)。结果表明直接用 GCMs 双线性插值处理的降水温度数据驱动水文模型,模拟的径流存在较大偏差,应用 SDSM 统计降尺度生成的气候数据驱动水文模型可有效提高月径流模拟精度(Liu 等,2011)。

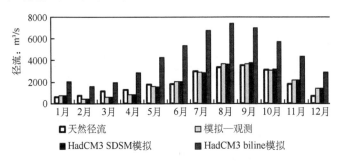

图 2-16 天然径流与 3 种气候数据驱动 SWAT 模拟的
黄河花园口月径流比较(1961—1990 年平均)

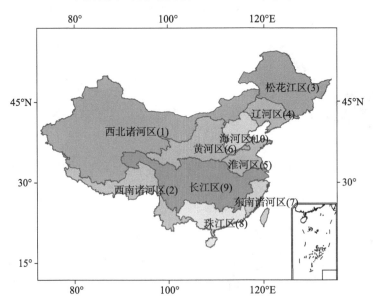

图 2-17 十大流域及 0.5°×0.5°网格点分布

(2)Delta 方法在中国区域的应用

应用百分位日比例法对 IPCC AR4 提供的 3 个全球气候模式 NCAR_CCSM3_0、CSIRO_MK3_5 和 MPI-ECHAM5 模拟的中国区域日降水量进行了订正处理。中国区域 0.5°×0.5°网格观测降水与 3 个 GCMs 统计降尺度前后全国平均年、季节降水量空间分布以及十大流域平均年、月和日降水序列多年平均、变化趋势及概率密度的对比分析结果表明:1)统计降尺度处理可在一定程度上降低 GCMs 的降水模拟偏差,特别是中国中部、长江以南和东北部地区,其中 MPI/ECHAM5 降水订正效果最显著;2)GCMs 统计降尺度处理的降水季节分布特征与观测更为接近,所有流域 MPI/ECHAM5 订正降水优于或接近其直接输出;3)流域平均日降水量<30 mm 时,订正降水与观测降水偏差明显减小。由于 GCMs 结构和降尺度方法的局限,在应用于具体流域时,应选择尽可能多的模拟能力好的 GCMs 数据,以包含尽可能多的模拟气候情景。

(3)NHMM 在塔里木河流域的应用

刘兆飞(2010)和 Liu 等(2011)将 NHMM 应用于塔里木河流域日降水量的降尺度,湿日与干日之间降水量的阈值的率定结果都显示,其最优值为 0.1 mm/d。模型应用中,需要基于 BIC(Bayes Information Criterion)准则对湿季模型和干季模型分别率定隐状态的个数,其最优值分别为 6 和 3。

(4)STAR 模型应用

选择官厅水库流域地区 26 个气象站数据,以 1980—1993 年为模型输入期,1994—2007 年为模型输出期,利用 STAR 模型对官厅水库地区日平均温度和日降水量要素进行模拟分析,模拟结果如图 2-18,2-19 以及表 2-3。

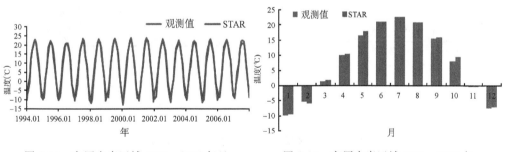

图 2-18　官厅水库区域 1994—2007 年日
平均气温

图 2-19　官厅水库区域 1994—2007 年
多年平均日气温

表 2-3　　　　　　　　官厅水库区域 STAR 模型模拟日平均气温结果统计分析

	观测气温	模拟气温
平均值	7.8℃	8.1℃
标准差	11.9	12.0
M-K 统计值	0.38	0.49
相关系数	0.92	

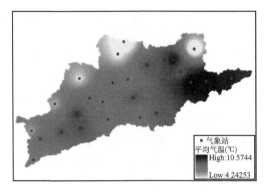
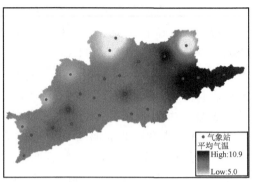

图 2-20 1994—2007 年观测
平均气温空间分布

图 2-21 1994—2007 年 STAR
模拟平均气温空间分布

由 1994—2007 年模拟的日平均气温结果可知,STAR 对官厅水库区域月气温序列模拟较好,气温波动趋势一致,多年月平均气温模拟结果也较好;多年平均气温模拟结果比实测结果高出 0.3℃,模拟结果的温度变化趋势也与观测趋势一致,都为增温趋势;空间分布上来看,该时段多年平均气温模拟结果基本模拟出研究区由东南向西北逐渐降温的特征,这可能是由于气温主要受纬向控制的结果,同时又表现出平原地区温度高,山区温度低的纵向规律。

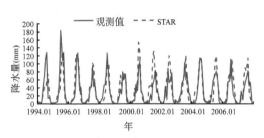
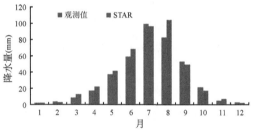

图 2-22 官厅水库区域 1994—2007 年
月平均降水

图 2-23 官厅水库区域 1994—2007 年
多年平均月降水

表 2-4 官厅水库区域 STAR 模型模拟日平均降水量结果统计分析

	观测降水	模拟降水
平均值	391.2 mm	425.5 mm
标准差	3.2	3.2
M-K 统计值	0.1	−0.1
相关系数	0.76	

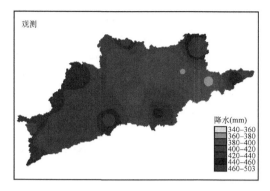

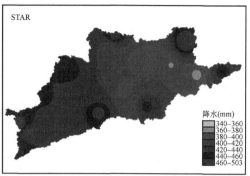

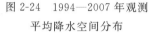

图 2-24　1994—2007 年观测　　　　　图 2-25　1994—2007 年 STAR 模拟
平均降水空间分布　　　　　　　　　平均降水空间分布

　　由 1994—2007 年模拟的日平均降水结果可知,STAR 对官厅水库区域月降水序列模拟较好,模拟降水与实测降水的波动趋势基本一致,多年月平均降水模拟结果也较好,但实测结果显示 7 月为全年最大降水月,而模拟结果却表明 8 月降水最大;多年平均降水模拟结果比实测结果高出 130 mm 左右,多年降水的 M-K 趋势检验结果模拟与实测相反,模拟为减少趋势,实测降水却表现为增加趋势,但不论模拟与实测趋势都不显著;空间分布上来看,该时段多年平均降水模拟结果基本模拟出研究区山区降水多,平原降水少的特征,但模拟的降水仍然表现出明显高于实测降水的特征。

参考文献

高学杰,石英,Giorgi F. 2010. 中国区域气候变化的一个高分辨率数值模拟. 中国科学,**40**:911-922

石英,高学杰,Giorgi F. ,等. 2010. 全球变暖背景下中国区域不同强度降水事件变化的高分辨率数值模拟. 气候变化研究进展,**6**(3):164-169

石英,高学杰,Giorgi F. 2009. 华北地区未来气候变化的高分辨率数值模拟. 应用气象学报,**21**(5):580-589

刘绿柳,刘兆飞,徐宗学. 2008. 21 世纪黄河流域上中游地区气候变化趋势分析. 气候变化研究进展,**4**(3):167-172

马艳,刘洪芝,靳立亚. 2006. 区域气候模式的发展及研究进展. 甘肃科学,**22**(2):137-139

刘兆飞. 2010. 气候变化对塔里木河流域源区主要水文要素的影响研究. 北京师范大学博士论文

江涛,陈永勤,陈俊合,等. 2000. 未来气候变化对我国水文水资源影响的研究. 中山大学学报(自然科学版),**39**(增刊):151-157

许吟隆,黄晓莹,张勇等. 2005. 中国 21 世纪气候变化情景的统计分析. 气候变化研究进展,**1**(2):80-83

Arnell N,Kram T,Carter T,*et al.* 2011. A framework for a new generation of socioeconomic scenarios for climate change impact,adaptation,vulnerability,and mitigation research. Document for comments,http://www. isp. ucar. edu/sites/default/files/Scenario_FrameworkPaper_15aug11_0. pdf

Burkhard R. ,Andreas W. Andreas H. 2008. The Regional Climate Model COSMO-CLM(CCLM). *Meteorologische Zeitschrift*,**17**(4):347-348

Charles S. P. ,Bates B. C. ,Hughes J. P. 1999. A spatiotemporal model for downscaling precipitation occurrence and amounts. *Journal of Geophysical Research*,**104**(D24):31657-31669

Chiew F. H. S. ,Harrold T. I. ,Siriwardena L. ,Jones R. N. & Srikanthan R. 2003. Simulation of climate change impact on runoff using rainfall scenarios that consider daily patterns of change in GCMs . *Congress on Modelling and Simulation*(*MODSIM* 2003),Townsville,**1**:154-159

Chiew F. H. S. 2006. An overview of methods for estimation climate change impact on runoff . *Hydrology and Water Resources Symposium*. 4-7 December,Launceston,TAS

Dibike Y. B. ,Coulibaly P. 2005. Hydrologic impact of climate change in the Saguenay watershed:comparison of downscaling methods and hydrologic models. *Journal of Hydrology*,**307**:145-163

Giorgi F. ,Mearns L. O. 2002. Calculation of average,uncertainty range and reliability of regional climate changes from AOGCM simulations via the 'Reliability Ensemble Averaging(REA)' method. *Journal of Climate*,**15**(10):1141-1158

Giorgi F. ,Mearns L. O. 2003. Probability of regional climate change based on the Reliability Ensemble Averaging(REA)method. *Geophysical research letters*,**30**(12):1629,doi:10. 1029/2003GL017130

Gao X. J. ,Shi Y. ,Song R. Y. ,Giorgi F. ,Wang Y. G. ,Zhang D. F. 2008. Reduction of future monsoon precipitation over China:Comparison between a high resolution RCM simulation and the driving GCM,*Meteorology and Atmospheric Physics*,**100**:73--86. doi:10. 1007/s00703-008-0296-5

Hughes J. P. ,Guttorp P. 1994. Incorporating spatial dependence and atmospheric data in a model of precipitation. *Journal of Applied Meteorology*,**33**(12):1503-1515

HellströmC. ,Chen D. 2003. Statistical downscaling based on dynamically downscaled predictors:Application to monthly precipitation in Sweden. *Advances in Atmospheric Sciences*,**20**:951-958

Harrold T. I. ,Chiew F. H. S. & Siriwardena L. 2005. A method for estimating climate change impacts on mean and extreme rainfall and runoff ,*Congress on Modelling and Simulation* (*MODSIM* 2005),Melbourne,497-504

Kriegler E,O'Neill B,Hallegatte S,*et al*. 2011. Socioeconomic scenario development for climate change analysis. Joint *IPCC workshop of working group III and II on socioeconomic scenarios for climate change impact and response assessments*,Berlin,Germany.

http://www. ipcc-wg3. de/meetings/expert-meetings-and-workshops/files/Vuuren-et-al-2010-Developing-New-Scenarios-2010-10-20. pdf

LiuZF,XuZX,CharlesS P,Fu G,*et al*. Liu L. 2011. Evaluation of two statistical downscaling models for daily precipitation over an arid basin in China. *International Journal of Climatology*,n/a. doi:10. 1002/joc. 2211

Stehlik J. ,Bardossy A. 2002. Multivariate stochastic downscaling model for generating daily precipitation series based on atmospheric circulation. *Journal of Hydrology*,**256**:120-141

Shi Y. ,Gao X. J. ,Wang Y. G. ,*et al*. 2009. Simulation and Projection of Monsoon Rainfall and Rain Patterns over Eastern China under Global Warming by RegCM3. *Atmospheric and Oceanic Science Letters*,**2**(2):308-311.

Van Vuuren D,Riahi K,Moss R *et al*. 2011. A proposal for a new scenario framework to support research and assessment in different climate research communities,*Global Environmental Change*,**22**:21-35.

Varis O. ,Kajander T. ,Lemmela R. 2004. Climate and water:From climate models to water resources management and vice versa. *Climatic Change*, **66**: 321-344

WetterhallF., Halldin S., Xu C. Y. 2005. Statistical precipitation downscaling in central Sweden with the Analogue Method. *Journal of Hydrology*, **306**: 174-190

Wetterhall F., Halldin S., Xu C. Y. 2007. Seasonality properties of four statistical-downscaling methods in central Sweden. *Theoretical and Applied Climatology*, **87**: 123-137

Werner P. and Gerstengarbe F. W. 1997. Proposal for the development of climate scenarios. *Climate research*, **8**(3): 171-182

Wilby R L, Hay L E, Gutowski W J, *et al.* 2000. Hydrological responses to dynamically and statistically downscaled climate model output. *Geophysical Research Letters*, **27**: 1199-1202

Xu Y., Gao X. J., Giorgi F. 2010. Upgrades to the REA method for producing probabilistic climate change projections. *Climate Research*, **14**: 61-81

气候变化对农业的影响评估方法

高清竹(中国农业科学院农业与可持续发展研究所)

张德宽(国家气候中心)

赵艳霞(中国气象科学研究院)

郭华(中国科学院南京地理与湖泊研究所)

导 读

☞对农业影响评估方法(可见 3.3 部分)。

✓对于已经发生的气候变化的影响评估,通常采用统计分析的方法,而在统计分析
  方法中最常用的是静态评估模型(可见 3.3.1 部分)。

✓对于预估气候变化的影响评估,主要采用气候情景驱动作物模式法(可见 3.3.2 部分)。

✓研究气候变化对农业的综合影响,可选用农业系统分析法(可见 3.3.3 部分)。

☞农业生产的气候脆弱性评估(可见 3.3.4 部分)。

✓当可用资料缺乏时,可选用实地调查法。

✓当作物产量资料比较丰富时,可选用产量分析法,该方法的研究结果相对比较准确。

✓当脆弱性研究信息不足时,可选用相似分析法。

✓当研究目标是特定事件的敏感性、脆弱性及适应性时,可选用综合案例研究。

☞研究气候变化对作物产量的影响,选用作物模型是相对可靠的。气候变化影响评
  估中常用的作物系列模型有:荷兰的 WOFOST 模型和美国的 CERES 模型,而中
  国比较有代表性的农作物模型是 CCSODS 模型(可见 3.3.5 部分)。

3.1　引言

　　农业是对气候变化反应最为敏感的部门之一。农业同时受到气候因素和非气候因素的影响；如气候变化条件下灌溉水分供应、土壤退化和生物多样性对农业的影响，非气候变化因素的农业政策等因素影响。气候变化会使农业生产的不稳定性增加，产量波动增大，农业生产布局和结构将出现变动。气候变化对中国农业发展影响的评价首先涉及气候与农业发展的相互作用，它是一个复杂的互动系统。包括以下几对主要关系：气候变化与农业部门经济增长的关系，与农业资源合理配置的关系，以及在气候变化影响下农业部门与其他部门之间协调和发展的关系等。

3.2　评估框架

　　气候变化影响的综合评估是在影响评估过程中综合多学科知识的评估方法，包括揭示复杂系统内部和系统之间的因果关系的自然科学和社会科学。而综合评估模型（IAM）是进行气候变化影响综合评估的主要研究工具，利用综合评估模型评价气候变化对农业的影响。具体评估框架如图 3-1 所示。

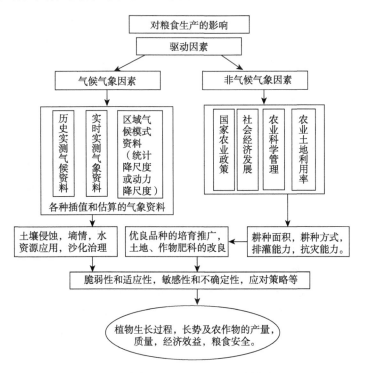

图 3-1　气候变化对农业影响评估框架

3.3 评估方法

前面提到,气候变化对农业影响是多方面的,因此由于研究目的不同,往往采用的方法也不同。

3.3.1 统计分析法

对于已经发生的气候变化的影响评估,通常采用统计分析的方法。如在研究气候变化对作物影响时,根据 1959—2008 年尤其是 1979—2008 年中国气候、种植制度、主要粮食作物产量和受灾情况等为基础,识别和分离气候变化对作物影响的关键要素和关键生育阶段,分析总结气候变化对粮食生产影响的规律,包括全球变暖对主要粮食作物生长期的影响,极端气候事件(洪涝、干旱、冻害、极端高温和低温冷害)对作物生长和产量的影响,以及自然变率和气候变化对粮食生产的影响等。

国内气象灾害等极端气候事件(如旱涝)对农业的影响评估研究较多,特别是干旱对农业的影响评估近 10 年来得到广泛关注。这类评估多是运用统计模型的方法,包括静态和动态评估模型。

最常用的是静态评估模型,例如,采用降水量距平百分率和干旱指数对干旱事件强度进行评定(李翠金,2000;孙家民等,2005);应用蒙特卡罗模拟方法和非参数检验方法,对农业干旱程度的概率分布进行研究探讨(邱林等,2005);以历史灾情资料和气候要素(致灾因子)作为评估指标,建立基于信息扩散原理的风险评估静态模型(邱林等,2004;黄崇福,2005);运用灰色系统理论对影响农业干旱的多个因素进行了灰色关联分析(一种多因素统计分析方法)(尹建军等,2008)。另外,随着灾害风险分析研究的逐渐深入,人们提出 3 类灾害风险评估方法:极值风险评估方法、概率风险评估方法和可能性风险评估方法(赵文双等,2007)。

最初对某一区域的灾害风险的估计,往往采用极值估计,即以该区域历史上遭受的最大灾害程度为标准(任鲁川,1999)。但是这样的估计结果常与实际情形存在较大差异,原因在于没有顾及灾害发生的随机不确定性,因此对区域旱灾极值估计往往不能代表该区域旱灾风险的实际水平。

为弥补极值估计方法的缺陷,有学者采用概率风险模型来进行灾害风险评估(Buhlmann,1970;Petak 等,1982)。这类模型将灾害发生视为随机过程,以理论上较成熟的概率统计为数学工具。如 Petak 曾系统地研究了美国 9 种自然灾害的特征,依据历史资料的统计分析,得到以概率形式表示的灾害风险。有研究将自然灾害风险看作致灾因子与承灾体脆弱性相互作用的产物(Keith,1992)。周寅康(1995)采用经验频率公式,结合自然灾害强度和发生频率之间的关系,综合评估区域自然灾害的风险度。王静爱等(2005)收集了 1990—2003 年的旱灾信息,确定中国各区域旱灾频次,对中国旱灾致灾因子高风险区进行风险评估。概率统计评估方法是目前较常用的风险评估方法,应用起来较为简明,但是一般对区域历史数据的完整性和时序性要求较高。

为对数据缺失区域进行相对准确的旱灾风险评估,刘新立等(1999)提出区域自然灾害风险评估中的优化空间不完备信息数学模型。进一步指出因概率风险评估模型没有考虑灾害描述的模糊不确定性,用于实际风险估算时,可行性和可靠性仍存在问题,灾害在时间和强度上都有很大的不确定性,即灾害的模糊随机性。由此在引入灾害可能性风险概念的基础上,依据模糊信息优化处理技术,提出了灾害风险分析的可能性风险模型。有学者采用该方法对湖南、广东省进行了灾害风险评估,论证了评估方法的可行性和准确性(黄崇福等,1998;杨国华等,2005)。

除了上述方法之外,李柞泳等(1994)采用分形理论计算旱涝灾害时间序列的分布特征,并根据其分数维结构对灾害风险做出概率估计。此外,有研究应用马尔可夫模型和统计决策系统,建立灾害风险评估数学模型、风险函数预测区域旱灾风险(陈育峰,1995;牛叔超等,1998;韩宇平等,2003)。

动态评估模型主要以干旱发生和变化的物理过程为基础。例如:在农田水量平衡方程的基础上,建立农业干旱动态评估模型(李艳兰等,2006)。Palmer 干旱模式是目前国际上最广泛应用的区域性干旱指标之一,它与传统的气象指标的主要差别在于不仅考虑降水和蒸发,而且综合考虑径流和土壤含水量,进行土壤层水量平衡计算,比较适合表示半干旱度区域自然干旱的程度。利用 Palmer 干旱模式的基本原理(Allcy,1984),提出自然干旱评估方程,建立模拟农业干旱的数学模型,模型依据农作物的缺水率来分级判定旱情程度,模拟农业旱情产生和发展的全过程(徐向阳等,2001)。

3.3.2　气候情景驱动作物模式法

未来气候情景驱动作物模式法是气候变化影响研究中最常用的方法,根据未来气候情景构建的方法不同,又可分为以下几种情况:1)在开展气候变化影响评估早期,限于气候模式的模拟能力,未来气候情景数据可靠性差等原因,气候变化影响评估主要使用的方法是,对历史平均气候数据进行一定的增减产生"未来气候变化情景",然后与作物模型结合。该方法在确定未来气候变化情景时主观性强,与实际情况不符,目前已很少采用;2)根据 GCMs 产生的结果,利用随机天气发生器产生出未来逐日天气数据,然后与作物模型结合(林而达等,1997),目前该方法也很少使用;3)利用区域气候模式直接模拟出未来逐日天气数据,然后驱动作物模式。随着近些年气候模式的发展,区域气候模式在减少未来天气气候不确定性方面有了显著的进步,同时区域气候模式可以模拟出高分辨率的逐日未来气候情景数据。因此,随着区域气候模式和作物模式的发展,利用二者结合模拟气候变化和产量等关系的研究也逐渐增多(熊伟,2004;姚凤梅,2008),并成为目前 IPCC 使用的主要方法。

3.3.3　农业系统分析法

农业系统分析法主要侧重于气候变化对农业的综合影响,如粮食安全等问题。主要是在对农作物产量和地理分布影响分析基础上对农业各部门进行综合的分析,包括农业各部门的总产量、价格、贸易机制以及劳动力供应等。该方法通常借助农业系统评估模型,它是利用一系列数学模型来反映气候变化对作物生理、经济、农业系统各组分之间的关系。一般的,首先运用作物模型去估计气候变化对几种作物的产量影响,然后运用产量变化的结果输入到经济模型去评估气候变化对地区或国家经济造成的间接影响,也就是把一些模型综合起来,综合评估气候变化的影响。农业系统分析利用了作物产量和地区分析的结果,评估由于产量的变化对农户收入、国际贸易等的影响。然而,由于该方法涉及的作物模型、生态模型、经济模型等都还不成熟,模型嵌套后误差难以估量等,此方法目前主要局限在少数发达国家和地区开展的研究中。

3.3.4 农业生产的气候脆弱性评估

脆弱性研究一般是通过寻找特定的研究群体或单元(无耕地的农民,农业等),识别研究单元承受多种胁迫造成的负面结果的风险程度,以确定一系列减缓或适应胁迫的措施。根据评价单元和目标的差异,数据的可利用性以及社会经济情景差异,脆弱性的研究方法主要包括以下几种(孙芳等,2005;谢文霞,2006)。

(1)实地调查法:当可用资料缺乏时,直接咨询和田间调查相结合的方法是评价农业气候变化脆弱性的最好方法。这种方法主要是通过选取容易获取的指标进行实地咨询调查,再进行综合定性分析确定农业的脆弱性。可选指标很多,如作物产量、人均收入、营养水平、作物的管理措施、收入来源及减缓措施等。2003年,Karen等在进行印度农业气候变化脆弱性研究中,采用农户随机抽样、问卷调查、座谈及讨论等方法获取所需信息,结合对经济状况、农事活动、种植机制等信息,从中选出调查地区的主要胁迫因子,利用叠加制图的方法对研究地区的气候脆弱性进行了研究(Karen等,2003)。

(2)产量分析法:作物对气候变化最直接的响应主要反映在作物产量的变化上。通过作物产量变化分析进行农业脆弱性研究,主要是将气候波动期的作物产量与正常年份的作物产量进行比较,根据作物产量的变化情况,进一步分析农业的敏感性和脆弱性。因为作物产量的历史记录数据或异常年份的产量数据可靠性大,使得研究结果相对比较准确。

(3)相似分析法:可分为时间相似法和空间相似法两种。时间相似法主要是在时间序列数据不足的情况下,采用模型进行相似模拟得到所需数据。空间相似分析法用来预测在未来气候变化条件下,哪些地区的气候特征与目前另一些地区的气候特征相似从而预先采取一定的适应措施。空间相似分析法能提供未来气候对农业影响的一些信息,对新品种引入,种植制度调整等有借鉴意义。通过这些信息可以评价地区的适应能力,进行脆弱性评价。相似分析法主要用来填充脆弱性研究信息的不足。

(4)案例研究法:气候变化影响和适应评估组织(ALACC)已在全球进行了多个农业脆弱性的案例研究,可以选择国家、区域或地区等不同尺度。由于案例研究选择目标的不同,如果评价目标是特定事件的敏感性、脆弱性以及适应性时,进行综合案例研究比较适宜。刘文泉等(2002)进行的黄土高原地区农业生产对气候变化的脆弱性研究就是典型的案例研究。他们通过实地考察、问卷调查等结果,选择了敏感性指标(气候敏感指标、环境敏感指标和土壤敏感指标)和适应能力指标(社会经济条件、农业基础条件和资源环境条件),采用专家评分和层次分析法(AHP)分配指标权重,计算脆弱性,确定了黄土高原陕甘宁地区农业生产的气候变化脆弱性分布状况。

3.3.5　常用作物模型介绍

尽管气候变化对农业影响是多方面的,但从目前的研究成果来看,研究最多的、相对可靠的是利用作物模型开展气候变化对作物产量的影响。相比农业影响研究中涉及的更为复杂的生态模型、经济模型等,作物模型相对成熟,因此气候变化对产量的影响是近年来研究最多的一个方面,其结果也相对可靠。

作物模型(或称作物生长模式)研究起步于 20 世纪 60 年代。作物模型可从广义和狭义二个角度来定义。广义的作物模型是指:作物模型是借助于数学公式或数值模拟手段对作物生长、发育和最终的干物质产量进行模拟和预测,既包括动态过程的描述,也包括经验公式的表达。狭义的作物模型是指基于作物生理过程,对作物的生长、发育和产量形成过程进行动态模拟的一系列数学公式的综合,借助于计算机手段实现这种模拟过程,是作物生长模型的一个重要特性。这两个定义实质反映了作物生长模型研究方法的发展历程,由环境因子与作物生长关系的多元统计分析,到生长机制如光合作用、呼吸过程等的模拟。目前所称作物生长模型多是指后者。它是作物科学中应用计算机后的一个新的研究领域,是利用系统分析和计算机技术,综合作物生理生态、农业气象、土壤和农学等学科研究成果,将作物与其生态环境因子作为整体进行动态的定量化分析和生长模拟的过程。这种对作物一系列生长、发育和产量形成进行综合数值模拟的过程,又称为作物生长模拟。

20 世纪 60 年代,由于已经能对植物生理过程(如冠层光能截获及光合作用)进行很好的数学描述,作物生长动态模拟模型的研究开始起步。同期大型计算机的出现,推动了模型研究的迅速发展。50 年来,世界上许多国家都进行了作物生长模型研究,由于目的不同,开发了多种类型的作物模型。在诸多国家中,最有成效的国家包括荷兰、美国、澳大利亚、英国、苏联和日本等。

下面主要介绍两个气候变化影响评估中常用作物系列模型:荷兰的 WOFOST 模型和美国的 CERES 模型。

(1)荷兰的 WOFOST 模型

荷兰的作物模型研究在不同阶段产生了不同的模型,如 ELCROS(ELementary CROp Simulator)、BACROS(BAsic CROp growth Simulator)、SUCROS(Simple and Universal Crop growth Simulator)、MACROS(Modules of an Annual CRop Simulator)、LINTUL(Light IN-Terception and UtiLization)等。但应用最为广泛的是 WOFOST 模型。

WOFOST(WOrld FOod STudy)模型由荷兰瓦赫宁根大学的 Wit 等开发,是最早面向应用的模型之一,起源于世界粮食研究中心(CWFS)组织的多学科综合的世界粮食潜在产量的研究项目,旨在探索增加发展中国家农业生产力的可能性。该模型是以 SU-CROS 为基础,于 20 世纪 80 年代中后期导出的最早面向应用的模型之一,是一个以日为步长的模型,基本框架源于过程模型 BACROS。它提供了一个简单的地理信息系统(GIS)模块,可以将模拟结果用地图的形式表达,也提供用户菜单界面,使得作物类型选择、生产水平选择、土壤、天气、以及作物特性输入数据文件的选取相对简便。模型的主要用途有:①作物产量的预测与评估;②土地资源的定量评价;③风险分析和年际间产量变化;④气候变化影响的量化评估等。WOFOST 是一个极为成功的作物生长模型。目前,它被用于各种目的,如教学、验证、试验等,成了一个广泛的应用平台(邬定荣等,2003)。

WOFOST 作物模型中的作物生长过程主要包括发育、光合作用、呼吸作用、干物质积累及分配等。土壤水分平衡过程主要包括降水、灌溉、渗透、地表蒸发、作物蒸腾、毛管水上升等。作物干物质积累的计算可以用作物特征参数和气象参数来表示,如太阳辐射、温度和风速等。气象数据一般采用每日数据,因而模拟步长定为1 天。也就是说,作物生长的模拟是以每日数据为基础的,图 3-2 说明了 WOFOST 内的主要过程。

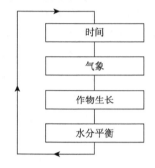

图 3-2　每日作物生长的模拟计算

时间:在 WOFOST 内,用 Euler 积分法来对作物生长过程与时间的函数积分。

气象:WOFSOT 模型使用的气象数据为:最高温度、最低温度、太阳辐射、风速、水汽压与降雨量。WOFOST 模型用 Penman 方法来计算蒸散量。

作物:作物生长以日净同化量为基础,而日净同化量又以光截获为基础。光截获是入射太阳辐射和作物叶面积指数(LAI)的函数。根据吸收的辐射及作物光合能力可以计算每日潜在同化速率。由于水分、氧分胁迫引起的蒸腾量的下降降低了同化量。同化物在多个器官上进行分配,图 3-3 说明了作物生长过程。

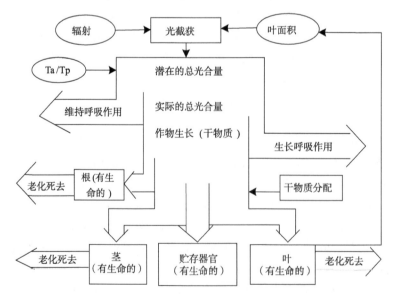

图 3-3　作物生长过程(Ta 和 Tp 分别为实际、潜在呼吸作用速率)

水分平衡:WOFOST 还跟踪土壤水分变化以确定作物何时、多大程度上感受到水分胁迫。这可以通过水量平衡公式计算出来。它比较两个时间土体内的输入水量和输出水量,它们的差额即是土壤水分含量的变化量。WOFOST 模型考虑 3 种状况:1)土壤水分含量保持在田间持水量,作物生长达到其潜在生长水平;2)只考虑土壤水分通过的蒸散和下渗而散失的影响,作物由于土壤水分不足而减产;3)不仅考虑水分的蒸散和下渗,而且考虑地下水影响。图 3-4 说明了 WOFOST 考虑的这 3 种情况。

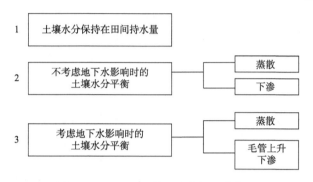

图 3-4　WOFOST 模型考虑的 3 种状况

(2)美国的 CERES 模型

CERES 是农业技术推广决策支持系统(DSSAT)中的作物模型之一。

DSSAT 主要用于农业实验分析、农业产量预报、农业生产风险评估、气候对农业影响的评价等,包括的作物模型有:主要模拟谷类作物的 CERES 系列模型,模拟的作物包括小麦、玉米、水稻、高粱、大麦、谷子等;GROPGRO 豆类作物模型系列包括大豆模型、花生模型;CROPGRO 非豆类作物模型系列包括蕃茄、百喜草(bahia grass)和一种休耕作物模型;以及马铃薯模型,木薯模型,向日葵模型、甘蔗模型。除 DSSAT 中的模型,另外侵蚀预报影响计算模型(EPIC)经常用于气候变化及对农业影响研究方面,在美国应用尤多。棉花模型也是美国比较成熟的模型。

CERES 模型是作物系列模型,因此被各国广泛使用。CERES 模型是通过田间试验获取一定的土壤、天气、管理方案和作物基因型数据,经数值模拟得到其他站点或其他种植年份的作物生长发育状况的数值模拟模型。主要模拟过程与 WOFOST 模型相似,包括发育时段、作物生长、土壤水分平衡等。用积温模拟发育时段,根据叶片数、叶面积增长、光的截获及其利用、干物质在各个器官中的分配等模拟作物生长。下面主要是 CERES 中玉米模式的描述,小麦等与此类似,但在有些细节根据作物的特性而有所不同。关于模式的描述参见熊伟(2004)和张艳红(2004)。

(3)其他模型

除上述两个包含多种作物的系列模型外,还有其他的一些模型,如澳大利亚的 AP-SIM 作物系列模型。与其他作物模型不同的是,APSIM 模拟系统的核心突出的是土壤而非植被。天气和管理措施引起的土壤特征变量的连续变化被作为模拟的中心,而作物、牧草或树木在土壤中的生长、来去只不过是使土壤属性改变。加上模型的"拔插"功

能,使得 APSIM 能够很好地模拟耕地的连作、轮作、间作以及农林混作效应。APSIM
目前能模拟的作物包括小麦、玉米、棉花、油菜、花苜蓿、豆类作物以及杂草等。对施肥、
灌溉、土壤侵蚀、土壤氮素和磷素平衡、土壤温度、土壤水分平衡、溶质运移、残茬分解等
过程都有相应的模块。目前应用的领域已经包括种植制度、作物管理、土地利用、作物
育种、气候变化和区域水平衡等。

中国的作物模型研究总体上起步晚,20 世纪 80 年代初,在借鉴国外一些模式的建
模思想后,发展了我国比较有代表性的作物模型作物计算机模拟优化决策系统(CC-
SODS)。该模型将作物模拟技术与作物优化原理相结合,具有较强的机理性、通用性和
综合性。目前包括水稻、小麦、玉米和棉花 4 种中国的主要农作物,其中以水稻模型 RC-
SODS 最著名。这 4 种作物模型的技术路线都是采用作物生长发育模拟与作物栽培的
优化原理相结合的方法,具有机理性、应用性、通用性与预测性。

使用作物模型应注意的问题:作物模型旨在模拟土壤、作物、大气以及土壤—作
物—大气相互作用的过程与机制,但由于其十分复杂,作物模型在定量描述上述过程时
都进行了一定程度的简化处理,对许多过程的描述仍然采用经验性方法。作为一个系
统模型,其对单过程、过程间相互作用关系描述是否合理,能否比较准确地刻画系统行
为,需要实验数据的验证与评价。同时,由于气候、土壤的空间变异性,作物品种多样性
及其种内差异、栽培管理措施的多样性,一个作物模型通常有其适应性与针对性。因
此,针对具体地区、具体作物,作物模型的"拿来主义"通常是行不通的,需要结合具体条
件进行验证、评价、改进,完成对模型的本地化以后,方能进行应用。

3.3.6 农业影响综合评估

综合评估方法主要包括气候情景设计、敏感性分析、脆弱性指标确定、适应对策的
调查统计、适应能力测定和气候脆弱性评价 6 个部分(孙芳等,2005)。目前,很多研究都
采用综合评估方法进行脆弱性评估。如殷永元等(2004)通过选择关键性指标、确定指
标临界值、确定个指标对系统脆弱性和适应能力的相对重要性,运用模糊形态分类模型
对中国西部黑河流域的气候脆弱性和适应能力进行了综合评价,是该方法的一个典型
的例子。

气候变化对中国农业影响的综合评估是在影响评估过程中综合多学科的知识的评
估方法,包括揭示复杂系统内部和系统之间的因果关系的自然科学和社会科学。综合
评估模型(IAM)是进行气候变化影响综合评估的主要研究工具。

国际上与农业有关的综合评估模型有:1)RegIS(Regional Climate Change Impact
and Response Studies in East Anglia and North West England)其不仅考虑了对产量的
影响,还考虑了海岸带、洪水、社会经济状况和灌溉效率等农民调整作物的相应措施;2)
IMAGE(Integrated Model to Assess the Greenhouse Effect)考虑了肥料和技术改进;3)
AIM(Asian Pacific Integrated Model)研究气候变化条件下的水资源对农业的影响,还
将作物产量和粮食贸易模型和宏观经济模型相连接;4)ICAM:Integrated Climate As-
sessment Model,考虑了适应气候变化的能力;5)MINK:美国区域影响评估研究(包括

Missouri、Iowa、Nebraska 和 Kansas)；6)CLIMPACTS 模型,空间分辨率高,达 1 km(田广生,1999；徐敬林,2008)。

利用综合模型评估气候变化对农业的影响,除了使用作物、土壤、病虫害、水资源等影响评估模型之外,还需要设定各种情景模式,例如气候变化情景,包括气温、降水、CO_2浓度和极端天气事件的变化；社会经济情景,如人口、土地资源与利用等；另外,还有其他一些影响因素,包括品种改良、施肥和灌溉等技术进步,以及农业政策、国家适应气候变化的政策、重大工程(如南水北调)和生态环境建设等。

模型中的气候情景数据可以由全球气候模式或区域气候模式输出,也可利用历史数据。将作物模型和气候情景模型相结合,利用作物产量、生长期等的变化,研究农业的气候变化敏感性和脆弱性。还可以将作物模型输出的产量数据输入到经济模型中,通过产量的变化研究气候变化下农户收入、国际贸易等的敏感性和脆弱性。模型研究需要建立一个全面、可靠的信息数据库,但数据库建立的难度较大。由于目前 GCMs 较低的地理分辨率、作物模型参数的不确定性,以及年代过长、难以预测的社会经济情景,进一步改进评价是必要的。气候变化农业影响的空间模式和考虑社会经济条件的综合模式,可以与气候变化的数值模拟自动连接、嵌套,因此可以自动大面积地模拟气候变化影响的空间变化。其综合模式考虑了土地、水资源、生物多样性和海平面升高及其他社会经济条件的影响,使气候变化影响评价更接近实际(林而达,2002)。

3.4　评估案例

3.4.1　低温与干旱对玉米产量的综合影响

陈振林等(2007)应用 WOFOST 模型模拟低温与干旱对玉米产量的综合影响。

试验材料为本育 9 号玉米,试验在黑龙江农业科学院的人工气候室内进行。该气候室为自然光玻璃室,每间面积 18 m²,气温、空气湿度等环境参数可自动调节,在阴雨天时可采用生理日光灯进行自动补光。

供试土壤类型为黑钙土,pH 值为 6.76,有机质 3.70 mg/kg,全氮 0.21%,速效氮165.70 mg/kg,速效磷 35.70 mg/kg,速效钾 238.70 mg/kg,装盆后测定土壤容重为1.18 g/cm,土壤最大持水量为 28.20%。样品于 4 月 25 日播于盆中置于自然状态下(室外)生长,出苗后,当玉米一叶一心(5 月 1 日)时定植,每盆一株。当样品在自然状态下生长到苗期和抽雄期时对试验样品分别进行低温和干旱处理。

土壤水分设 5 个处理:占田间持水量 30% 为重旱(处理 1),40% 为中重旱(处理 2),50% 为中旱(处理 3),60% 为轻旱(处理 4),80% 为对照(处理 5)。玉米水分控制采用称重法,用规格为 50 kg 分度值 0.5 g,精度为 0.5 g 的电子天平测定,每种处理选 4 盆进行称重,计算平均值。

苗期处理:玉米 5 叶时(5 月 23 日),移入工气候室低温处理 7 天。温度设 4 个水平,即10℃、13℃、16℃和20℃。每个土壤湿度5个重复样本,低温处理第5天,测定10 cm土壤湿度,第7日晚将被处理的玉米搬到室外自然生长直至成熟。

抽雄期处理:抽雄期前10天(7月11日)开始进行土壤水分控制(控制前测定土壤湿度),抽雄期开始(7月21日)后移入人工气候室,进行为期7天的低温处理。温度设4个水平,即15℃、18℃、21℃和25℃。第7日晚将被处理的玉米搬到室外自然生长直至成熟。

(1)使用模型进行验证

在验证模型时分别通过改变玉米品种和气象条件,对哈尔滨连续10年的站点资料进行了模型适宜性验证。结果可以看出,生育期模拟值与实测值相差1~5天,平均相差2.9天;产量误差范围为−3.08%~5.38%,可见,模拟值与实测值较接近。

(2)结果分析

低温对玉米产量的影响:试验表明,在正常水分条件下,籽粒产量随温度降低而减少,而且温度越低,减少的幅度越大。苗期温度为20℃时的籽粒产量为58.17g,而16℃、13℃、10℃时的籽粒产量分别比20℃时减少5.54%、10.57%和21.28%。抽雄期低温对籽粒产量的影响更加显著,当温度由25℃降至21℃、18℃和15℃时,籽粒产量分别下降11.19%、19.53%和25.80%,低温影响均大于苗期。运用模型对低温条件下玉米产量进行模拟,并与实际产量(常温条件下)进行对比,结果发现,无论是试验条件下还是模型的模拟分析,低温都会造成玉米产量的直接下降,下降幅度为−29.1%~−11.3%,平均减产22.6%。

干旱对玉米产量的影响:试验表明,干旱对籽粒产量的影响也是负效应,而且影响程度大于低温的影响,苗期土壤水分为中旱(处理3)、中重旱(处理2)、重旱(处理1)时,与轻旱处理(处理4)相比产量分别减少了17.88%、21.32%和41.15%。籽粒产量与土壤湿度成正相关,关系方程:$Y=33.911+30.774X$($R=0.970$,通过0.01显著性水平检验),式中Y为试验得到的籽粒产量,X为土壤湿度。抽雄期水分处理1、处理2、处理3分别比处理5减产25.51%、19.61%和18.99%。与苗期相比除轻度干旱(处理3)略高外,其他两个处理的产量变幅均小于苗期,可能是因为苗期干旱的后效期长,玉米个体发育受阻严重,影响较大。只考虑干旱条件的模型模拟结果显示,随干旱程度的加剧玉米减产幅度加大。处理1土壤水分含量最低,减产最大,为36.0%;处理2减产24.8%,处理3减产13.9%,处理4减产6.5%,平均减产11.2%。

低温和干旱并发对玉米产量的影响:低温和干旱并发对籽粒产量的影响大于低温、干旱单因素的影响。苗期低温10℃减产为21.28%,水分处理1减产为41.15%。而低温和干旱并发的减产幅度达62.19%。抽雄期低温15℃时减产25.80%,水分处理1减产25.51%,低温和干旱并发减产幅度达61.12%,远高于低温和干旱单因素的影响。针对低温和干旱并发对玉米产量的影响变化,结合田间试验数据,对不同水分处理水平以及不同发育期低温处理进行了模拟分析,结果表明:同一温度不同水分处理水平玉米产量模拟值与实测值的平均误差范围是−12.2%~−2.7%,同一水分条件下不同温度处理玉米产量模拟值与实测值的平均误差范围是−16.9%~7.2%。总体上看,模型对水分处理30%和40%两种情况下的产量模拟误差比较大,平均误差均>10%,对水分处理

50％、60％和80％的产量模拟误差均在10％以内。

3.4.2　气候变化对中国小麦产量的影响

居辉等(2005)采用英国 Hadley 中心的区域气候情景 PRECIS,结合校正的 CE-RES-Wheat 模型,对21世纪70年代气候变化情景下中国小麦产量变化进行了研究。

该研究使用 CERES 模型,该模型是基于站点计算的模型。但由于在评价过程中对数据的精度要求较高,在区域计算中耗时也较多,因而对 CERES 模型进行相应的改进,以满足区域计算的要求。区域计算步骤包括:在每一网格单元读取相应的气象文件、土壤文件、作物品种参数文件、种植管理文件和社会经济数据,对每一网格单元进行3次模拟,分别在优质壤土、黏土和砂土条件下进行,其他初始条件相同,然后根据3种土质在网格单元中所占比例进行加权计算,最终得出相应网格单元的产量值。

本研究中采用了区域气候模型 RCM-PRECIS,该模型的分辨率为 50 km×50 km。许吟隆等(2006)对 PRECIS 模型在中国区域模拟能力进行了验证和订正,由 PRECIS 输出的气象资料结果可以表示为日值,直接应用于小麦的模拟。

根据 PRECIS 模型预估,中国 2071—2079 年的 A2 情景较基准年(1961—1990 年)的平均地表温度升高 3.89℃,降水增加 12.86％,B2 情景下地表温度升高 3.20℃,降水增加 10.23％。总体模拟表明,在 PRECIS 输出的 A2 气候变化情景下,2070 年代中国雨养小麦单产平均减少 23.7％,区域间产量变化趋势不同。

雨养小麦在华北和长江中下游地区有部分增加趋势,增加的幅度为 0％～30％。分析认为增长趋势的部分原因可能是降水量的增加。在中国东北、西北春麦区和西南冬麦区,小麦明显减产,减产幅度为 30％～60％。目前,西北和东北的小麦生产以春小麦为主,由于气温的升高,如果依然维持当前的种植管理模式,产量会有明显的下降趋势。西南冬麦区的减产是由于当前该区种植的小麦多为春性较强的冬麦,其生产的不利因素之一是气温偏高,不利于春化作用和分蘖形成,之二是降水增多阻碍了产量的形成,因此该区也表现出减产的趋势。

在未来气候变化的条件下,如果当前小麦的生态类型区适应性品种没有更替,则全国的春冬小麦普遍减产,春小麦大约平均减产 30％～35％;冬小麦平均减产 10％～15％,同时研究表明,灌溉可以部分补偿气候变化对小麦的不利影响,补偿的幅度基本在 5％之内,但对春小麦的补偿作用略高于冬小麦。

从全国的小麦生产来看,气候变化对灌溉小麦依然存在不利影响,全国平均减产大约 20.2％。在灌溉条件下,虽然增产的区域较雨养的多,即使是减产的区域,其幅度也低于雨养小麦,但两者总体产量变化趋势的区域分布依然类似。

在 PRECIS 采用的气候模式下,温室气体排放情景 A2 和 B2 对小麦的影响程度基本相似,没有特别显著的差异。如果不考虑 CO_2 的肥效作用,小麦的减产趋势非常显著,但如果考虑 CO_2 的肥效作用,则未来小麦的生产仍然表现略微的增长。但只有在水肥条件充分得到满足的条件下,CO_2 的肥效才能表现出来,在考虑未来气候变化影响的时候,对 CO_2 肥效的评估只是一种参考,具体生产中还要有保守的考虑。

参考文献

陈育峰.1995.我国旱涝空间型的马尔科夫模型分析.自然灾害学报,**4**(2):66-72

陈振林,张建平,王春乙,等.2007.应用 WOFOST 模型模拟低温与干旱对玉米产量的综合影响.中国
　　农业气象,**28**(4):440-442

韩宇平,阮本清,周杰.2003.马尔柯夫链模型在区域干旱风险研究中的应用.内蒙古师范大学学报自然
　　科学,**32**(1):6-70

黄崇福,刘新立,周国贤.1998.以历史灾情资料为依据的农业自然灾害风险分析.自然灾害学报,**7**(2):
　　1-9

黄崇福.2005.自然灾害风险评价:理论与实践.北京:科学出版社

居辉,熊伟,许吟隆,等.2005.气候变化对我国小麦产量的影响.作物学报.**31**(10):1340-1343

李翠金.2000.异常干旱气候事件及其对农业影响评估模式.地理学报,**55**(增刊):39-45

李艳兰,罗莹,黄雪松.2006.广西农业干旱动态评估模型.广西气象,**27**(2):11-14

李柞泳,邓新民.1994.四川旱涝灾害时间分布序列的分形特征研究.自然灾害学报,**3**(14):88-91

林而达,张厚瑄,王京华,等.1997.全球气候变化对中国农业影响的模拟.北京:中国农业科技出版社

林而达.2002.中英联合项目——气候变化对中国农业潜在影响评估项目介绍.世界环境,(3):24-26

刘文泉,王馥棠.2002.黄土高原地区农业生产对气候变化的脆弱性分析.南京气象学院学报,**25**(5):
　　620-624

刘新立,史培军.1999.空间不完备信息在区域自然灾害风险评估中的处理与应用.自然灾害学报,**8**
　　(4):1-8

牛叔超,刘月辉,王延贵.1998.气象灾害风险评估方法的探讨.山东气象,**1**(1):14-18

邱林,陈晓楠,段春青,等.2004.农业干旱程度评估指标的量化分析.灌溉排水学报,**23**(3):34-37

邱林,陈晓楠,段春青,等.2005.农业干旱程度概率分布的研究.西北农林科技大学学报(自然科学版),
　　33(3):105-108

任鲁川.1999.区域自然灾害风险分析研究进展.地球科学进展,**14**(3):242-246

孙芳,杨修.2005.中国小麦对气候变化的敏感性和脆弱性研究.中国农业科学,**4**:692-696

孙家民,黄朝迎.2005.中国农业气候年景的评估及预测.应用气象学报,**16**(增刊):111-115

田广生.1999.中国气候变化影响研究进展.南京气象学院学报,**22**:472-480

王静爱,商彦蕊,苏筠.2005.中国农业旱灾承灾体脆弱性诊断与区域可持续发展.北京师范大学学报
　　(社会科学版),**3**:130-137

邬定荣,欧阳竹,赵小敏,等.2003.作物生长模型 WOFOST 在华北平原的适用性研究.植物生态学报,
　　27(5):594-602

谢文霞,王光火,张奇春.2006.WOFOST 模型的发展及应用.土壤通报,**7**(1):154-159

熊伟.2004.未来气候变化情景下中国主要粮食作物生产模拟.中国农业大学博士论文

许吟隆,张勇,林一骅,等.2006.利用 PRECIS 分析 SRES B2 情景下中国区域的气候变化响应.科学通
　　报,(17):111-115

徐敬林.2008.气候变化影响评估与适应研究.气象软科学,(1):163-182

徐向阳,刘俊,陈晓静.2001.农业干旱评估指标体系.河海大学学报,**29**(4):56-60

杨国华,周永章.2005.广东省水旱灾害风险分析与农业可持续发展.灾害学,**20**(3):16-20

姚凤梅.2008.气候变化对中国粮食产量的影响及模拟.北京:气象出版社.

殷永元,王桂新.2004.全球气候变化评估方法及其应用.北京:高等教育出版社.

尹建军,杨奇勇,尹辉.2008.湖南省农业旱灾灾情评估与分析.云南地理环境研究,**20**(1):37-40

张艳红.2004.基于 CERES 玉米模型的黄淮海夏玉米水肥管理技术研究.中国农业大学硕士论文

赵文双,商彦蕊,黄定华,等.2007.农业旱灾风险分析研究进展.水科学与工程技术,(6):1-4

周寅康.1995.自然灾害风险评价初步研究.自然灾害学报,**4**(1):6-11.

Allcy W. M. 1984. The Palmer drought severity index limitations and assumptions, *Climate Appl Meteorology*, **23**(7):1100-1109

Buhlmann H. 1970. *Mathematical Methods in Risk Theory*. Getmany: Springer Verlag Berlin Heidelberg, 35-361

Karen O. B. , Guro A. 2003. *Coping with global change : vulnerability and adaptation in Indian agriculture*. India: The Energy and Resources Institute.

Keith S. 1992. *Environmental hazard : Assessing risk and reducing disaster*. London and New York.

Petak W. J. , Atkisson A. 1982. *Natural hazard risk assessment and public policy*. Springer Vedag New York lnc, 62-1221

第4章

气候变化对水资源的影响评估方法

苏布达,许红梅(国家气候中心)

高超(安徽师范大学)

效存德(中国气象科学研究院)

导读

☞估算区域水文水资源对气候变化响应的水文模型(可见 4.3.1 部分)。

✓推求降水与气温发生变化时的径流变化趋势,可选用经验统计模型。

✓研究气候、径流的因果关系,以及流域水资源对不同气候条件的响应,可选用概念性水文模型。

✓研究山区的产汇流计算或无资料区域的产汇流计算,可选用 TOPMODEL 模型。该模型结构简单,且对日径流过程有着较高的模拟精度。

✓需要模拟流域内多种不同的物理过程,可选用 SWAT 模型。

✓进行水文预报及分析河流径流和水污染状况,可选用 HBV 模型。

✓评价气候和土地利用变化对水文水资源的影响,分析研究中尺度流域水质和水文过程,可选用 SWIM 模型。

✓需要模拟陆—气间能量平衡和水量平衡,或只计算水量平衡,以及评价气候变化对水资源的影响,可选用 VIC 模型。

✓界定洪水淹没范围,预警可能洪水风险,可选用 Floodarea 模型。

☞根据 WMO 对各种模型的比较结果来看,几乎所有模型都能较好地模拟湿润流域的水文过程;对于干旱区域,水量平衡模型模拟结果较好;而资料有限地区,简单模型的计算结果优于复杂模型。在实际研究应用中,可以将统计的、半分布式的、分布式的水文模型结合在一起使用,首先使用简单水文模型对流域的降水—径流关系等数据进行初步分析,之后按照流域面积大小来选择不同的水文模型。

☞气候变化对冰冻圈影响的评估方法。(可见 4.3.3 部分)

✓气候变化对冻土影响的评估中,物理模型具有动态性、适用范围广等优点。经验模型,或者某些半经验、半物理的模型大多只使用有限的变量,而且这些变量通常容易得到,而且这类模型与 GIS 结合,使模型具有空间性,但不能模拟冻土随时间的动态变化。

✓积雪持续时间对气温的敏感性分析,可参考积雪持续时间对气温的敏感度理论。

✓全面定量描述整个寒区水文过程,可选用高寒山区流域分布式水热耦合模型(DWHC)。

4.1 引言

气候变暖已经引发了一系列气候和环境问题,正在对人类社会经济和自然生态系统产生深刻和难以逆转的重大影响。近百年来随着气温升高,全球尺度蒸发量、降水量、极端强降雨日数和强降雨量等都有一定程度的增加,显示出气候变暖已对全球尺度水循环产生了一定程度的影响,使水循环有所加快(丁一汇,2008)。气候变化对水文水资源的影响研究有着理论和实践双层意义。既有助于从科学上认识大气圈、生物圈与水圈之间的相互作用机理,提高气候变化的预测精度;又有助于了解气候变化对水量、水质的影响,对洪水、干旱的强度、频率的影响,为决策部门提供管理依据(刘春蓁,2003)。

目前,气候变化对水文与水资源影响的研究基本上都遵从"未来气候情景设计—水文模拟—影响研究"的模式,具体来说可以归纳为,1)设计或选定未来气候变化情景;2)选择、建立并验证水文水资源模型;3)以气候变化情景作为水文模型输入,模拟分析区域水文循环过程和水文变量;4)评估气候变化对水文水资源的影响,根据水文水资源的变化规律和影响程度,提出相适应的对策和措施。

上述气候变化对水资源的研究主要集中在气候变化对流域径流平均变化的影响,而对气候变化对水质的影响、对农业灌溉的影响和对供水系统的可靠性、生态系统恢复性和脆弱性的影响等研究较为薄弱。气候变化对与水资源相关的农业、生态系统等的影响研究则是建立在气候变化对水文与水资源影响研究基础之上的,以水资源为主线贯穿农业、生态系统等领域的影响研究将是气候变化研究的主要方向之一。

另外,冰冻圈作为全球水循环的重要组成,气候变化对于冰冻圈影响的评估也是关注的重点方向之一。

4.2　评估框架

要全面了解气候变化对水资源及相关领域的影响,就必须进行多学科的全面研究,把环境、生态、经济、社会等各子系统以及它们之间的相互联系和作用结合起来综合考虑,将气候变化、社会经济发展、水资源、农业、生态系统等方面的研究有机结合,构建一个有效的研究框架(图 4-1):

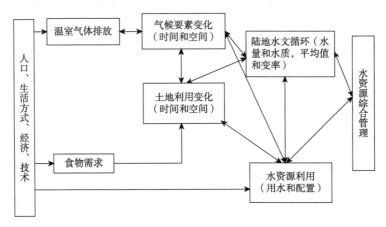

图 4-1　气候变化对水资源及相关领域的影响研究框架

(改自 IPCC,2007)

4.3　评估方法

4.3.1　模型介绍

气候变化对区域水文水资源影响的研究常采用 WHAT-IF 形式的假设分析手段:如果气候发生某种变化,水文循环各分量将随之发生怎样的变化。通过建立假定气候情景或依据 GCMs 输出的要素,结合水文模型,分析预测气候变化引起流域气温、降水、蒸发等发生某种变化时水文循环要素随之发生的变化,评估流域水资源的时空分布新格局及可能带来的洪涝与干旱灾害。其中未来气候变化情景的生成与水文模型的建立是影响评估的关键。当气候情景确定时,评价模型的选择是非常重要的。选择和使用区域水文模型评价气候变化对水文水资源的影响时,应考虑下列几个因素:模型内在精度;模型率定和参数变化;现有的资料及其精度;模型的通用性和适用性;以及与 GCMs 的兼容性等。目前,用于估算区域水文水资源对气候变化响应的水文模型主要有以下 4 类:

（1）经验统计模型

这类模型根据同期径流、降水与气温的观测资料，建立三者之间的相关关系，以此推求降水与气温发生变化时的径流变化趋势。例如，Stockton（1979）和 Revelle 等（1983）用该方法作的相关研究，曾小凡（2009）的人工神经网络（ANNs）应用研究等。

（2）概念性水文模型

这是一类以水文现象的物理过程为基础的模型。利用概念性水文模型可以研究气候、径流的因果关系，以及流域水资源对不同气候条件的响应。1982 年 Nemec 和 Schanke 最先应用概念性水文模型估算气候变化对美国干旱地区和湿润地区径流的影响。

另德国基尔大学的 Simple Model（www. hydrology. uni-kiel. de/simpel/）作为使用分布式水文模型的前期验证和检验数据等也是非常有效的。

（3）分布式水文模型

分布式模型则按流域各处地形、土壤、植被、土地利用和降水等的不同，将流域划分为若干个水文模拟单元，在每一个单元上用一组参数反映该部分的流域特性。目前具有代表性的分布式水文模拟模型有 TOPMODEL、SWAT、HBV 以及 VIC 模型等（苏凤阁，2001）

1）TOPMODEL 模型

1979 年 Beven 和 Kirbby 提出了以变源产流为基础的 TOPMODEL 模型。TOPMODEL 以地形空间变化为主要结构，基于 DEM 推求地形指数 $\ln(\alpha/\tan\beta)$，用地形指数 $\ln(\alpha/\tan\beta)$ 或土壤－地形指数 $\ln(\alpha/(T_0\tan\beta))$ 来反映下垫面的空间变化对流域水文循环过程的影响，描述水流趋势。模型基于重力排水作用径流沿坡向运动原理，模拟径流产生的变动产流面积概念，尤其是模拟地表或地下饱和水源面积的变动。单元网格水分运动示意如图 4-2 所示。

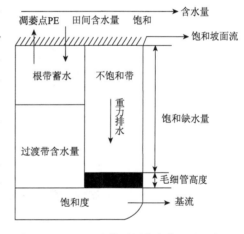

图 4-2　Topmodel 单元网格水分运动示意

该模型结构简单，参数较少并且具有明确的物理意义。模型适合在山区进行产汇流计算，更大的特点是提供了一个地表和浅层地下水变动的产流贡献面积，易于和其他模型结合进行二次开发。已广泛应用于中小流域的流域径流模拟，或与其他的一些模型结合研究流域内的生态问题，取得了很好的效果（陈喜等，2003）。

2）SWAT 模型

1994 年，Jeff Arnold 为美国农业部（USDA）农业研究中心（ARS）开发了 SWAT（Soil and Water Assessment Tool）模型。SWAT 是一个具有很强物理机制的、长时段的流域水文模型，在加拿大和北美寒区具有广泛的应用。它能够利用 GIS 和遥感（RS）提供的空间信息，模拟复杂大流域中多种不同的水文物理过程，包括水、沙和化学物质的输移与转化过程。模型可采用多种方法将流域离散化(一般基于栅格 DEM),能够响应降水、蒸发等气候因素和下垫面因素的空间变化以及人类活动对流域水文循环的影响。

SWAT 可以模拟流域内多种不同的物理过程。由于流域下垫面和气候因素具有时空变异性,为了便于模拟,SWAT 模型将流域细分为若干个子流域。目前有 3 种划分的方法:自然子流域、山坡和网格等。SWAT 将每个子流域的输入信息归为 5 类:气候、水文响应单元 HRU、池塘(或湿地)、地下水和主河道(或河段)等。在结构上,每个子流域至少包括:1 个水文响应单元 HRU,1 个支流河道(用于计算子流域汇流时间)、1 个主河道(或河段)。而池塘(或湿地)为可选项。水文响应单元则是包括子流域内具有相同植被覆盖、土壤类型和管理条件的陆面面积的集总。HRU 之间不考虑交互作用,SWAT 单元系统水文循环如图 4-3 所示(许红梅,2003;郭华,2007)。

SWAT 模拟的流域水文过程被分为两大部分:

(a)陆面部分(即产流和坡面汇流部分)。它控制着每个流域内主河道的水、沙、营养物质和化学物质等的输入量;

(b)水循环的水面部分(即河道汇流部分)。它决定水、沙等物质从河网向流域出口的输移运动。

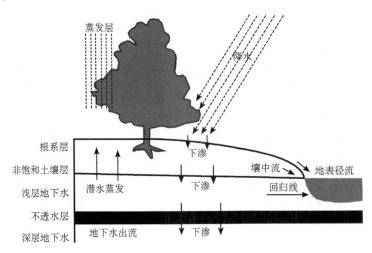

图 4-3　SWAT 单元系统水文循环示意图

SWAT 采用现代 Windows 界面,是一个模型和 GIS 的综合型系统,它模拟了水和化学物质从地表到地下含水层再到河网的运动过程,可以用于几千平方英里*的流域盆地的水质水量模拟。它适用于具有不同的土壤类型、不同的土地利用方式和管理条件下的复杂大流域。主要用来预测人类活动对水、沙、农业、化学物质的长期影响,不适用于模拟具体的单一洪水过程。由于 SWAT 模型具有较强的物理基础,能够在缺乏资料的地区建模;具有输入数据容易获取、计算效率高等特点。

---

*　1 平方英里＝2.58998811 km^2

3) HBV 模型

HBV 模型(Bergström,1976;Bergström,1992)是瑞典气象和水文研究所(SMHI)开发研制的水文预报模型,是一种计算机模拟系统,用于处理融雪径流,也可应用于无积雪流域,还用于分析河流径流和水污染状况。最初在斯堪的纳维亚开发并应用,目前已在各大洲的大量河流获得应用。HBV 模型可以称作半分布式水文模型,通过把流域划分不同的子流域进行模拟,每个子流域再根据海拔、土地利用以及植被类型的不同又划分成不同的次级区域。HBV 作为产流模型,用于模拟内部变量如地下水位和河流溶质及泥沙的输移。曾在北欧用于洪水预报和许多其他目的,如洪峰泄洪路线模拟设计(Bergstörm 等,1992),水资源评价(Jutman,1992;Brandt 等,1994),水质评价(Arheimer,1998)等。

HBV 模型的输入数据是观测降雨量,气温和可能蒸散发量估计。时间步长通常是1 天,但也可使用较短的时间步长。蒸发值尽管可以使用日值,但通常用月平均值。空气温度数据用于计算积雪累积和融化。当温度偏离正常值,它也可以用来调节蒸发能力或计算蒸发能力。如果没有使用这些最后的选项,在无积雪地区温度则可省略。

模型包括气象插值,积雪累积融化,蒸发量估算子程序,土壤水分计算程序,径流产生程序,最后,还有一个单元面积出口到全流域出口汇流之间的简单路径选择程序。它可在若干单元面积上分开运行该模型,然后将所有单元面积的汇集量相加。可为每个单元面积做率定以及预报。考虑高程范围的流域还可细分为高程带,这种细分仅为积雪和土壤水分程序而设。每个高程带可进一步划分成不同的植被带(赵彦增等,2007),例如林地和非林地。

4) SWIM 模型

生态—水文模型 SWIM(Krysanova 等,1998)由德国波茨坦气候影响研究所在 SWAT(Arnold 等,1993)和 MATSALU 模型(Krysanova 等,1989)基础上开发的用于评价气候和土地利用变化对水文水资源影响的工具,可分析研究中尺度(100~10000 km²)流域水质和水文过程。该模型目前主要应用在欧洲及温带地区,但同样可以应用于其他地区。

SWIM 模型综合了流域尺度的水文、侵蚀、植被以及氮/磷的动态变化等过程(图4-4),并使用气候数据与农业管理数据做为驱动要素,水文模块基于水平衡方程。主要输入数据包括降水、气温、高程、土地利用、土壤类型等要素。SWIM 模型通过划分子流域及水文响应单元(hydrotope),以天为时间步长来模拟水文循环、植被生长和营养盐循环。水文响应单元是子流域拥有近似土壤和土地利用类型的最基本水文单元,在垂直上有 10 级分层。设定每水文响应单元中的水文循环及营养盐循环过程整齐规则,并且其待输入的气象数据是一致的。模型的空间划分框架较灵活,在区域研究中,气候区、一定大小的格网单元和其他特定多边形单元都可用做划分流域。在每个水文响应单元分别计算水流,营养盐循环和植被生长,并模拟水分及营养盐向河网的侧向流和截留过程,然后根据线性储存方程估算回流到流域出口断面的结果。

SWIM 模型已在德国易北河和欧洲多条河流流域得到成功应用,在流域的水文、作物生长、氮和土壤侵蚀过程的研究中进行了测试和验证,并在国际上发表了近 100 篇文献。目前已应用于中国的海河官厅流域水文和农业土地利用的可持续发展,珠江流域和鄱阳湖流域气候变化对水文水资源影响等项目,将在评估流域水、土资源优化开发利用和气候变化对水文循环的影响,流域上游水源地的供水安全以及流域长期社会经济发展规划中发挥作用。

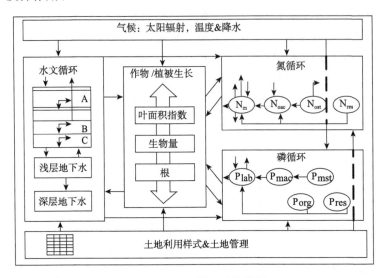

图 4-4　SWIM 模型的结构图

5）VIC 模型

VIC 是美国华盛顿大学、加州大学伯克利分校和普林斯顿大学共同研制的大尺度陆面水文模型。该模型是一个基于空间分布网格化的分布式水文模型,其网格化特性便于同气候模式和水资源模型嵌套以评价气候变化对水资源的影响。该模型是一个具有一定物理概念的水文模型,主要考虑了大气—植被—土壤之间的物理交换过程,反映土壤、植被、大气中水热状态变化和水热传输。VIC 模型中支配每个网格内植被和土壤结构的热通量、含水量和感热量过程包括(图 4-5):土壤层蒸发 E、蒸散发 E_t、地表截留蒸发 E_c、侧向热通量 L、感热通量 S、长波辐射 R_L、短波辐射 R_s、地表热通量 ζG、下渗 i、渗透 Q、径流 R 和基流 B(刘谦,2004;宋星原等,2007)。

VIC 模型经历了一层土壤的 VIC 模型和两层土壤的 VIC-2L 模型,最终发展到含有3 层土壤的 VIC-3L 模型。VIC 模型的主要特点是:①同时考虑陆—气间水分收支和能量收支过程;②同时考虑两种产流机制(蓄满产流和超渗产流);③考虑次网格内土壤不均匀性对产流的影响;④考虑次网格内降水的空间不均匀性;⑤考虑积雪融化及土壤融冻过程。该模型可同时进行陆—气间能量平衡和水量平衡的模拟,也可只进行水量平衡的计算,弥补了传统水文模型对热量过程描述的不足(陈小凤等,2009)。

该模型已分别用于美国的 Mississippi、Columbia、Arkansas—Red 等流域以及德国的 Delaware 等流域的径流模拟。Xie 等(2003;2004)利用该模型对中国的淮河、渭河、黄河、海河流域进行了模拟,都取得了较好的效果。

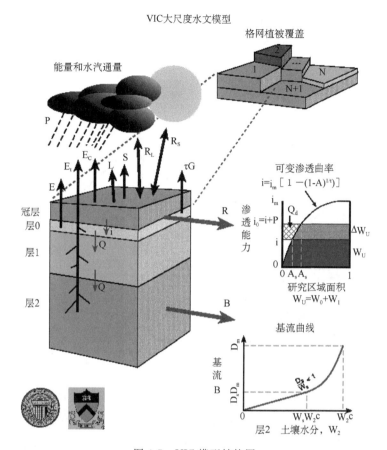

图 4-5　VIC 模型结构图

(http://www.hydro.washington.edu/Lettenmaier/Models/VIC/VIChome.html)

（4）水动力模型

Floodarea 模型是由德国 Geomer（2003）公司开发研制的基于 GIS 的水动力模型，用于界定洪水淹没范围，以预警可能的洪水风险。其计算可基于以下 3 种输入条件：

1）有设定水位的河道网络栅格。虽然水位存在空间变化（如沿河的变化），但水位在模拟过程中始终是常数。并且在模型之间通过对数据修整还是可以改变水位数据的。

2）用户定义的一个或多个水文曲线。

3）对一个较大面积区域暴雨的模拟，以权重栅格设置。

模型的结果以栅格形式储存，用户自定义时间间隔使重现洪水过程的时相成为可能。计算出的栅格数值可以存为绝对高度或与水面相关的相对数值。如果需要，水流方向向量能够在每个栅格中标出。

还可设置其他参数来辅助模拟的运行，例如可以设置道路、堤坝等阻水（Flow barrier）。溃口位置也可以被设置来决定在何处阻水屏障失防，使溃坝情景模仿得以实现。

为使流量速度接近实际情况，用户可以指定粗糙度的值。具体的模拟演进过程，以栅格为单位，用 Manning-Strickler 公式，计算每个栅格单元与周围 8 个单元之间的洪水流量。模拟在虚拟八边形(周长等同于原栅格)基础上进行,规定水流宽度是 1/2 栅格宽度。决定水流方向的坡度则取决于栅格单元之间的最低水位与最高地形高程差值。如图 4-6 所示,由于单元中心点到对角单元中心的距离大于横向或纵向相邻单元距离,对角单元的算法被赋予了不同的长度(苏布达等,2005)。

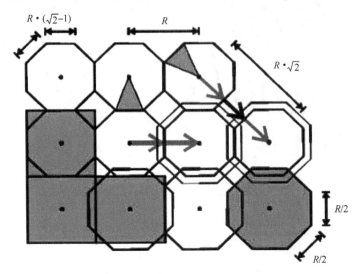

图 4-6　洪水动态风险模拟的运算过程(Geomer,2003)

　　如何选择适宜的水文模型:根据 WMO 对各种模型的比较结果来看,几乎所有模型都能较好地模拟湿润流域的水文过程;对于干旱区域,水量平衡模型模拟结果较好;而资料有限地区,简单模型的计算结果优于复杂模型。在实际研究应用中,可以将统计的、半分布式、分布式的水文模型结合在一起使用,首先使用 Simple Model 对流域的降水—径流关系等数据进行初步分析,之后按照流域面积大小来选择不同的水文模型。若流域面积在 3000 km² 左右的可以使用 SWAT 模型或 SWIM 模型,而 HBV 模型则可以应用在各种面积的流域,而对于流域数据资料不足地区可以使用 ANNs 模型等。

4.3.2　气候变化对水文水资源影响评估方法

　　评价气候变化对水文水资源的影响,根据水文水资源的变化规律和影响程度,提出适应的对策和措施。

　　(1)通过收集现有的各类资料(遥感信息、国土资源集、流域地形图、土壤植被图、社会经济发展规划、土地利用规划、水利工程及长期供水计划等自然和社会经济资料),采用调查采访、实地考察等方法,获得 1959—2008 年来流域气候、水文、土地利用/土地覆盖变化、蓄水引水等水利工程资料,流域规划及社会经济资料,并在地理信息系统支持下按地形、土壤、植被、土地利用、水文气候数据、水利工程分布、水系网络、水文地质参数、社会经济统计数据和行政区划等专题组织建立数据库(刘波等,2008)。

　　(2)根据近 50 年来流域气候与土地利用变化,资料分析气候与土地利用变化对流域水循环与水量平衡和洪水干旱的影响,根据各类统计资料及实地调查采访评估水资源短缺及洪涝灾害对社会经济造成的损失,应用统计分析方法定量区分气候变化与土地利用和土地覆盖变化及蓄水引水工程对流域水量平衡和洪水干旱频率与强度变化的贡献。

(3)根据各流域地貌、地质和土壤等自然条件并兼顾行政区划、经济发展水平等因素将流域划分成若干既相互独立又有着联系的基本单元,在地理信息系统支持下进行地表水、地下水联合调度及供需双方可供水量和所需水量的计算。利用该模型进行流域水资源脆弱性和水资源管理对策分析(苏布达,2008)。

(4)应用人口与劳动力预测模型进行未来人口增加、人口迁移和劳动力预测,应用灰色系统、多目标规划等方法并结合现有的流域社会经济发展规划、土地利用规划、水利规划对未来 50 年流域土地需求量变化和社会经济发展速度与产业结构变化进行预测,在未来土地利用变化预测基础上应用林窗模型、草地生态模型等模拟未来土地覆盖变化。并在此基础上建立未来 50 年流域水资源供需本底。

(5)应用时间序列分析方法以及旱涝序列和现代气候观测资料,分析气候变化的显著周期,以此为基础生成未来气候情景;应用大气环流模式 CO_2 倍增数值试验结果生成未来气候情景;结合气候自然变化和温室效应生成未来气候情景。

(6)未来气候情景与未来流域需水情景及流域地表水地下水、联合调度模型相结合,进行未来气候变化流域水资源供需平衡与脆弱性及水资源管理对策——适应性分析。

(7)应用系统动力学方法,在分析水资源开发对经济发展的正反馈关系、生产能力与水资源待开发利用量间的负反馈关系、工业能力与农业生产能力之间的正反馈关系、工农业生产能力与社会生产性积累的正反馈关系、社会消费对国民收入的正反馈关系及生产能力与生态环境之间的负反馈关系的基础上,构建社会总产值和国民收入的形成与分配、人口与劳动力、水资源开发及分配利用、工业经济、农业经济、第三产业、区域人口承载力和生态环境污染与保护等子模型。通过调查收集研究地区的有关资料,确定系统有关参数。利用系统动力学专用模拟语言建立研究地区经济与资源开发和生态环境系统动力学模型。应用该模型模拟近 50 年来的气候变化对社会经济的影响,并与历史资料比较对模拟结果进行检验。将模型与未来气候情景相结合,模拟未来气候变化对研究地区社会经济的可能影响,并运用该模型进行资源开发和经济同生态环境协调发展弹性方案仿真模拟调控,探讨可持续发展响应对策(高彦春等,2002)。

(8)地理信息系统与专业分析模型相集成,根据资料的空间分辨率将流域网格化,通过 GIS 对空间数据的管理建立分布式水文模型。以土壤水分运动方程和圣维南方程组为控制方程,结合下垫面网格数据并运用数值计算方法进行水流行为数值模拟。模型求解时,可结合水文学洪水预报方法进行适当简化,以便应用于资料少而面积较大的流域;地理信息系统—水文模型—土壤侵蚀和泥沙运移输送模型相集成模拟泥沙迁移、沉积过程;地理信息系统—水文模型—水质模型相集成,模拟污染物迁移转化过程。在此基础上分析评价气候变化与土地利用/土地覆盖变化对洪水和水土流失等方面的影响(高彦春等,2002;於凡等,2008)。

4.3.3　气候变化对冰冻圈影响的评估方法

联合国政府间气候变化专门委员会(IPCC)评估报告指出,在受气候变化影响的诸环境系统中,冰冻圈变化首当其冲,是全球变化最快速、最显著、最具指示性、也是对气候系统影响最直接和最敏感的圈层,被认为是气候系统多圈层相互作用的核心纽带和关键性因素之一。目前为了突破对冰冻圈变化影响研究的瓶颈,各国均加强了对冰冻圈变化机理的研究。这是因为要真正从科学规律上认识冰冻圈变化的影响,首先必须对冰冻圈自身的变化过程及机理有较好认识。问题是冰雪冻土等冰冻圈要素对环境的影响表现有所不同。如在中国,冰川对水资源影响意义重大,冻土积雪对寒区生态与水文过程影响突出,积雪冻土对区域气候有显著影响等,这是问题的一个方面;另一方面,由于冰川规模和类型、冻土分布与下垫面水热状况、积雪面积与深度等的不同,对气候的反馈存在很大差异,由此产生的水文、生态和气候影响有很大差异。因此,由观测点到区域、由单条冰川到流域乃至区域冰川、冻土等要素变化的影响及转化关系都有赖于对冰冻圈变化机理的系统化研究。目前冰冻圈变化机理与过程的系统化认识还不够,不仅制约了对冰冻圈变化过程的定量描述和未来趋势的准确预测,而且成为准确辨识冰冻圈变化对水文、生态及气候影响的理论瓶颈。因此,气候变化对冰冻圈的影响评估方法还处于探索阶段。执行中的国家重点基础研究发展计划(973计划)"我国冰冻圈动态过程及其对气候、水文和生态的影响机理与适应对策"项目正在为此作出努力。

如果从冰冻圈各要素出发,研究气候变化对区域/流域冰川、冻土、积雪的影响评估方法,则与其他气候变化影响评估方法类似,一般采用统计学方法和动力模型两种方法。

(1)冰川动力模型及其关键参数

冰川动力模型主要依据 Oerlemans 沿冰川主流线模式,同时考虑冰川的形态特征,假设冰川横断面为倒梯形,冰川模型由冰川连续性方程和冰川流动方程组成,以主流线为 z 轴:

$$\frac{\partial S}{\partial t} = -\frac{\partial Q}{\partial x} + BW \tag{4.1}$$

$$Q = \overline{U} \cdot S \tag{4.2}$$

$$\overline{U} = U_d + U_s = f_1 H \tau_d^3 + \frac{f_2 \tau_d^3}{\rho g} \tag{4.3}$$

$$\tau_b = -\rho g H \sin\alpha \tag{4.4}$$

$$S = [W - H\tan\gamma]H \tag{4.5}$$

式中:Q 为通过横断面的冰通量,s 为断面平均流速,τ_b 为底部剪应力,S 为横断面面积,H 为冰川厚度,W 为冰面宽度,α 为冰面坡度,γ 为冰川侧边与垂线夹角,B 为冰面物质平衡,f_1、f_2 为冰流动形态参数。ρ、g 分别为重力加速度和冰的密度,冰密度取 900 kg/m³(李慧林等,2009)。

(2)气候变化对区域/流域冰川的影响评估

根据不同地区冰川物质平衡、冰川规模变化等的相关资料,应用高分辨率遥感数据、航空照片和冰川编目资料,并与地面实测冰川变化结果相结合,得出冰川变化资料的空间覆盖度,在此基础上分析区域/流域冰川数几十年变化的空间特征。以气象观测资料为基础,结合冰芯、树轮和 NCAR/NCEP 等再分析资料,分析造成冰川时空变化的原因(叶柏生等,2001)。

如何评估气候变化对单条冰川向流域冰川再到区域冰川的影响,存在复杂的尺度转化难题,目前仍在探索中。谢自楚等(2006)引入前苏联科学家有关冰川系统的概念,对区域冰川变化进行了有益的尝试。

(3)气候变化对冻土影响的评估方法

李新等(2002)对冻土—气候关系模型做了汇总(表 4-1)。可以大致分为 3 类:

1)表中前 4 个模型是建立在冻土传热学基础上的物理模型。它们的最大优点是动态性、适用范围广,不只局限于极地或高海拔地区,因而具有普适性。但物理模型在用于实际的冻土分布模拟和冻土变化预测时,只能对大多数参数和初始条件的取值作出假设,而很难根据实测的参数值进行计算,因为它们需要的参数过多,而通常对冻土的观测,尤其是冻土热学特性的观测是极为有限的。

2)经验模型,或某些半经验、半物理的模型大多只使用有限的变量,而且这些变量通常容易得到。这类模型的另外一个特点是使用 GIS,以获得变量的空间分布,同时也使模型具有空间性。它们的缺点是只能预测冻土存在与否,而难以模拟冻土在深度廓线上的变化。从另一个角度讲,它们都是静态模型,不使用微分方程描述模型,不能模拟冻土随时间的动态变化。即当影响冻土分布的变量达到某状态后,冻土分布迟早会发生相应的变化,但这种变化在时间上具有滞后性。

表 4-1　　　　　　　　冻土气候关系模型比较分析(据李新等,2002)

模型名称	原理	适用尺度	适用地区(研究区)	方法	输入数据	使用软件	特点
Lunardini 模型	消融时间和消融深度的理论公式	点	任何地区	微分方程	比热;地热梯度;热传导率;潜热;地热;地温等		动态的物理模型
数值土壤热模型	常规的土壤热模型和描述日气候条件的表面边界子模型的结合	点	任何地区	数值模拟;蒙特卡罗方法	气温;地温廓线;雪量;落雪和积雪的密度		动态的物理模型
冻土温度场模型	描述天然条件下多年冻土温度场的微分方程	点	任何地区	数值模拟	冻、融土导热系数;热容;地温;含水量等		动态的物理模型

模型名称	原理	适用尺度	适用地区（研究区）	方法	输入数据	使用软件	特点
多年冻土—气候关系模型	计算活动层底板年均温的函数。它包括控制地热过程的气候、地面和土壤因子的地理变化	点	任何地区	数值模拟	冻、融土的热传导率；冻结、消融N系数；冻结和消融度日因子；周期等		半经验、半物理的平衡态模型
冻结数模型	根据冻结和融化度日因子的比率，或冻结和融化深度的比率，把多年冻土分为连续、不连续和无冻土区	中—全球尺度	高纬度（俄罗斯、加拿大）；高海拔（青藏高原）	地理信息系统	表面融化指数、表面冻结指数。（可考虑雪盖、植被的影响）		半经验、半物理的平衡态模型
简化地表热平衡模型	简化表面热平衡计算，计算中的热参数从植被和地形单元的类型获得，并根据等效纬度图调整	小尺度	高纬度（阿拉斯加）	地理信息系统	植被、地形单元、等效纬度图	自开发	半经验、半物理的平衡态模型
高程模型	高海拔多年冻土分布的纬向地带性	中尺度	高海拔（青藏高原）	地理信息系统	DTM、气候情景	ARC/INFO；IDRISI	经验模型；平衡态模型
雪底温度法	根据雪底温度把多年冻土分类为很可能、可能、不大可能三种概率存在形式	小尺度	Alpine	地理信息系统	雪底温度	自开发	经验模型；平衡态模型
PERMA KART	多年冻土分布与高度、坡向和坡度关系的经验法则	小尺度	Alpine	地理信息系统	DTM	ARC/INFO；IDRISI	经验模型；平衡态模型

续表

模型名称	原理	适用尺度	适用地区（研究区）	方法	输入数据	使用软件	特点
直接辐射方法	潜在直接辐射与多年冻土存在的关系	小尺度	Alpine	地理信息系统	DTM	ARC/INFO；IDRISI	经验模型；平衡态模型
等效纬度法	年平均地表温度与等效纬度（由坡度、坡向和纬度计算）的关系	小尺度	高纬度（阿拉斯加）	地理信息系统；回归	DTM、年平均气温	GRASS；ARC/INFO	经验模型；平衡态模型
关键准则法	土壤、植被、地形变量与冻土存在与否的关系	小尺度	高纬度（Yukon）	经验准则判断	有机层、地形、土壤含水量和有机质厚度		经验模型
人工神经网络模型	对与多年冻土发生有关的变量进行训练和人工神经网络分类	小尺度	高纬度（Mayo,Yukon）	人工神经网络	下垫面类型、等效纬度、坡向、TM6波段（热红外）	ARC/INFO、人工神经网络分类程序	平衡态模型
相关变量指示法	根据多年冻土与表面沉积和植被群落的关系，进行区域性的冻土制图	小尺度	高纬度	地理信息系统	表面沉积、植被群落	ARC/INFO	经验模型；平衡态模型

3）从所有这些模型的真实的，或是情景的预测结果看：二维的静态模型大都证明全球升温引起多年冻土面积的显著减少；而基于热物理的动态模型大多证明全球升温只引起多年冻土的微弱退化。

（4）气候变化对积雪影响的评估方法

气候变化对积雪的影响评估方法仍不多见，这里仅介绍积雪持续时间对气温的敏感性分析方法。

积雪持续时间对气温的敏感度理论，成功应用于奥地利—阿尔卑斯山（Hantel 等，2000）和瑞士—阿尔卑斯山地区（Wielke 等，2004）。该方法如下：

为定量分析积雪与气温之间关系，首先定义相对积雪日数：

$$n = N/N_0 \tag{4.6}$$

其中 N 是某月的积雪总日数，N_0 是当月的总日数。对于某个气象台站，其积雪相对持续时间 n 与气温 T 之间的关系不可能是完全线性的，因为在气温极高或极低时，n 只可能是渐近或等于,而不可能超出 0 或 1。积雪相对持续时间的气候敏感度(以下简称"敏感度"),即积雪相对持续时间 n 随温度 T 的变化,可以定义为 n 的斜率:

$$s \equiv \partial n / \partial T = \frac{s_0}{\cosh^2 [2 s_0 (T - T_0)]} \tag{4.7}$$

由于气温与积雪持续时间的负相关关系,s 将永远为负。当 $T = T_0$ 时,s 达到负最大值 $s = s_0$。公式(4.7)也可以写为

$$n(T; s_0, T_0) = \frac{1}{2} \{ \tanh [2 s_0 (T - T_0)] + 1 \} \tag{4.8}$$

其中 n,T 为已知,T_0 和 s_0 分别为气温和敏感度的临界值,是待拟合的参数,最好的拟合值应该是使得实测值 n_i,T_i 分别与其计算值 n^i,T^i 之间的误差标准差平方和最小,即使得下式的误差估计最接近于零。

$$J_E(s_0, T_0) \equiv \sum_{i=1}^{I} \left((\frac{n_i - n^i}{\sigma_i})^2 + (\frac{T_i - T^i}{\chi_i})^2 \right) \tag{4.9}$$

其中 $f_i = \frac{n_i - n^i}{\sigma_i}$ 为积雪相对持续时间的误差,$g_i = \frac{T_i - T^i}{\chi_i}$ 为气温的误差。将 T_i 代入公式(4.8)中,可以得到积雪日数的计算值 n_i;同样,将 n_i 代入公式(4.8)中,可以得到气温的计算值 T^i。误差权重系数 σ_i 和 χ_i 分别用来描述积雪相对持续时间和气温误差的权重,可以写成代表误差分布的 σ_i^a、χ_i^a 和代表误差尺度的 σ_i^b、χ_i^b 的乘积,即 $\sigma_i = \sigma_i^a \cdot \sigma_i^b$,$\chi_i = \chi_i^a \cdot \chi_i^b$。其中

$$\begin{cases} \sigma_i^a = \sigma_0 \sqrt{4 \cdot (1 - n_i) \cdot n_i} \\ \chi_i^a = \chi_0 \end{cases} \tag{4.10}$$

$$\begin{cases} \sigma^b = v_n \\ \chi^b = v_T \end{cases} \tag{4.11}$$

这里 $\begin{cases} \sigma_0 = \frac{1}{2} \sum_{i=1}^{I} \frac{1}{(1 - n_i) \cdot n_i} \\ \chi_0^2 = 2I \end{cases}$,$v_n$ 和 v_T 分别为 n 和 T 的标准差,I 为每个台站用于计算的样本数。这种拟合方法既考虑了积雪相对持续时间的误差,也考虑了气温的误差。

以春季为例,对于某个台站来说,按照以下步骤计算积雪持续时间对气温的敏感度:

a)以 1951—2004 年春季的最小温度设为参考温度 T_0 的初始值,记为 T_0;

b)将该站的春季气温 T_i 和积雪相对持续时间 s_i 代入公式(4.8)计算 s_{0i}(这里 i 代表年份),取 s_{0i} 的平均值记为 s_0;

c)以 T_0,s_0 和 n_i 为已知量,由公式(4.8)计算 T^i;

d)以 T_0,s_0 和 T_i 为已知量,由公式(4.8)计算 n^i;

e)根据公式(4.9～4.11)计算误差估计 J_E;

f)以 0.001℃ 为气温步长,重复上面 b)～e)步计算各 T_0 情况下的 s_0 和 J_E;

g)在所有组 T_0 和 s_0 中,使得误差估计 J_E 最小的那组 T_0 和 s_0 即为该台站的临界气温和极值敏感度,即当台站气温为 T_0 时,积雪持续时间的气温敏感度将达最大的 s_0;

h)将该台站的 T_0，s_0 和气候平均温度 $\overline{T}$ 代入公式(4.7)计算出该站的积雪持续时间的气温敏感度 s_T（Sturm 等，1995）。

(5)气候变化对寒区水文的影响评估

气候变化对冰川融水径流、冻土和积雪区径流的影响均发展了各自的算法，但因为在冰冻圈影响区，冰川、冻土和积雪通常是共生的，尤其现代冰川发育的区域，冻土和积雪也都存在。因此，近年来趋向于发展包含冰冻圈因子的分布式水文模型，以便较客观和综合地解决问题。

分布式水文模型研究起步较晚，但近年来开展得如火如荼。国内许多学者分别从不同角度描述了当前分布式水文模型的研究进展、展望及存在的问题。但纵观国内外众多的分布式水文模型，很少有模型考虑包含冰冻圈冻融过程对流域产汇流过程的影响。

陈仁升等(2006)发展了一种高寒山区流域分布式水热耦合模型(DWHC)。主要由气象因子模型、植被截留模型、冰川和积雪融化模型、土壤水热耦合模型、蒸散发模型、产流模型、入渗模型和汇流模型等8个子模型组成(图4-7)。模型根据大气降水到达地表以后各水文过程发生的先后进行构建，考虑了寒区流域冰川水文、积雪水文和冻土水文过程，其中最关键之处是利用土壤水热耦合模型将流域产流、入渗和蒸散发过程融合成一个整体，弥补了分布式水文模型中缺乏冰冻圈水文过程的问题，从而能够全面定量描述整个寒区水文过程。在大量吸收已有成果的基础上，模型在植被截留、入渗、产流和蒸散发计算方面也有所改进和创新，部分模块还设计了多套可选择方案。

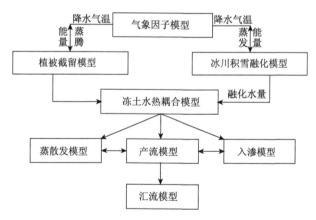

图 4-7　高寒山区流域分布式水热耦合模型结构示意

(6)对冰冻圈整体变化的评估

这项工作在中国尚处于起步阶段。当前，中国冰冻圈领域的专家正会同气候学家探索评估冰冻圈变化的理论，包括建立冰冻圈脆弱性集成评价框架，遴选冰冻圈敏感性、暴露度和自适应性指标，建立冰冻圈脆弱性集成评价的框架，对冰冻圈的脆弱性进行分级和区域划分等。

4.4 评估案例

4.4.1 气候变化对淮河流域水资源影响

淮河是中国北方一条重要的自然地理界线,以北属暖温带,以南属北亚热带,发源于河南省桐柏山,向东流经豫、皖、苏三省,全长约 1000 km,流域面积约 1.87×10^5 km²,多年平均径流量约 4.52×10^{10} m³(1956—2000 年平均值,下同)。蚌埠水文站是淮河干流中游重要的控制站,控制流域面积 1.213×10^5 km²,约占全流域的 2/3,多年平均径流量为 3.05×10^{10} m³,径流量年内分配不均,年际变化较大。该研究的技术路线图 4-8 所示:

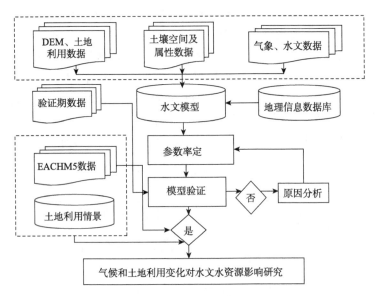

图 4-8 技术路线

利用 ANN 模型及 HBV 模型,通过 ECHAM5 全球气候模式输出的未来气候要素数据,预估了不同情景下蚌埠水文站径流量变化情况,预估过程与结果如下。

(1)验证

通过对比 ANN 及 HBV 模拟径流同实测径流,发现 ANNs 与 HBV 模型都能较好地模拟流量过程线,可见这两种模型在淮河流域具有一定的模拟能力,能够用来预估未来径流量的变化情况(图 4-9)。

将 2001—2007 年 ECHAM5 模式试验期气象数据输入已经率定好的 ANNs 模型,计算得到的月平均流量均值与蚌埠站实测流量对比如图 4-10。可见 3 种情景下经 ANNs 模型模拟得到的流量过程线均能够较好地反映洪峰等特征,但仍存在一定误差,这与 ANNs 模型本身的模拟误差有关,此外 ECHAM5 模式的不确定性也是主要原因之一。由此可见,ECHAM5 模式对淮河流域的气候特征模拟能力较强,可以用来预估未来径流变化。

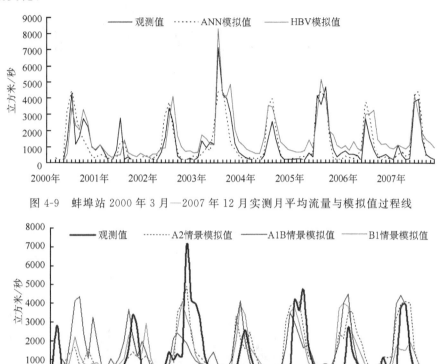

图 4-9　蚌埠站 2000 年 3 月—2007 年 12 月实测月平均流量与模拟值过程线

图 4-10　2001—2007 年蚌埠站实测月平均流量与 ANN 模拟值过程线

(2)预估

SRESA2 情景:相对于 1961—1990 年模拟值,2010—2100 年淮河年平均流量年际变化幅度较大,SRESA2 情景下 91 年间有 32 年变化率超过 25%(图 4-11a),其中流量增大 25%以上的年份为 17 年,减少量超过 25%的年份占 15 年,总体处于波动上升趋势。从 2010—2100 年年平均流量 M-K 统计量曲线(图 4-11b)可知,淮河平均流量在 2085 年其 M-K 统计值达 1.98,超过 95%置信水平临界值(1.96),即自 2051 年流量发生突变上升。在 2051—2085 年的 35 年间,流量增幅超过 25%的年份即占了 9 年,占全部增幅>25%的年份的 52.3%。

SRESA1B 情景:SRESA1B 情景下,2010—2100 年淮河径流量年际变化幅度相对 SRESA2 则小得多(图 4-12a)。91 年间,流量增大变幅超过 25%的仅有 9 年,下降变幅超过 25%的仅有 8 年,且变幅较大年份也相对分散。2010—2100 年淮河流域 M-K 统计曲线(图 4-12b)总体较为平缓,在 2037 年其 M-K 统计值达到-2.03,达到 95%置信度水平,2024 年流量发生突变下降,即从 2024 年至 2037 年流域年平均流量显著降低,但很快进入波动状态。

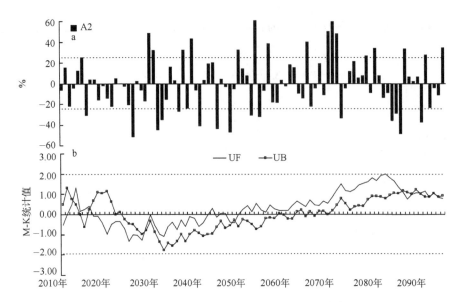

图 4-11 SRESA2 情景下 2010—2100 年蚌埠站年平均流量距平百分率(a)及 M-K 统计曲线(b)

(图 a 中虚线表示±25％百分率,图 b 中虚线表示 95％置信度的 M-K 统计值大小)

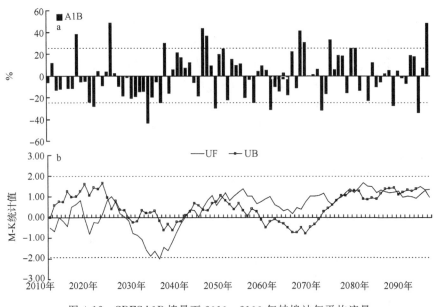

图 4-12 SRESA1B 情景下 2010—2100 年蚌埠站年平均流量
距平百分率(a)及 M-K 统计曲线(b)(说明同图 4-11)

SRESB1 情景:相对于前两种情景,SRESB1 情景下淮河年平均流量的变率最小,几乎没有变化,仅有 3 年的距平百分率超过 25％,波动甚小,仅在−26.3％～26.7％之间变化。其 M-K 统计曲线亦显示其在情景期没有发生突变(图略)。

对未来径流量变化特征的预估工作正在松花江、海河、塔里木河、鄱阳湖、长江、珠江等流域试点开展。

4.4.2　暴雨洪水淹没动态风险

对湖北省公安县境内的荆江分蓄洪区按模型第一种方式(设定水位的河道)进行动态淹没模拟,破圩点(进洪处)选定位于荆江分洪工程北段太平口附近,河道水位则采用沙市水位 44 m 的数据,模拟 24 h 内淹没过程,如图 4-13 所示(原峰,2006)。

由图可知,分洪开始后,洪水迅速进入分洪区,4 h 内洪水到达的范围面积即为分洪区总面积的 43%,其中 0~2 m 的浅水位面积占总淹没面积的 63%。

8 h 后,淹没面积占总面积的 51%,平均淹没深度则增大到 1.87 m。其中淹没平均深度分别为 0~2 m,2~4 m,4~6 m,洪水淹没面积分别为 302 km², 65 km², 86 km²。

24 h 后,淹没面积占总面积的 70%,平均水深为 0~2 m,2~4 m,4~6 m,以及 6 m 以上的淹没范围面积分别为 358 km², 139 km², 105 km², 30 km²。

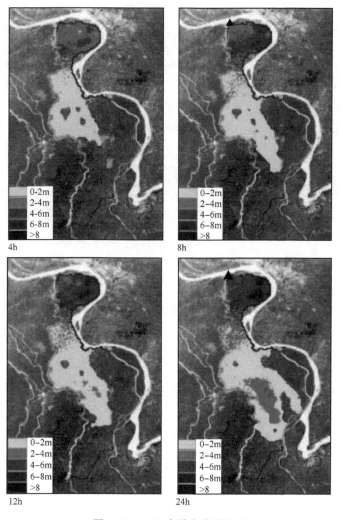

图 4-13　24 h 内洪水演进过程

4.4.3 SWAT 模型的应用

（1）软件开发

SWAT 模型的有效性已经得到了国内外许多研究项目和研究者的证明。目前 SWAT 在国内的应用主要有 4 个方面：应用 SWAT 模型进行径流模拟，检验其模拟精度和适用性；研究土地利用变化及气候变化对径流的影响；非点源污染模拟；输入参数对模拟结果的影响研究。中国气象局国家气候中心近几年引进了 SWAT 水文模型，并基于该模型应用于黄河流域、汉江流域、淮河流域、长江流域子流域，开展气候变化对水资源影响评估工作，并建立了 SWAT 水文模型资料处理与分析软件 1.0 版。软件的界面如图 4-14 所示。

图 4-14 SWAT 水文模型资料处理和分析系统界面

（2）软件功能

该软件具有 SWAT 模型输入气候数据及天气发生器（WGN）文件的数据准备功能，SWAT 模型的调用功能，模型率定和验证过程中的数据验证功能，基于模拟结果的资源评估功能以及模拟结果的可视化显示和地图制作功能，此外，软件的功能还包括参数设置、系统帮助。

（3）软件应用

河南省气候中心和陕西省气候中心已经将该软件分别应用于陕西省黄河中游的一级重点支流清涧河流域和河南省中部农业区淮河周口以上流域，实现了基于 SWAT 模型的水资源评估的初步业务化。该业务软件的开发对提升各级气象部门开展气候变化对水资源影响评估的科研、业务和服务能力起到促进作用。

参考文献

陈仁升,吕世华,康尔泗,等.2006.内陆河高寒山区流域分布式水热耦合模型(Ⅰ).地球科学进展,21 (8):806-818

陈喜,苏布达,姜彤,施雅风.2003.气候变化对沅江流域径流影响研究.湖泊科学,15:115-123

陈小凤,张利平.2009.基于 VIC 模型与 SWAT 模型的径流模拟对比研究.中国农村水利水电,12:4-6

丁一汇.2008.人类活动与全球气候变化及其对水资源的影响.中国水利,2:20-27

高彦春,于静洁,刘昌明.2002.气候变化对华北地区水资源供需影响的模拟预测.地理科学进展,21 (6):616-623

郭华.2007.气候变化及土地覆被变化对鄱阳湖流域径流的影响.中国科学院南京地理与湖泊研究所.

李慧林,李忠勤,秦大河.2009.冰川动力学模式:基本原理和参数观测指南.北京:气象出版社,46-47

李新,程国栋.2002.冻土—气候关系模型评述.冰川冻土,24:315-321

刘波,姜彤,任国玉,等.2008.2050 年前长江流域地表水资源变化趋势.气候变化研究进展,4(3): 145-150

刘春蓁.2003.气候变异与气候变化对水循环影响研究综述.水文,23(4):1-7

刘谦.2004.VIC 大尺度陆面水文模型在中国区域的应用.湖南大学硕士论文

宋星原,余海艳,张利平.2007.VIC 陆面水文模型在白莲河流域径流模拟中的应用.水文,27(2):16-21

苏布达,姜彤,郭业友,等.2005.基于 GIS 栅格数据的洪水风险动态模拟模型及其应用.河海大学学报, 33(4):370-374.

苏布达.2008.气候变化对水文水资源影响研究:鄱阳湖流域为例.中国气象局国家气候中心博士后出 站报告

苏凤阁.2001.大尺度水文模型及陆面模式的耦合研究.河海大学.

谢自楚,王欣,康尔泗.2006.中国冰川径流的评估及其未来 50a 变化趋势预测.冰川冻土,28(4): 457-466

许红梅.2003.黄土高原丘陵沟壑区小流域植被净第一性生产过程模拟研究.北京师范大学.

叶柏生,丁永建,刘潮海.2001.不同规模山谷冰川及其径流对气候变化的响应过程.冰川冻土,23(2): 103-110

原峰.2006.荆江分洪区土地利用变化及淹没损失估算.中国科学院研究生院硕士论文

於凡,曹颖.2008.全球气候变化对区域水资源影响研究进展综述.水资源与水工程学报,19(4):92-99

曾小凡.2009.降水变化与人类活动对流域输沙量的影响研究.中国科学院博士学位论文

赵彦增,张建新,章树安.2007.HBV 模型在淮河官寨流域的应用研究.水文.27(2):57-60

ArheimerB.,Brandt,M.1998.Modelling nitrogen transport and retention in the catchments of southern Sweden.*Ambio*,**27**(6):471-480

ArnoldJ.G.,AllenP.M.,BernhardtG.1993.A comprehensive surface-ground water flow model.*Journal of Hydrology*,**142**:47-69

Bergström.1976.S Development and application of a conceptional runoff model for Scandinavian catch- ments.Norrkoping,Sweden:Swedish Meterological and Hydrological Institute

BergströmS.1992.The HBV model-its structure and applications,*SMHI Hydrology*,RH No.4, Norrköping,35 pp.

BrandtM. , JutmanT. , AlexanderssonH. 1994. Sveriges Vattenbalans. Årsmedelvärden 1961—1990 avnederbörd,avdunstning och avrinnning. *SMHI.*

Geomer. 2003. Floodarea—Areview extension for calculating flooded areas (User manual Version 2. 4). Heidelberg

Hantel M. ,Ehrendorfer M. , Haslinger A. 2000. Climate Sensitivity of Snow Cover Duration in Austria. *International Journal of Climatology* ,**20**(6):615-640

JutmanT. 1992. Production of a new runoff map of Sweden. Nordic hydrological Conference, Alta, Norway,NHP report No. 30. pp 643-651. Kanaltryckeriet,Motala. pp. 200.

KrysanovaV. , MeinerA. , RoosaareJ. , & VasilyevA. 1989. Simulation modelling of the coastal waters pollution from agricultural watershed. *Ecological Modelling* ,**49**:7-29

KrysanovaV. , Müller-WohlfeilD. -I. , BeckerA. 1998. Development and test of a spatially distributed hydrological/water quality model for mesoscale watersheds. *Ecological Modelling* ,**106**:261--289

Revelle R. R. Waggoner P. E. 1983. Effects of a carbon dioxide-induced climatic change on water supplies in the western United States. Changing Climate. Rep. of the Carbon Dioxide Assessment Committee. Nat. Acad. Of Sci. . Washington. D. C. ,419-432

Stockton. 1979. Geohydrological implications of climate change on water resources development. USACE Institute for water resources.

Sturm M. ,Holmgren J. and Liston G. E. 1995. A Seasonal Snow Cover Classification—System for Local to Global Applications. *Journal of Climate* ,**8**(5):1261-1283

Wielke L. M. ,Haimberger L. and Hantel M. 2004. Snow Cover Duration in Switzerland Compared to Austria. *Meteorologische Zeitschrift* ,**13**(1):13-17

Xie Z. H. ,Su F. G. ,Xu L. ,*et al.* 2003. Application of a surface runoff model with horton and dunne runoff for VIC. *Advances in Atmospheric Sciences.* **20**(2):165-172

Xie Z. H. ,Liu Q. ,Su F. G. 2004. An application of the VIC-3L land surface model with the new surface runoff model in simulating streamflow for the Yellow River basin//GIS and Remote Sensing in Hydrology,Water Resources and Environment. Oxfordshire Wallingford,IAHS Publ. **289**:241-248

气候变化对生态系统的影响评估方法

於琍,张称意(国家气候中心)
蔡庆华,李凤清(中国科学院水生生物研究所)
张增信(南京林业大学)

导读

☞评估方法(可见 5.3 部分)。

✓需简单直观地揭示某一或多个生物组织水平对气候变化的响应,可用实证观测法
(可见 5.3.1 部分)。

✓需描述生态系统响应环境变化,可用模型模拟分析,这也是当前普遍使用的。

　➢模拟有机质在一定土层中的连续变化,可选用 RothC 模型。

　➢进行斑块、景观、区域以至全球尺度的模拟,可选用 LPI-GUESS 模型。

　➢模拟植被、土壤和大气之间能力转换和水/碳、氮循环和生产力变化,可选用
　　CEVSA 模型。

✓分析气候变化对生物的影响,可选用类比或相似分析。

5.1　引言

　　气候变化是当前人类所面临的全球性重大环境问题之一。IPCC 第四次评估报告

中指出,气候变化已经导致许多自然系统和生物系统发生了显著的变化,约 $20\%\sim30\%$ 的动植物物种可能面临灭绝的风险,生态系统结构和功能、物种的生态相互作用、地理范围等也将出现重大变化,从而影响到生物多样性、生态系统的产品和服务等诸多与人类社会密切相关的方面(IPCC,2007)。近几十年来,国内外学者已经就生态系统与气候变化相互作用的科学问题进行了大量的研究,主要涉及全球变化特别是温度增高和 CO_2 浓度增加情景下生态系统结构和成分、空间格局和分布范围的变化;生态系统生产力及碳收支的变化;植被生长状况、种群的构成成分及动态;群落结构、物种多样性等方面研究。

中国地处中纬度生态脆弱地区,跨越多个气候带,是世界公认的气候变化敏感区和脆弱区之一。生物及生态系统作为地球生命系统最重要的组成部分,是人类生存和发展的基础。联合国气候变化框架公约(UNFCCC)将"使生态系统能够自然地适应气候变化"设定为解决气候变化问题的最终目标之一。因而,评估气候变化对生物与生态系统的影响是应对和适应气候变化不可或缺的前提基础和重要内容。

5.2 评估框架

气候变化对生物及生态系统影响的评估在内容上主要包括气候变化的影响、脆弱性、适应性等方面。IPCC 和 UNFCCC 为之制定了基本的评估框架,大致可分为 7 步式进行:确定研究区域或对象、选择研究方法、检验灵敏度、选择情景、评估生物物理/社会经济影响、评估适应能力、制定适应对策等(IPCC,1995;UNFCCC,2004)。常用的研究方法主可概括为 3 类:试验观测、类比法和模型模拟(李克让,1996)。具体研究中可依据研究对象、研究目的或要解决的问题、以及数据资料等的不同,可选择不同的评估途径与方法来进行。在评估气候与生物或生态系统的关系时,需要特别指出的是:由于生物对气候变化响应反应往往具有"滞后"的特点,以及生物对不断变化的"环境"表现出"自适应"的特点,在气候变化影响的评估中需要对这些特点予以充分考虑,以降低评估的不确定性。

气候变化对生物及生态系统的影响评估既可以是对已经发生的影响进行评估,也可以就未来可能发生的影响进行预估。一般而言,气候变化对生物物种及生态系统影响评估框架如图 5-1 所示。

5.3 评估方法

5.3.1 实证观测分析

气候作为生物个体生存与发育以及生物种群、群落、生态系统形成、演变的重要环境条件,其变化对物种个体的生长、发育节律、物候相、生物量积累、适用性与竞争力以及种群、群落、生态系统的结构、功能、种间关系、地理空间分布和生物多样性等方面产生直接或间接的影响,这些影响有些具有可观测性,是可以通过科学的方法或仪器测量生物个体、种群、群落、生态系统对气候变化的响应。常见的如控制环境实验、开顶式同化箱、自由 CO_2 气体施肥实验(FACE)、移地实验、通量观测塔、遥感观测、物候观察记录、生态定位站监测等。

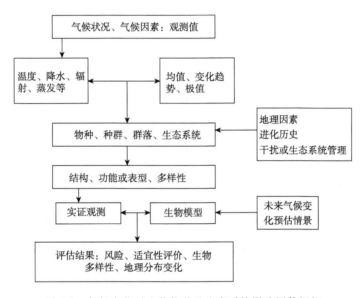

图 5-1　气候变化对生物物种及生态系统影响评估框架

实证观测是评估气候变化影响的重要研究手段,其结果不仅可以直观揭示某一或多个生物组织水平对气候变化的响应,而且能够为生态模型的建立、校验、优化、发展、以及气候变化事实的辨识、评估和未来气候变化影响的预估提供必要的基础资料与依据。

气候变化对生物影响的实证观测分析,往往需要一个较长时间尺度的连续观测,长期联网试验观测将是今后的主要发展方向之一。对于较长时间的连续观测资料的分析,多采用趋势分析、相关分析、M-K 分析、小波分析等方法来揭示变化趋势、突变点、突变时间等信息。

5.3.2　模型模拟分析

模型模拟是当前普遍使用、发展最为迅速的研究方法之一。近十几年来,模拟气候变化与生态系统相互作用的模型得到了充分的发展,概括起来可分为 3 个阶段,从早期的统计模型和静态模型发展到目前以动态模型、过程模型为主的研究阶段,且正在向耦合多个圈层、综合人类活动和自然过程等多个影响因素的综合模型方向发展。第一阶段的模型如 Holdridge 的生命地带模型、Box 模型,第二阶段的模型如 BIOME2/3、MAPSS、DOLY、TEM、RothC、CENTRUY、CEVSA、AVIM 等,第三阶段的动态植被模型如 LPJ、MC1、BIOME4、NASA-CASA、TEM-LPJ 等。

模型的应用使得定量描述生态系统响应环境变化成为可能,代表了未来的发展趋势,成为定量评价气候变化影响的有力工具之一。其一般步骤为:模型的选择或构建、调试及验证、运行模拟、结果分析。模型分析在评价生态系统影响及脆弱性时也有其不足之处,主要是难以确定生态系统承受气候变化的阈值(刘春蓁,1999;Minnen 等,2002)。另外,现有的模型在描述大尺度生态系统格局和结构的动态变化及其与小尺度生理生态反应的机理联系,以及对结果的验证、捕获系统对干扰的时滞性等方面还显不足,成为模型模拟研究中不确定性的主要来源之一(Peng,2000;Crame,2001)。

5.3.3 类比或相似分析

类比或相似分析法是指寻找气候在时间或空间上的相似作为基准,或者根据生态系统关键成分的生理生态幅度计算其基础生态位并将其作为影响的开始,以及取系统特征量在目前地表各个区域的平均值为基准,对系统的变化或响应进行评价。如在缺乏连续性观测资料的情况下,跨越较长的 2 个或多个时间点之间的直接对比就成为分析气候变化对生物影响的有效手段。

气候变化对生态系统影响评价研究中还不断地有新方法出现,特别是在评价人工生态系统以及生态系统与社会经济系统的相互作用及联系时,很多新的方法和模型也逐渐得到发展和应用,如人工神经网络、基于系统论的自然生态分类法、线性规划法等(殷永元等,2004;李双成等,2005)。

5.4 业务化前景分析

气候变化对生态系统影响评估因涉及面广、研究手段多样且不够完善、数据需求量大等因素,目前在区域及省级气候中心还没有广泛业务化。随着技术手段的不断完善和多源基础数据的逐渐丰富,气候变化对生态系统影响评估的业务化需求开始逐步提上日程,《国家中长期科学和技术发展规划纲要 2006—2020》中就明确提出了构建生态系统功能综合评估和技术评价体系的任务。

模型是气候变化影响评估中重要的研究方法和技术手段之一,特别是在预估未来气候变化影响方面。但由于对生态系统认识的局限性,模型从构建、验证到模拟结果都存在一定的不确定性,制约了其在气候变化评估方面的业务应用及推广。尽管如此,国外已经有些生态系统模型开始从科学研究走向实际应用,如在区域和全球土壤碳循环研究中被广泛应用的 RothC 模型。澳大利亚的国家碳核算系统计划为了估算土地利用变化和农田管理措施对土壤有机碳源/汇关系的影响,对 RothC 模型进行校准和验证,对其改进之后用该模型模拟了土地管理措施和气候变化条件下土壤有机碳的源/汇变化情况。英国的气候影响计划也采用 RothC 和 CENTURY 模型预测不同气候变化情景下生态系统土壤有机碳收支的动态变化(Ruben 等,2005)。随着相关研究的深入开展以及对生态系统各类响应和反馈机理的认识,模型的模拟能力还将不断提高。目前,该模型已经发展了 DOS 版本和 Windows 版本,为更广泛的应用奠定了基础。

除了生态模型之外,区域尺度上生态系统评估的概念框架和指标体系也已经开始建立和应用(于秀波等,2010)。如在鄱阳湖流域开展的生态系统服务评估项目,借鉴千年生态系统评估,在已有监测研究的基础上,对该区域生态系统服务的定量化评估方法、数据需求及其可获取性进行了探讨。认为利用已有生态系统监测数据,结合模型和替代指标等手段,开展流域生态系统服务评估是可行的。由于中国目前所开展的生态系统服务监测指标体系还不健全,生态系统监测能力存在一定的差距,且缺乏相应的数据共享机制,限制了区域尺度上生态系统评估工作的进一步开展。随着气象部门"三站四网"观测体系的投入应用,相关部门生态系统监测的常规化和规范化,以及基础数据共享机制的完善,气候变化对生态系统影响评估的业务应用也必将更上一个台阶。

5.5 评估案例

5.5.1 气候变化对生物发育物候节律影响的实证观测评估

物候作为指示区域气候变化与生态系统的生物和自然过程之间的敏感性综合指标,已被广泛用于气候变化影响评估中。根据中国 1960—1990 物候观测站网的资料分析发现,温度是影响中国木本植物物候的主要因素,如未来年平均气温上升 1℃,一般中国春季物候期将提前 3～4 天,而秋季推迟 3～4 天,绿叶期延长 6～8 天,一般北方物候现象的提前或推迟幅度较南方大(张福春,1995)。对 1960—2000 年中国物候观测网数据的分析表明,随着 20 世纪 80 年代以后中国东北、华北和长江下游春季增温,物候期提前,中国西南区东部、长江中游和华南地区春季气温下降,物候期有所推迟(郑景云等,2002)。吴瑞芬等(2009)依据内蒙古地区 17 个物候站点 1982—2006 年的观测资料,对气候变化与小白杨的物候和同期的气候变化直接的相关性进行了分析。分析结果表明:受气温升高的影响,小白杨在该区域的春季物候呈提前趋势,而秋季物候成延后趋势。

5.5.2 气候变化对生物物种空间分布影响的实证观测分析评估

对实地的调查资料的分析结果表明:在中国黑龙江张广才岭南坡老秃顶子、长白山北坡的岳桦—苔原过渡带、五台山高山带等,都观测到了林线上部树木更新增加,幼年龄树木的密度增大,树木种随着气候变暖有一种整体向上迁移的趋势(于澎涛等,2002;王晓春等,2004)。

5.5.3 中国生物多样性优先区物种对气候变化的敏感性评估

该案例通过分析优先区内物种受人类干扰状况以及物种和生态系统对气候的敏感

状况,计算出优先区物种对气候变化的敏感度指数,进而评估优先区物种对气候变化的敏感性(大自然保护协会中国部,2010)。

(1)受人类干扰状况分析:受人类干扰状况主要将人为干扰活动作为分析因子,通过标准化及叠加分析,计算出综合的人为干扰指数,指数越大表明受人为干扰状况越严重。分析中选择了居民点密度、公路和铁路长度、人工土地利用类型面积、人口数量、人类足迹 5 个指标来建立空间模型,提取综合的指数图层。居民点划分为省级、县市、乡镇、农村 4 级,分别赋以 4、3、2、1 的权重,计算面积为 100 km² 的每个六边形单元内的居民点密度;公路和铁路长度则统计每个六边形单元内的道路长度;人工土地利用类型包括工矿企业用地、城镇、农田,分别赋以 3、2、1 的权重,然后计算每个六边形单元内的不同类型所占的面积比例;人口数量以县人口数量转化为人口密度,计算每个六边形单元内的人口数量;人类足迹则计算每个六边形单元内的人类足迹指数值。然后标准化每个图层,最后将每个指标叠加,再标准化到 0～1 范围,得到最终人为干扰状况指数图层(图 5-2)。

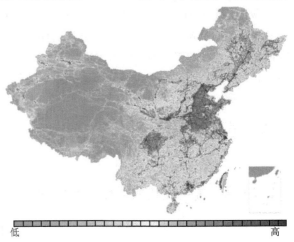

低　　　　　　　　　　　　　　　　高

图 5-2　中国人为干扰状况指数

(2)优先区物种敏感状况分析:物种气候敏感状况分析从物种层面和生态系统层面分别进行。物种层面的评估从物种本身的濒危等级、特有性、分布范围、以及已发表的研究中气候变化对物种类群的影响程度进行评估。濒危等级根据世界自然保护联盟濒危物种红色名录的濒危等级进行赋值;假定濒危等级越高的物种,因其种群数量稀少、特有、分布狭窄、对环境变化脆弱,因而对气候变化更加敏感;同时根据已发表的研究中对各类群受气候变化影响进行总结,得到了对气候变化较为敏感的类群。将优先区内分布的目标物种气候变化敏感性得分相加,即得到该优先区保护对象物种部分的得分。得分越高,表明这些优先区的保护目标对气候变化越为敏感。

生态系统类型是优先区另一个层面上的保护对象,而重点生态系统类型是筛选出来具有代表性、濒危稀少、面临较大威胁需要进行重点优先保护的生态系统类型。优先区内重点生态系统类型所占的面积比例越高,则该优先区内在生态系统层次上的保护对象更加濒危、对气候变化更加敏感。

(3)优先区气候变化的敏感度排序:综合考虑每个优先区内的人为干扰、物种敏感度、生态系统敏感度,将每个优先区在每个因素上的变化值按如下公式计算得到优先区气候变化敏感度得分指数:

$$CSI = \frac{|\Delta SI|}{\max|\Delta SI|} + \frac{|\Delta SSI|}{\max|\Delta SSI|} + \frac{|\Delta ESI|}{\max|\Delta ESI|} \qquad (5.1)$$

其中,*CSI* 为气候变化敏感度指数,ΔSI、ΔSSI、ΔESI 分别代表优先区的人为干扰、物种敏感度、生态系统敏感度。

根据气候变化敏感度指数进行气候变化敏感度排序,敏感度指数越大、排序序号越小,表明该优先区的气候变化敏感度越高,优先区对气候变化的影响反映越剧烈。评估结果如图 5-3 所示。

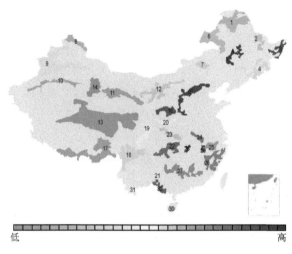

图 5-3　优先区气候变化的敏感度

5.5.4　基于生态系统过程模型的中国自然生态系统对气候变化的脆弱性评估

(1)方法简介:CEVSA 模型是基于植物光合作用和呼吸作用以及土壤微生物活动等过程对植被、土壤和大气之间能量转换和水\碳、氮循环和生产力变化进行模拟的生物地球化学模型(Cao 等,1998)。CEVSA 模型实现了生理反应(如气孔传导,光合,呼吸和蒸腾作用等)、植物整体(对光,水,碳和氮平衡吸收及其对碳和氮在根茎叶之间的分配和初级生产力的影响)和生态系统(植被—土壤—大气系统水碳氮循环相互作用及其对净生态系统生产力影响)多尺度过程的耦合,模拟生态系统对环境变化的动态响应。该模型包括 3 个子模型:1)估计植物—土壤—大气之间水热交换,土壤含水量和气孔传导等过程的生物物理子模型;2)计算植物光合作用、呼吸作用、氮吸收速率、叶面积以及碳、氮在植物各器官之间分配、积累、周转和凋落物产生的植物生理生长子模型;3)估计土壤有机质分解与转化和有机氮矿化等过程的土壤碳氮转化子模型。为了能够在更长时间尺度上评估气候变化对生态系统的影响,对 CEVSA 模型进行了改进,耦合了一个简单的植被动态演替模块,以模拟长期气候变化对植被分布及生态系统格局的动态影响(於琍等,2008)。

基于改进后 CEVSA 模型的输出结果,根据 IPCC 的脆弱性定义分别以潜在植被的变化次数和变化方向以及生态系统功能特征量的年际变率和变率的变化趋势定义陆地生态系统的敏感性和适应性,建立生态系统对气候变化的脆弱性综合评价指标集(表5-1),采用主成分分析法及综合指数法计算当前气候条件下系统的脆弱度,按聚类分析法确定 5 个脆弱等级的阈值,并对未来气候变化情景下系统的脆弱度进行定量评价。

表 5-1　　　　　　　　　自然生态系统综合脆弱性评价指标集

指标	二级指标	指示意义
植被类型变化	实际变化频次	S
	实际变化方向	A
	潜在变化频次	S
	潜在变化方向	A
净初级生产力	年际变率	S
	变化趋势	A
植被碳贮量	年际变率	S
	变化趋势	A
土壤碳贮量	年际变率	S
	变化趋势	A
净生态系统生产力	年际变率	S
	变化趋势	A

S:表示系统对气候变化的敏感性,A:表示系统对气候变化的适应性

　　(2)评估结果:中国自然生态系统的脆弱性格局特点总体来说是南低北高、东低西高、脆弱度高的生态系统分布相对集中(图 5-4)。南方大部分地区的脆弱性比较低,基本为不脆弱或轻度脆弱,极少数地区达到中度脆弱。脆弱的自然生态系统主要集中在华北地区中部、东北的部分地区、西北地区、内蒙古地区以及西藏地区南部。其中华北地区、内蒙古地区及东北地区主要的脆弱区基本上分布在生态过渡带上。

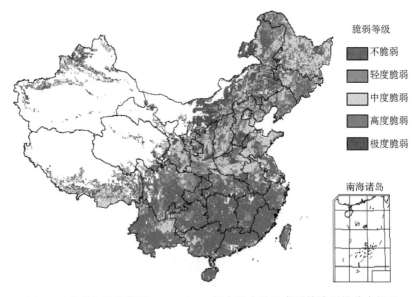

脆弱等级
■ 不脆弱
■ 轻度脆弱
□ 中度脆弱
■ 高度脆弱
■ 极度脆弱

南海诸岛

图 5-4　当前气候条件下 1961—1990 年中国自然生态系统脆弱性分布格局

从生态系统类型上来看,南方的常绿阔叶林和常绿/落叶阔叶混交林区的脆弱度最低,大部分为不脆弱;落叶阔叶林的脆弱度则较高,基本上呈中度脆弱,局部为高度甚至极度脆弱;东北地区混交林基本呈轻度脆弱或中度脆弱;而落叶针叶林在当前气候条件下脆弱度较低,大部分处于不脆弱的等级水平,小部分为轻度脆弱;西南地区的常绿针叶林脆弱度也基本为轻度脆弱,但在常绿针叶林和常绿阔叶林交界区域有一个中度脆弱区域。林草过渡带的生态系统类型如有林草地和灌丛等多数处于中度或高度脆弱等级上,局部达到极度脆弱水平。荒漠—草地生态系统则多数为高度脆弱,部分区域则处于极度脆弱等级上。

当前气候条件下中国自然生态系统总体上属中度脆弱,其中以不脆弱的生态系统所占比例最大,约占 27%;轻度脆弱和中度脆弱的生态系统所占比例比较接近,分别为12% 和 13%;高度脆弱和极度脆弱的生态系统分别占 4% 和 6%。

Hadley RCM A2 情景下到 21 世纪末中国自然生态系统的脆弱性总体有所增加,但脆弱性的格局与当前气候条件下相类似,仍是南方地区生态系统总体脆弱度较低而北方地区生态系统的脆弱度较高。高度和极度脆弱的生态区仍集中在西北地区、内蒙古地区及其于华北和东北地区交界的区域(图 5-5)。

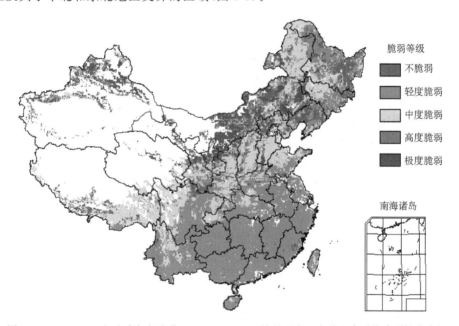

图 5-5　2071—2100 年未来气候变化(IPCC SRES A2)情景下中国自然生态系统脆弱性分布格局

到 21 世纪末,中国南方大部分地区的脆弱度有所提高,绝大部分地区由原来的不脆弱上升到轻度脆弱,但生态系统脆弱度达到中度脆弱的地区在华北地区以南分布相对较少。在此期间中国西南地区、华北大部分地区和东北的部分地区的生态系统脆弱度为中度脆弱。多数生态系统的脆弱度比当前气候条件下有所增加,尤其以常绿阔叶林、常绿针叶林以及落叶针叶林生态系统表现得比较明显。华北地区落叶阔叶林的脆弱度有所下降,但多数仍为中度脆弱。过渡带生态系统和荒漠—草地生态系统的总体脆弱度较其他生态系统的脆弱度高,多数仍是处于高度或极度脆弱等级上。

气候变化情景下 21 世纪末中国自然生态系统平均脆弱度仍属中度脆弱,但各种脆弱等级所占的比例与当前气候条件下相比有较大改变。不脆弱的生态系统减少较多,由当前气候条件下的 27% 减少到 5%;而轻度脆弱的生态系统比例显著增加,达到 36%;中度脆弱的生态系统所占比例基本不变,约占 12%;高度脆弱和极度脆弱的生态系统比当前气候条件下均稍有减少,所占比例分别为 2.7% 和 5.6%。总体上来看该时段内生态脆弱度趋于集中,即不脆弱和高度脆弱以上等级的生态系统比例都有所减少,而轻度和中度脆弱的生态系统比例增加。

5.5.5 气候变化对农田土壤有机碳贮藏的影响评估

RothC(Rothamsted Carbon Model)模型是依据著名英国洛桑试验站的长期定位试验的观测数据,由 Jenkinson 等(1977)根据有机质周转概念建立的,模拟有机碳在一定土层中的连续变化。有机物质进入土壤,部分被分解,部分积累在土壤中;并且随着植物有机物的不断输入,分解的部分在增大,而积累在土壤中的部分在减少,直至土壤有机碳达到平衡。好气土壤中的有机碳周转与土壤类型、温度、湿度和植被覆盖密切相关(Jenkinson 等,1977)。RothC 模型能够模拟由于农田耕作措施改变而释放或吸收碳的速率,也能预测由于气候变化而引起的土壤有机碳长期变化。最初是在欧洲温带气候条件下建立起来的用于模拟农田生态系统,但是现在已经推广到森林、草地等各种生态系统。

图 5-6 为 RothC 模型结构示意图,描述了植物残体输入土壤后被土壤微生物分解而形成的几个有机碳库以及伴随着 CO_2 释放的分解过程。如图所示,模型包括 5 个分室,其中 4 个为活性库即易分解植物残体(DPM)、难分解植物残体(RPM)、微生物量(BIO)、腐殖化有机质(HUM)、以及一个惰性分室即惰性有机质(IOM)。首先 DPM 和 RPM 分解为 CO_2、BIO 和 HUM,BIO 和 HUM 又进一步分解形成 CO_2、BIO 和 HUM。进入土壤的有机残体的数量和性质(如农田,森林,草地,豆类作物)、土壤的黏粒含量、土壤温度、降雨量、蒸发速率和各个分室的分解速率常数影响着土壤有机碳平衡模拟,同时也是模型有效运行的重要输入参数。

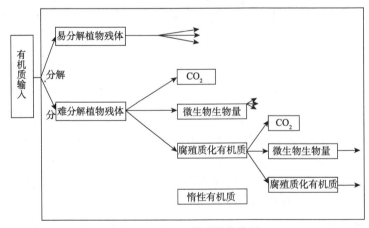

图 5-6　RothC 模型结构简图

任何一个活性碳库的有机碳一定时间内的分解量符合下面指数分解方程,即:

$$x = 1.67(1.85 + 1.60e^{-0.0786 * \%day})Y_t = Y_0(1/e^{(-a \times b \times c \times k \times t)}) \tag{5.2}$$

其中,Y_t 为模拟后分解的土壤有机碳数量;Y_0 为某一活性碳库最初土壤有机碳数量;a 为温度修正因子;b 为土壤水分含量修正因子;c 为土地覆盖修正因子;k 为分解速率常数;t 为将 k 转化为月分解速率常数。

各个输入参数与方程(5.2)的指数变量直接相关。土壤碳丢失是因为微生物分解作用,而土壤水分含量和土壤温度影响微生物的分解过程。土壤水分含量修正因子(b)又是通过表层土壤水分亏缺(TSMD)来计算的,而 TSMD 由土壤黏粒含量(%clay)、月平均降水量和月平均蒸发量决定。最大 TSMD 由黏粒含量的二次方程计算而得(公式5.3),当蒸发大于降水量时,开始将 TSMD 累计相加,当达到最大 TSMD 时,保持最大 TSMD 不变,直到降水再次大于蒸发时。同时,土地覆盖修正因子(c)根据土地是否裸露也影响土壤含水量。

$$Max(TSMD) = -(20.0 + 1.3(\%clay)/0.01(\%clay)^2) \tag{5.3}$$

模型是通过黏粒含量来改变排放的 CO_2 和形成的 BIO 和 HUM 库的分配比例的,这种调整也是由指数方程 5.4 来实现的。

$$x = 1.67(1.85 + 1.60e^{-0.0786 * \%day}) \tag{5.4}$$

其中 x 为 CO_2/BIO+HUM 的比率。BIO 和 HUM 是由土壤有机质输入后分解而形成的微生物量库和腐殖化有机质库。输入的有机质被分为极易分解的 DPM 和更难分解的 RPM。DPM/RPM 根据不同植被的有机残体的分解能力和性质可以被设为不同的比例,其中模型已对农田、草地和森林推荐的默认设定值分别为 1.44、0.67 和 0.25,此外,依据情况还可以修改这些设定该值,通常在 0.25～2.20 范围内。

Jenkinson 等(1991)根据 RothC 模型模拟结果估计,如果全球地表温度每年升高 0.03℃,全球土壤在未来的 2000—2060 年将从土壤有机质中增加 CO_2-C 排放 61 Pg。采用 UKCIP02 的气候变化情景数据驱动 RothC,结果显示,受气候变化的影响英国大不列颠地区的农田土壤,英格兰地区以碳贮藏增加为主,可能成为碳汇;而苏格兰、威尔士地区却以下降为主,将表现为碳源。但在 2020 年代(2001—2030 年)、2050 年代(2031—2060 年)和 2080 年代(2061—2090 年)3 个时段碳贮藏变化的量是不同的;随时段的推移,碳贮藏量的变化呈增大的趋势(图 5-7)。

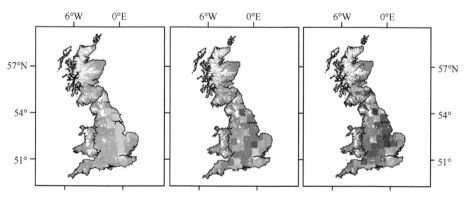

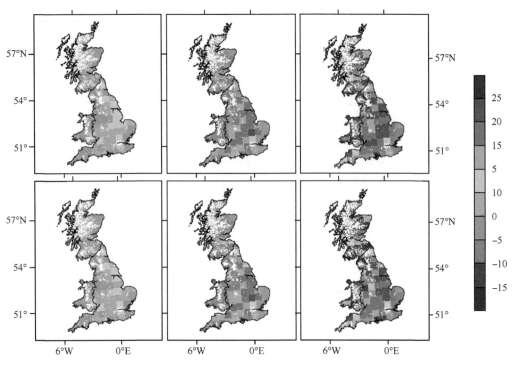

图 5-7　农田土壤有机碳贮藏在不同排放气候变化情景下的变化(%)

从左到右分别为 2020、2050 和 2080 年代的变化率,最上行、中间行、底行分别代表低、中—高和高排放气候变化情景

5.5.6　北京山区 3 种暖温带森林生态系统未来碳平衡模拟研究

该研究采用 LPJ-GUESS 植被动态模型,利用 IPCC SRES A2 和 B2 两种情景下不同气候模式对华北地区未来 2000—2100 年气温和降水预测的平均值驱动模拟北京山区未来 100 年暖温带森林生态系统的净初级生产力和碳平衡。通过比较当前和未来气候情景下北京山区 3 种典型温带森林生态系统辽东栎(*Quercus liaotungensis*)林、白桦(*Betula platyphylla*)林和油松(*Pinus tabulaeformis*)林的碳平衡差异评估未来北京山区这 3 种暖温带森林生态系统的碳源汇功能,气候变化和大气 CO_2 浓度升高对净初级生产力(NPP)、净生态系统碳交换(NEE)、土壤异养呼吸(Rh)和碳生物量(C biomass)的影响,以及不同生态系统碳平衡对气候变化响应的异质性(刘瑞刚等,2009)。

(1)模型简介

LPJ-GUESS 模型(Smith 等,2001;Sitch 等,2003)是一个模拟生态系统结构和功能的多尺度动态过程模型,可以进行斑块、景观、区域以至全球尺度的模拟。该模型整合了全球植被动态模型 LPJ-DGVM(Sitch 等,2003)、模拟植物种群动态过程的 GUESS 模型(Smith 等,2001)(类似于林窗模型)以及模拟植物生理和生态系统生物地球化学过程的 BIOME3 模型(Haxeltine 等,1996)。模拟过程以植物功能型或物种为单位进行模拟。一定面积上有若干重复的斑块,在每个斑块上模拟不同个体的生长动态。一定的生物气候参数决定了每个植物功能型/树种的潜在分布区域。斑块上每棵成年树与其周围个体都有一定的相互影响范围(对草本植被的模拟未考虑个体间的相互影响),而树种个体大小和形态不同,影响其对资源的吸收和与周围个体的生长关系。每个斑块具有相同的气候和土壤条件,但个体更新、死亡和干扰等过程为随机发生,因而各个斑块动态过程不同。该研究中,在 0.1 hm² 的 30 个斑块上对各森林类型包含的树种进行模拟。一定斑块上,同一树种以同龄群团进行区分,不同的同龄群具有不同的生长特性(如生物量、年龄和树高),所以其生长动态不同;而不同的树种则以一系列控制更新、生长和代谢速率的生理参数和限制潜在分布的物候参数相区分。

(2)评估结果

NPP:气候变化情景(A2 和 B2,2071—2100 年)下 3 种森林生态系统的 NPP 均较当前气候情景(1961—1990 年)增高(图 5-8)。两种未来气候情景相比,A2 情景下 3 种森林生态系统 NPP 的值均高于 B2 情景下,且前者各林型 NPP 增加的比例远大于后者。3 种林型 NPP 增加的比例也有差异,以白桦林增加的比例最大,其次为辽东栎林和油松林。但 3 种森林生态系统在当前情景(1961—1990 年)和未来气候情景下 NPP 的大小关系保持不变,均为油松林最大,其次为辽东栎林和白桦林。

Rh:气候情景下,3 种森林生态系统的 Rh 均随着气候变暖而增强,并且在 A2 情景下 3 种林型 Rh 增加的比例均大于 B2 情景下的。3 种森林生态系统中松林的 Rh 增加的比例相对其他二者较小,辽东栎林的 Rh 增加比例相对更大。到 21 世纪末,3 种森林生态系统 Rh 强度大小关系由当前气候情景下的油松林、辽东栎林和白桦林,转变为辽东栎林、油松林和白桦林。

NEE:在当前气候情景(1961—1990 年)下均表现为碳汇,其大小顺序依次为辽东栎林、油松林和白桦林。在 2070 年之前辽东栎林尽管有微小的波动但一直是一个稳定的碳汇,2070 年之后逐渐转变为一个微弱的碳源。白桦林则始终以微弱波动的状态保持为一个较小的碳汇,2070 年后碳汇功能减弱。油松林虽然在 2040—2060 年之间较大地波动为碳源,但 2070 年后成为一个更大的碳汇。

表 5-2　3 种林型在当前气候情景(1961—1990 年)和未来气候情景(SRES A2 和 B2,2071—2100 年)下 NEE、净植被碳交换(Veg.)和净土壤碳交换(Soil)的比较

森林类型	气候情景	碳交换(kg C·m⁻²·a⁻¹)			增长比例(%)		
		NEE	Veg.	Soil	NEE	Veg.	Soil
辽东栎林 QF	当前气候	−0.034	−0.742	0.708	—	—	—
	A2	0.073	−1.036	1.109	−318.5	39.8	56.6
	B2	0.002	−0.960	0.962	−105.6	29.5	35.9
白桦林 BF	当前气候	−0.028	−0.687	0.659	—	—	—
	A2	−0.002	−1.009	1.007	−91.9	46.7	52.7
	B2	−0.019	−0.922	0.903	−32.7	34.2	37.0
油松林 PF	当前气候	−0.031	−0.799	0.768	—	—	—
	A2	−0.071	−1.100	1.029	131.8	37.7	33.9
	B2	−0.111	−1.042	0.931	261.9	30.4	21.2

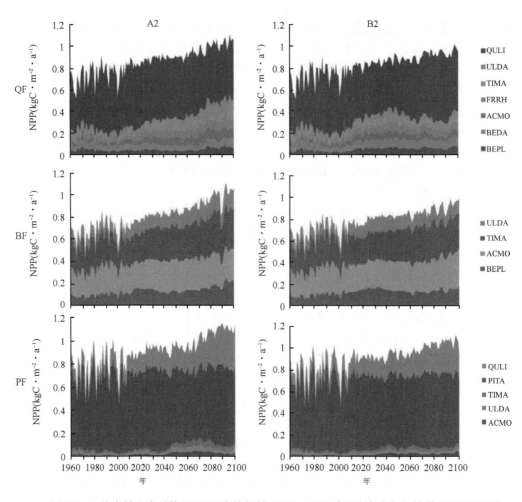

图 5-8　3 种森林生态系统 NPP 在当前情景（1961—1990 年）及未来气候情景（SRES A2 和
B2，2071—2100 年）下的动态变化（QF：辽东栎林，BF：白桦林，PF：油松林，BEPL：白桦，BEDA：棘
皮桦，QULI：辽东栎，PITA：油松，ACMO：色木槭，FRRH：大叶白蜡，TIMA：糠椴，ULDA：春榆）

C Biomass：当前气候情景下（1961—1990 年）3 种森林类型的碳生物量中油松林的
碳生物量最大，为 12.377 kg C/m²，其次为辽东栎林 11.114 kg·C/m² 和白桦林
8.543 kg C/m²（图 5-9）。在两种气候情景下，3 种森林类型的碳生物量都较当前气候情
景下增加。B2 情景下，油松林和白桦林碳生物量分别为 18.837 kg C/m² 和 11.463 kg
C/m²，大于 A2 情景下油松林和白桦林碳生物量 15.887 kg C/m² 和 11.171 kg C/m²。
而辽东栎林的碳生物量在 A2 下较大，为 14.177 kg C/m²，大于 B2 情景下的碳生物量
13.260 kg C/m²。其中，油松林碳生物量的增幅较其他两种森林类型的碳生物量增幅
更大。3 种森林生态系统在两个未来气候情景下碳生物量增加的比例分别为：A2 情景
下，辽东栎林为 27.6%、白桦林为 30.8%、油松林为 28.4%；B2 情景下，辽东栎林为
19.3%、白桦林为 34.2%、油松林为 52.2%。

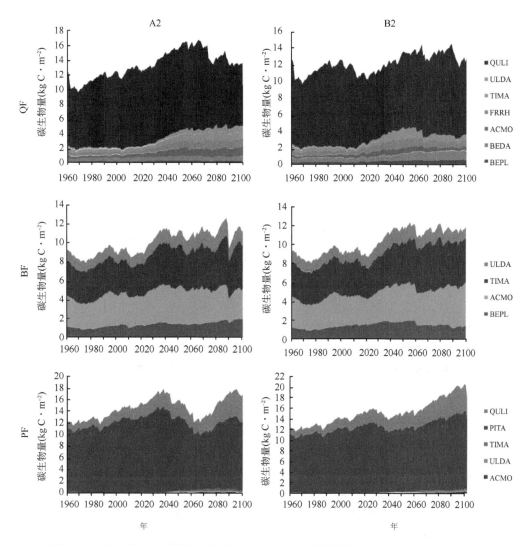

图 5-9　3 种森林生态系统碳生物量（C biomass）在当前情景（1961—1990 年）及未来气候情
景（SRES A2 和 B2，2071—2100 年）下的动态变化（注释同图 5-8）

5.5.7　气候变化对北方草地生物量动态影响评估

　　草地生态系统在全球碳循环中扮演重要角色。中国草地约占中国陆地面积的 1/3，
但对其碳库大小、动态及其与气候变化的关系缺乏系统研究。马文红等（2010）利用
2001—2005 年在中国北方草地调查的 341 处样地，计 1705 个样方的生物量资料，研究
集中在中国北方温带和高寒草地生态系统，包括青海、西藏、内蒙古、新疆、甘肃和宁夏 6
个省（区）地区（图 5-10）。根据 1∶100 万中国植被图，研究区主要包括 6 种草地类型：草
甸草原、典型草原、荒漠草原、山地草甸、高寒草甸和高寒草原。

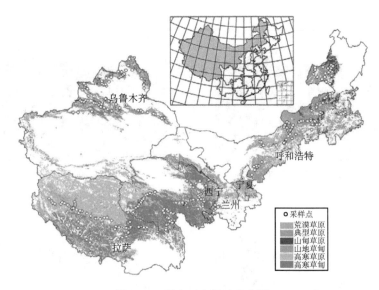

图 5-10　研究区和样地分布图

　　结合 1982—2006 年的遥感数据,建立地上生物量与均一化植被指数(NDVI)之间的关系以及地下生物量与地上生物量之间的关系(图 5-11),估算中国北方草地生物量碳库及其空间分布,分析过去 25 年生物量碳密度和碳库的时间动态及其与气候变化的关系。

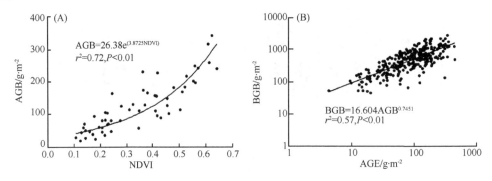

图 5-11　(A)60 个群落类型所对应的样地平均地上生物量与对应的群落平均生长季
NDVI 值;(B)341 处样地的地上与地下生物量(AGB:地上生物量;BGB:地下生物量)

　　评估结果显示:1)中国北方草地生物量碳库为 557.5 Tg C,地上、地下生物量密度分别为 39.5 和 244.6 g C/m²,地下部分占总生物量碳库的 86%;2)1982—2006 年间中国草地生物量碳库呈微弱增加趋势,平均年增量为 0.2 Tg C,但自 20 世纪 80 年代末,草地生物量并未呈现显著的变化趋势;3)不同草地生态系统对未来气候变化的响应可能存在差异。草地生物量的年际波动主要受 1—7 月降水的影响,而与气温关系较弱。较为干旱的荒漠草原和典型草原的生物量波动与降水关系密切,而其他较湿润草地的生物量变化与降水的年际变化关系不显著。除高寒草甸的地上生物量与 1—7 月均温显著相关外,其他几种草地的生物量与温度都不相关。

5.5.8　气候变化对白洋淀湿地的影响评估

刘春兰等(2007)以水文特征为切入点,选择降水、蒸发、入淀水量等影响湿地补给的指标,同时选择湿地水位(最高水位)、水量、湿地面积、干淀频次、湿地生物(维管束植物和鱼类的种类及数量)反映湿地生态环境状况,通过对白洋淀湿地进行现场调查、监测及其他相关资料收集,获取白洋淀周边县市 1960—2000 年的气象、水文、水资源、水位、湿地面积、生态等数据。将气象数据累加求 10 年平均,以 20 世纪 60 年代的湿地气象、水文与生态数据作分母,分别将各年代的数据作比较处理,将得到的序列值与 60 年代的数据进行比较,得出无量纲的比较序列,利用 SPSS11.0 软件进行相关分析。通过湿地面积与各气象要素和湿地水文因子之间的相关系数确定影响湿地生态系统结构和功能的主导生态因子,探寻湿地退化的驱动机制。评估结果如下。

(1)水位降低,干淀频繁。20 世纪 60 年代以来,白洋淀最高水位由 60 年代的 11.58 m 下降到目前的 6.82 m;最低水位由 6.21 m 下降到目前的低于 5.5 m。水位不断下降的结果是干淀频次越来越多,60 年代白洋淀干淀 2 次,70 年代 4 次,80 年代连续 5 年干淀,2000—2003 年连续 3 年有干淀现象。

(2)面积萎缩,水量减少。内陆湖泊通过一定时期的扩张和收缩来维持生态系统能量收支的平衡,这种扩张和收缩是内陆湖泊在环境变化下的自我调节。60 年代以后,白洋淀湿地呈水面萎缩和水量减少的趋势。1996 年最大水面已经减小到不足 1970 年的一半,而最大水量已经减少到约为 1963 年的 1/10。

(3)生物多样性减少。20 世纪 80 年代中期和 90 年代后期,以及 2000 年以后,白洋淀连续干淀,湿地生境破碎甚至部分消失,加之水污染严重,湿地生物多样性急剧减少。以藻类为例,20 世纪 60 年代到 90 年代初,藻类种类减少了 15.5%,数量增加了 181.4倍。而藻类种类的减少和数量的增加,是湖泊富营养化的标志。期间,白洋淀内鱼类种类也减少了 44.4%。白洋淀已经进入湖泊演替的衰退期,并向沼泽化方向发展。

(4)湿地生态与影响因子之间的相关分析。为了研究湿地生态退化的主导因子,对湿地生态(以湿地面积为指示因子)及其影响因子(自然因子和人为因子)进行相关分析。其中,气温、蒸发和降水反映了白洋淀所在地区的气候变化,入淀水量反映人为干扰(如水库建设拦蓄、上游及周边生产和生活用水)对湿地水源补给的影响。从湿地生态(湿地面积)与影响因子相关系数大小可见降雨对湿地水文特征影响最为明显($R=0.979,\alpha=0.01$),其次是入淀水量($R=0.878,\alpha=0.05$),气温、蒸发也在一定程度上加剧了白洋淀湿地水文特征的变化($R=-0.674$ 和 $R=-0.632$)。人为干扰(水库建设和周边耗水等)在白洋淀退化过程中不起决定性作用,但是在一定程度上加剧了湿地的退化进程。

5.5.9　气候变化对水域生态系统的影响

人工神经网络(ANN)是一种可以用来确定适应对策满意度或优劣等级的评估方法,可以模仿动物神经网络行为特征,进行分布式并行信息处理。它是由大量处理单元互联组成的非线性、自适应信息处理系统。它是在现代神经科学研究成果的基础上提出的,试图通过模拟大脑神经网络处理、记忆信息的方式进行信息处理。这种网络依靠系统的复杂程度,通过调整内部大量节点之间相互连接的关系,从而达到处理信息的目的。人工神经网络具有自学习和自适应的能力,可以通过预先提供的一批相互对应的输入、输出数据,分析掌握两者之间潜在的规律,最终根据这些规律,用新的输入数据来推算输出结果,这种学习分析的过程被称为"训练"。

在建立神经网络之后,必须先对网络进行训练,这对网络来说是一个学习过程。通过训练样本的校正,对各个层的权重进行校正而建立模型的过程,称为自动学习过程。训练好的神经网络就具有了人工智能,可以用来对流域生态区划进行分类。

在研究气候变化对水域生态系统影响的研究中,首先应该由决策专家用训练算法让神经网络学习识别各种影响结果的优劣,通过随机选择权重值对神经网络训练后,依次用不同的气候变化影响数据进行反复训练,并在输出层指定相应的优劣等级,对每一结果的数据进行实验,不断调整权重直到权重收敛。在训练完成后,连续输入气候变化影响的相关数据,对所有的结果进行优劣划分,从而确定最终结论。

参考文献

大自然保护协会中国部.2010.气候变化对中国生物多样性保护优先区的影响与适应研究报告,北京

李克让.1996.全球气候变化及其影响研究进展和未来展望.地理学报,**51**(增刊):1-13

李双成,吴绍洪,戴尔阜.2005.生态系统响应气候变化脆弱性的人工神经网络模型评价.生态学报,**25**(3):621-626

刘春兰,谢高地,肖玉.2007.气候变化对白洋淀湿地的影响.长江流域资源与环境,**16**(2):246-250

刘春蓁.1999.气候变化影响与适应研究中的若干问题.气候与环境研究,**14**(2):129-134

刘瑞刚,李娜,苏宏新,等.2009.北京山区3种暖温带森林生态系统未来碳平衡的模拟与分析.植物生态学报,**33**(3):516-534

马文红,方精云,杨元合,等.2010.中国北方草地生物量动态及其与气候因子的关系.中国科学:生命科学,**40**(7):632-641

王晓春,周晓峰,李淑娟,等.2004.气候变暖对老秃顶子林线结构特征的影响.生态学报,**24**(11):2412-2421

吴瑞芬,沈建国,闫伟兄,等.2009.气候变暖对内蒙古地区小白杨物候的影响.应用生态学报,**20**(4):785-790.

殷永元,王桂新.2004.全球气候变化评估方法及其应用.北京:高等教育出版社

于澎涛,刘鸿雁,崔海亭.2002.小五台山北台林线附近的植被及其与气候条件的关系分析.应用生态学报,**13**(5):523-528

于秀波,夏少霞,何洪林,等.2010.鄱阳湖流域主要生态系统服务综合监测评估方法.资源科学,**32**(5):810-816

於琍,曹明奎,陶波,等.2008.基于潜在植被的中国自然生态系统对气候变化的脆弱性定量评价.植物生态学报,**32**(3):521-530

张福春.1995.气候变化对中国木本植物物候的可能影响.地理学报,**50**(5):402-410

郑景云,葛全胜,郝志新. 2002. 气候增暖对我国近 40 年植物物候变化的影响. 科学通报,**47**(20): 1582-1587

Cao M. K. ,Woodward F. L. 1998. Dynamic responses of terrestrial ecosystem carbon cycling to global climate change . *Nature*,**393**:249-252

Crame J. A. 2001. Taxonomic diversity gradients through geo-logical time [J]. *Diversity and Distribu-tions*. **7**:175-189

Haxeltine,A. &.I. C. Prentice. 1996. BIOME3:An equilibrium terrestrial biosphere model based on eco-physiological constraints resource availability,and competition among plant functiona types. *Global Biogeochemical Cycles*,**10**:693-709.

IPCC. 2007. Climate Change 2007:Synthesis Report . http://www. ipcc. ch/

IPCC. 1995. Climate Change 1995:Synthesis Report . http://www. ipcc. ch/

Jenkinson D. S. ,Rayner J. H. 1977. The turnover of soil organic matter in some of the Rothamsted clas-sical experiments . *Soil Science*,**123**:298-305

Jenkinson D. S. ,Adams D. E. &. Wild A. 1991. Model estimates of CO_2 emissions from soil in response to global warming . *Nature*,**351**:304-306

Minnen G. V. J. ,Janina O. ,Joseph A. 2002. Critical climate change as an approach to assess climate change impacts in Europe:development and application, *Environmental Science* &. *Policy*,**5**: 335-347

Peng C. H. 2000. From static biogeographical model to dynamic global vegetation model:a global per-spective on modeling vegetation dynamics. *Ecological modeling*,**135**:33-54

Ruben S. ,John H. 2005. Prediction of Changes in Soil Organic Carbon with Climate Using CENTURY 5 and RothC. *Global Ecology and Biogeogrorphy*,**11**:1-8

Smith B. ,Prentice I. C. ,Sykes MT. 2001. Representation of vegetation dynamics in the modeling of ter-restrial ecosystems:Comparing two contrasting approaches within European climate space. *Global Ecology and Biogeogarphy*,**10**:621-637

Sitch S. ,Smith B. ,Prentice IC. 2003. Evaluation of ecosystem dynamics,plant geography and terrestrial carbon cycling in the LPJ dynamic global vegetation model. *Glob Change Biol*,**9**:161-185

UNFCCC. 2004. Compendium on methods and tools to evaluate impacts of,vulnerability and adaptation to climate change . Final draft report,with the service of:Stratus Consulting Inc. January.

气候变化对海平面及海岸带的影响评估方法

高超(安徽师范大学)

苏布达(国家气候中心)

> **导读**
>
> ☞海岸带脆弱性评估(可见 6.3.2 部分)。
>
> ✓三角洲海岸脆弱性评估,可选用三角洲综合行为概念模型。
>
> ✓评估海平面上升海岸脆弱性,可选用分布式过程模型。
>
> ✓中国多数研究是利用多时相遥感和 GIS 技术对海岸受淹面积、受淹人口、水质变化等方面进行分析或估算。

6.1 引言

全球海平面上升是人类引起的气候变化所导致的重要后果之一,而受海平面变化影响最为直接和严重的是海岸带地区。海岸带是地球上人口最为密集的地区,全球一半以上的人口生活在距海岸线 100 km 以内的范围,而且这个数字在未来的 20 年可能继续增长 25%,全球经济财富大部分产生于海岸区域。海岸带地区也是海、陆、气相互

作用的生态过渡带,复杂的生态系统对海平面的变化表现得敏感而脆弱。海岸带对于
人类社会和经济发展至关重要,全球变化和海平面加速上升将极大地改变未来海岸人
居环境和经济社会发展的风险状况。

全球性的绝对海平面上升主要是由于全球气候变暖导致海水热膨胀与陆地冰雪消
融(大陆冰川与极地冰盖)所引起的。然而与未来气候变化预估相比较,海平面变化预
估的难度更大,预估方法的成熟度和可靠性更低一些,这主要是由于对海水热膨胀和冰
川冰盖消融的机制与关键过程的计算尚存在较大的不确定性。

IPCC 第四次评估报告指出:自 20 世纪中期以来,气候系统变暖是毋庸置疑的。目
前从观测得到的全球平均气温和海温升高、大范围的雪和冰融化以及全球平均海平面
上升的证据支持了这一观点。全球海平面 1961—2003 年每年平均上升 1.8 mm(1.3～
2.3 mm)(IPCC,2007),2008 年的中国海平面公报显示:中国沿海海平面为近 10 年最
高,比 2007 年高 14 mm,比常年(1975—1993 年)平均海平面高出 60 mm。

海岸带自然特征与社会经济发展水平的区域差异明显,海平面上升对各地区海岸
带自然环境的影响和社会经济的风险表现不同,对海岸带地区面临的海平面上升风险
进行科学评估具有重要的理论与实践意义。

6.2 评估框架

未来气候变化情景下,全球海平面上升与区域地面沉降叠加导致的地区性相对海
平面上升,通过改变海岸带自然系统使沿海社会经济系统和生态系统面临风险(图6-1)。
海平面上升对海岸带影响的研究主要集中在海岸侵蚀、海水入侵、风暴潮淹没和湿地丧

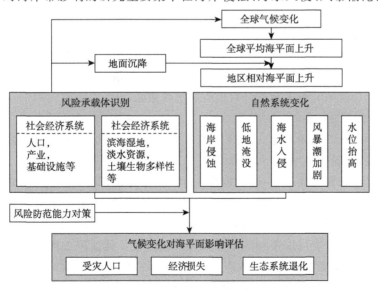

图 6-1 气候变化对海平面影响评估研究框架

失等风险评估。

评估在未来海平面上升情景下区域面临的风险,通过确定不同自然系统变化(海水入侵、风暴潮加剧、海岸侵蚀、低地淹没等)分别造成海岸带地区的损失情况,采用风险人口、可能经济损失和湿地面积损失来评估不同风险类型和危害程度。

6.3 评估方法

对于海平面与海岸带影响评估的研究可以依据以下 3 个步骤开展工作:1)风险区域识别。根据 DEM、行政区划图等空间数据库借助 GIS 工具获得可能遭受海平面上升的影响区域;2)脆弱性评估,结合社会经济数据等属性数据库,利用模型建立风险地区的脆弱性评价体系,评估风险区域的风险等级等;3)综合评估气候变化情景下区域受到的影响,并提出应对策略等。

6.3.1 海岸带系统风险

(1)海平面上升的影响

气候变化和海平面上升作为一种客观的、带有一定不确定性的灾害事件,影响着海岸的自然演变过程,如相对海平面上升将对海岸带大范围的生物和物理环境产生影响,继而对海岸地区的人类活动及其社会经济产生风险。海平面上升的影响可分为直接影响与间接影响,或生物地球物理影响与潜在的社会经济影响(段晓峰等,2008)。

全球海平面上升将带来严重影响,已引起各国政府和科学家广泛关注。Nicholls 等(1996)提出美国适应海平面上升所应采取的措施。Titus(1998)还研究了如何保护湿地和海滩而不损害财产所有人的利益。国内,杜碧兰(1997)探讨了海平面上升对中国海岸带三大脆弱区社会经济发展的潜在影响,应用 GIS 技术计算可能淹没面积并编制了海水淹没范围图件,评估了经济损失和受灾人口数,并进行了防护对策选择的成本效益分析。刘杜娟等(2005)分析研究长江三角洲地区的相对海平面的影响等。李猷等(2009)以深圳为例研究海平面上升对生态系统的影响。

(2)人类活动的影响

河流入海口及其三角洲是人类最早的发祥地之一,但近代强烈的人类活动造成海岸系统功能衰退、脆弱性增强、风险加剧。大河三角洲的海岸地区聚集了大量的人口,高强度的开发导致海岸系统对于环境变化的恢复力降低,使海岸带处在突变的风险之中。人类活动对海岸带的影响可分为两大方面:一是人类活动影响全球环境和气候变化,进而引起全球海平面上升和滨海平原地面沉降,加剧了海岸系统风险发生的可能;二是人类活动正改变着海岸带和滨海平原的物理环境及其演进方向,包括水动力条件、沉积物输运、地貌形态的变化等。人类活动中的土地利用、城市建设、筑堤建闸、围海造地等导致河流入海水沙通量减小、海岸湿地面积缩减等诸多问题。

Daniel(1999)分析了 21 世纪海平面上升将给社会带来的淹没损失及所需防护费

用,指出为适应海平面上升,联邦紧急事件管理署(FEMA)必须采取不同的措施来完善国家洪水保险计划(NFIP)。刘岳峰等(1998)进行了辽河三角洲地区海平面上升趋势及其影响评估研究,计算了海平面上升不同情景下、不同土地利用类型的淹没面积,并分析了海平面上升对该地区的影响及采取的相应措施。张伟强等(1999)对广东沿海地区海平面上升影响做了综合评估。齐涛等(2009)针对中国海岸带"社会—经济—自然"复合生态系统,引用"驱动力—压力—状态—影响—响应力"分析模型,建立定量评估体系分析海岸带对社会经济生活的反馈等问题。

6.3.2　海岸带脆弱性评估

海岸带脆弱性评估方法可分为综合评估方法和单一影响评估方法。综合评估是指对海平面上升海岸脆弱性的各方面进行全面评估并得出定量或非定量化的结果。主要评估方法有多判据决策分析法、指数法、决策矩阵法、分布式过程模型法、三角洲综合行为概念模型法、数值模型法、模糊决策分析法等。

最早的方法是基于 Gornitz(1991)提出的海岸脆弱性指数和风险等级的概念,已应用于美国太平洋和大西洋海岸的评估中。多判据分析方法最早用于环境、经济和资源管理评估,后被引入海岸脆弱性评估中。Frihy(2003)提出海岸脆弱性评估判别标准应包括地形垂变、相对海平面上升、土地类型、泻湖沙坝宽度、滩面坡度、被抬高的要素(如沙坝)、岸线侵蚀与淤积、岸线保护工程等。

El-Raey 等(1999)根据 IPCC 通用方法,采用多标准、决策矩阵方法和问卷调查,对尼罗河三角洲海岸地区进行了详细定量评估。Bryan 等(2001)提出分布式过程模型,选取高程、方位、地貌和坡度 4 个自然环境参数,评估海平面上升海岸脆弱性。Sánchez-Arcilla 等(1996)结合淤长、沉积、土壤构成、海岸边缘区响应等方法,提出三角洲综合行为概念模型,进行三角洲海岸脆弱性评估。

中国海岸脆弱性评估方法研究。任美锷(1991)参照地面沉降率、风暴潮频率和强度、海岸侵蚀及海岸防护工程状况,首次对中国主要的大河三角洲进行了海平面上升影响评估。1993 年中国科学院地学部组织对珠江、长江、黄河和天津地区进行了海平面上升影响调研,并出版了调研报告。按照 IPCC CZMS(Coastal Zone Management Sub-group)方法,中国学者应用遥感影像和地理信息系统技术,根据土地利用类型、海岸蚀积动态、地面形变等的对照分析,预测海平面上升对环境和社会经济的影响,或采用机理分析、趋势分析等多种研究方法相结合对海岸带进行系统研究,避免孤立分析某一影响类型和采用单一方法分析的局限性。中国学者尝试了 IPCC 预案的应用,研究中兼顾了最高水位和有无防潮堤两种因素;针对面积广阔、微地貌条件复杂且有海堤保护的大河三角洲和滨海平原,发展了海岸环境变化易损范围确定和易损性评估方法(储金龙等,2005)。

张伟强等(1999)建立了海平面灾害综合评估因子指标体系,引入了抗灾能力指数和影响时效概念,提出了综合灾害评估模型。施雅风等(2000)选取相对海平面上升量、地面高程、沿海平均潮差、潮滩淤积速率、潮滩损失率、海堤增加高度、人口密度、产值密度 8 个评价因子,各评价因子分为 5 个等级,计算海平面上升影响指数(SRI),进行海平面上升影响分区划分。

近年来,大量研究涉及海平面上升对海岸环境和社会经济的影响,重点在于海平面上升对中国大型三角洲及其沿岸大中城市的影响,多数研究利用多时相遥感和 GIS 技术对海岸受淹面积、受淹人口、港口及防洪排涝设施、水质变化、风暴潮灾害、相关费用等方面进行分析或估算,并尝试分析和预测人类活动影响在海平面上升中所占份额。

6.3.3 海岸带影响应对策略

海平面上升作为一种海洋灾害,其长期积累的结果将对沿海地区特别是经济发达地区的社会稳定、经济发展带来严重影响。但只要采取合理的对策和防范措施,就可以有效控制和减轻海平面上升的不利影响(李秀存等,1998;施雅风等,2000)。

(1)在近海工程项目建设和经济开发活动中,充分考虑海平面上升的影响,特别是在防潮堤坝、沿海公路、港口和海岸工程的设计过程中,将海平面上升作为一种重要影响因素来加以考虑,提高其设计标准。

(2)严格控制和规划地下流体(水、石油、天然气等)的开采,并在沿海地区控制密集型高层建筑群的建设,以有效控制地面沉降,减缓海平面上升速度。

(3)保护沿海湿地、河口和洪积平原,减缓海岸侵蚀,提高自然防御能力。

(4)加强海平面变化监测能力建设,开展海平面变化及影响对策研究,建立区域性海平面上升影响评价系统,提高灾害预警预防能力。

6.4 评估案例

6.4.1 广东沿海地区海平面上升影响综合评估

张伟强等(1999)从系统的角度出发,建立了海平面灾害综合评估因子指标体系,引入了抗灾能力指数的概念,提出了一个综合评估模型,并以广东省沿海地区为例进行了海平面上升影响综合评估。

从系统观点来看,未来气候变暖和下垫面变化会直接影响到相对海平面上升、风暴潮增水及降水过程。然而,相对海平面上升以年为单位计算是个毫米级的幅度,因此其致灾作用主要是通过风暴潮和降水组合来反映的,而沿海潮位(天文因素决定)与大气空间背景场特征(热带气旋)的组合形式,则是风暴潮是否成灾的决定因素。亦即,要评估海平面上升对人类构成的威胁及危害程度,必须综合考虑致灾因子的群发组合作用。鉴于此,气候变化对海平面与海岸带影响评估主要考虑风暴潮、高潮位升幅、水涝地下水位、波浪、盐水入侵、降水、台风等 7 个因子的组合效应。采用 Gornitz(1991)的模型:

$$M = [(X_1 \cdot X_2 \cdots X_n)/n]^{1/2} \tag{6.1}$$

式中,M 为气候变化对海平面、海岸带影响致灾综合强度指数,该指数愈大,表示致灾作

用愈强烈;n 为评估因子个数;X 为评估因子的等级。具体为:

X_1——风暴潮。用风暴潮重现期来反映。

X_2——高潮位升幅。海平面上升对潮位的影响主要表现为高潮位增大,低潮位亦抬升,由于三角洲地区高潮位受海平面上升的影响是沿程递减的,故选用高潮位升幅来表征这一致灾作用。

X_3——水涝(地下水位)。相对海平面上升将导致低潮位抬升、地下水位上升,其表现为水涝作用增加、水涝面积扩大等,因此选用水涝频率(以时次计)来表示其致灾作用。

X_4——波浪。随着相对海平面上升,设计波高的重现期缩短,波浪的致灾作用增强,因此选用设计波高升幅值予以表征。

X_5——盐水入侵。由于盐水入侵(盐水上溯距离等)定量资料不易获取,且盐水入侵致灾作用的另一重要表现为土壤盐渍化,因此评估选用沿海及三角洲地区咸水、半咸水分布面积来反映这一致灾因子(咸害)的综合作用。

X_6——降水。海岸带灾害的发生大多与降水过程有关,而降水过程则取决于大气空间背景特征,例如热带气旋或寒潮的侵袭,因此选用年降水强度来表征其结果。

X_7——台风。广东沿海台风的致灾作用十分强烈,本次评估将其作为一个重要的致灾因子参评,用台风影响频率来表征。

将 7 个致灾因子综合考虑后,进行等级划分和具体评分,有关标准如表 6-1 所示。

表 6-1　　　　　广东沿海海平面上升致灾因子等级划分及评分标准

等级评分	因子						
	风暴潮 X_1	高潮位升幅 X_2	水涝频率 X_3	设计波高升幅 X_4	盐水入侵 X_5	年降水强度 X_6	台风影响频率 X_7
$\frac{5}{[8,10]}$	$\frac{>100\text{年一遇}}{9}$	$\frac{>30\text{ cm}}{9}$	$\frac{>20\%}{9}$	$\frac{>30\text{ cm}}{9}$	$\frac{3.5\text{ hm}^2}{9}$	$\frac{>2800\text{ mm}}{9}$	$\frac{>15\%}{9}$
$\frac{4}{[6,8]}$	$\frac{100\text{年一遇}}{7}$	$\frac{20-30\text{ cm}}{7}$	$\frac{15\%-20\%}{7}$	$\frac{20-30\text{ cm}}{7}$	$\frac{3.5-2.5\text{ hm}^2}{7}$	$\frac{2800-2600\text{ mm}}{7}$	$\frac{10\%-15\%}{7}$
$\frac{3}{[4,6]}$	$\frac{50\text{年一遇}}{5}$	$\frac{10-20\text{ cm}}{5}$	$\frac{10\%-15\%}{5}$	$\frac{10-20\text{ cm}}{5}$	$\frac{2.5-1.5\text{ hm}^2}{5}$	$\frac{2600-2400\text{ mm}}{5}$	$\frac{5\%-10\%}{5}$
$\frac{2}{[2,4]}$	$\frac{20\text{年一遇}}{3}$	$\frac{1-10\text{ cm}}{3}$	$\frac{5\%-10\%}{3}$	$\frac{1-10\text{ cm}}{3}$	$\frac{1.5-0.5\text{ hm}^2}{3}$	$\frac{2400-2200\text{ mm}}{3}$	$\frac{1\%-5\%}{3}$
$\frac{1}{[0,2]}$	$\frac{10\text{年一遇}}{1}$	$\frac{<1\text{ cm}}{1}$	$\frac{<5\%}{1}$	$\frac{<1\text{ cm}}{1}$	$\frac{<0.5\text{ hm}^2}{1}$	$\frac{<2200\text{ mm}}{1}$	$\frac{<1\%}{1}$

显然,致灾因子不同等级间的相互组合方式是多种多样的,上述模型是个动态模型,具有预警功能。例如,在已建立的广东海平面地理信息系统中,当从气象海洋部门获知风暴潮增水值、降水强度、潮位(是否天文大潮)等预报值或实测值后,就可以快速计算指数 M 值,用于评估出广东沿海地区某个评估区的致灾程度等级,作出预警或预测,为宏观抗灾、救灾、减灾服务。

6.4.2 基于数学模型的海平面上升对咸潮上溯的影响

孔兰等(2010)在珠江三角洲河口区建立了一维动态潮流——含氯度数学模型,计算了海平面上升对咸潮上溯的影响,结果显示:250 mg/L 的咸度线随着上游来水频率的增大,咸潮上溯距离明显增大;一定上游来水条件下,随着海平面的上升,咸潮上溯界线向上游方向移动显著。并详细计算了代表口门在海平面上升 10 cm、30 cm 和 60 cm的情况下,咸潮界线的具体上移距离,以期给三角洲地区城市供水、农业灌溉引水等提供理论指导,减轻海平面上升危害。

中国是一个海洋大国,约有 70% 以上的大城市和 50% 以上的人口集中在东部沿海地区,沿海地区又是中国经济最发达的区域。近些年来,咸潮上溯已经给包括澳门、广州、东莞等重要城市在内的沿海地区城市供水造成极大困难,海平面上升显然正在加剧咸潮上溯的影响。掌握海平面上升对沿海地区水资源利用的影响以便采取有效对策十分紧迫。利用数学手段,建立大范围的网河及河口的数学模型,是研究海平面上升对咸潮上溯影响的一种新的定量方法,同时对于珠江流域的口门整治、水资源合理利用、以及对促进珠江三角洲地区和港澳地区的社会经济稳定持续发展都具有重要的理论和实践意义。

根据珠江三角洲河口区的特点建立了一维动态潮流——含氯度数学模型,具体的计算思路如图 6-2。

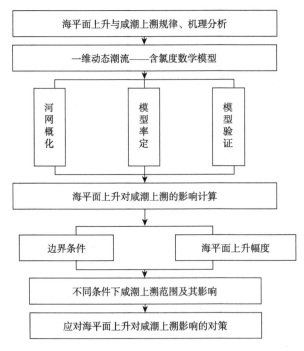

图 6-2　含氯度数学模型的计算思路

对珠江三角洲网河水系建立一维动态含氯度(浓度)数学模型,模拟河道包括三角洲网河的主要河道。上游边界取北江的三水、西江的马口、流溪河的老鸦岗水文站,下游边界取黄埔、三沙口、南沙、万顷沙西、横门、灯笼山、黄金、黄冲、西炮台。为计算的简化和可行性,将河网区进行概化,概化后共有河道 139 条,断面 582 个,内节点 84 个。模型率定的边界条件:上游入口断面三水、马口、老鸦岗采用 1991 年枯季 12 月 14—15 日实测逐时流量过程线,下游控制边界采用同期实测逐时潮位过程线。

　　模型验证的边界条件:上游入口断面为马口、三水、老鸦岗,下游控制站包括天河、黄埔、三沙口、横门等,采用同期实测潮位过程线。模型初始水位、流量值与模型率定时保持一致。根据模型率定范围与验证范围的对应关系,直接采用模型率定的参数,选取广东省容奇和南华作为模型的验证站点,与枯季同步监测(2001 年 2 月 7—15 日)的逐时观测流量和水位资料对计算结果进行验证,结果显示计算值和实测值拟合较好。

　　利用一维动态潮流——含氯度数学模型计算的结果显示,在一定海平面上升幅度条件下,250 mg/L 的咸度线随着上游来水频率的增大,咸潮上溯距离明显增大;特定来水频率条件下,随着海平面上升,咸潮上溯界线向上游方向移动。海平面上升使河口区枯季受咸潮影响的地区和人口都会增加,在经济发达的珠江三角洲地区,其影响是巨大的。

参考文献

储金龙,高抒,徐建刚.2005.海岸带脆弱性评估方法研究进展.海洋通报,24(3):80-87

杜碧兰.1997.海平面上升对中国沿海主要脆弱区的影响及对策.北京:海洋出版社,47-49

段晓峰,许学工.2008.海平面上升的风险评估研究进展与展望.海洋湖沼通报,4:116-122

孔兰,陈晓宏,杜建,等.2010.基于数学模型的海平面上升对咸潮上溯的影响.自然资源学报,25(7):1097-1107

李秀存,廖桂奇,覃维炳.1998.气候变化对海岸带环境的影响及防治对策.广西气象,19(3):28-31

李猷,王仰麟,彭建,等.2009.海平面上升的生态损失评估——以深圳市蛇口半岛为例.地理科学进展,28(3):417-423

齐涛,薛雄志,林剑艺.2009.海岸带生态安全响应力评估与案例分析.海洋环境科学,28(5):578-593

刘杜娟,叶银灿.2005.长江三角洲地区的相对海平面上升与地面沉降.地质灾害与环境保护,16(4):400-404

刘岳峰,邬伦,韩慕康.1998.辽河三角洲地区海平面上升趋势及其影响评估.海洋学报,20(2):73-82

任美锷.1991.我国海平面上升及其对策.大自然探索,10(35):7-10

施雅风,朱季文,谢志仁,等.2000.长江三角洲及毗连地区海平面上升影响预测与防治对策.中国科学(D 辑),30(3):225-232

张伟强,黄镇国,连文树.1999.广东沿海地区海平面上升影响综合评估.自然灾害学报,8(1):78-87

Bryan B.,Harvey N.,Belperio T.,*et al*.2001. Distributed process modeling for regional assessment of coastal vulnerability to sea level rise. *Environmental Modeling and Assessment*,(6):57-65

Daniel.1999. Adapting the National Flood Insurance Program to Relative Sea Level Rise. *Coastal Management*,27:367-375

El-Raey M. ,Dewidar K. R. ,El-Hattab M. 1999. Adaptation to the Impacts of Sea Level Rise in Egypt. *Mitigation and Adaptation Strategies for Global Change* ,**4**(3/4):343-361

Frihy O. E. 2003. The Nile Delta-Alexandria coast:vulnerability to sea-level rise,consequences and adaptation. *Mitigation and Adaptation Strategies for Global Change* ,**8**:115-138

Gornitz V. 1991. Global coastal hazards from future sea level rise. *Global and Planetary Change* ,**3**(4): 379-398

IPCC. 2007. Climate Change 2007:Synthesis Report. http://www. ipcc. ch/

Nicholls R. J. ,Leatherman S. P. 1996. Adapting to sea level rise:relative sea level trends to 2100 for the United States. *Coastal Management* ,**24**:301-324

Sánchez-Arcilla A. ,Jimenez J. A. ,Stive M. J. F. ,*et al*. 1996. Impacts of sea-level rise on the Ebro Delta:a first Approach. *Ocean&Coastal Management* ,**30**(2/3):197-216

Titus J. G. 1998. Rising seas,coastal erosion,and the taking clause:how to save wetlands and beaches without hurting property owners. *Maryland Law Review* ,**57**:1279-1399

第7章

气候变化对能源的影响评估方法

曹丽格,Marco Gemmer,Lucie Vaucel(国家气候中心)

导读

☞评估方法(可见 7.3 部分)。

✓分析气候变化对能源的影响,可选用统计模型法。

✓研究未来能源问题,可选用情景分析法。

✓计算能源消费需求和引起的污染排放,可选用 LEAP 模型。

✓结合经济增长情景对中国的能源需要和碳排放情形进行模拟分析,可选用 IPAC 模型。

7.1 引言

气候变化对能源活动从生产到消费的各个环节都会产生影响,气候变化直接或间接影响到能源供应和能源消费两大方面。

气候变化对能源的直接影响评估是指对气候变化所引起的气象条件改变,或气候事件出现的频率及强度改变,对能源活动造成的影响的评估。如降水变化对水力发电的影响,低温与高温天气对采暖和降温能源需求的影响,干旱与洪涝频率及强度改变对灌溉和排灌的能源需求影响,以及极端气候事件造成的能源供应中断等。

气候变化对能源的间接影响评估指为了应对气候变化而采取的各种政策措施对能源活动造成的影响的评估。比如节能措施对能源需求的影响,温室气体减限排措施对能源供应结构的影响等(王守荣等,2001)。

7.2 评估框架

考虑到气候变化是一个长周期的缓慢过程,对能源消费的直接影响短期内难以明确地观测到,迄今缺少有效的、系统的观测数据来支持深入分析;而气候变化对能源的间接影响十分广泛,几乎涉及能源消费及能源生产的各个方面,不仅与适应气候变化有关,更与减缓气候变化有着非常密切的关系,加上预测气候变化对未来水电、风电及能源供需的影响非常困难,国内的相关研究较少。

目前关于气候变化对能源活动影响,主要是评估气候变化对能源活动的直接影响和重要的间接影响。图7-1给出了气候变化对能源活动的主要影响,也是进行影响评估的主要框架。

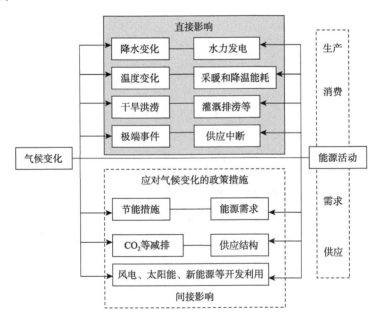

图 7-1 气候变化对能源活动的主要影响示意图

7.3 评估方法

气候变化对能源活动的直接影响相对间接影响比较易于监测和度量,间接影响往往体现为多种因素共同作用的结果,关系比较复杂、有较长的滞后时间。目前的主要的评估方法有统计模型法、情景分析方法等,使用较多的模型包括 LEAP 模型和 IPAC 模型(蒋金荷等,2002)。

(1)统计模型法

通过分析气候变化对工业、农业等行业以及居民生活、生产等能耗影响,建立气候变化对能源影响评估统计模型,分析估算气候变化对能源的影响。

吴息等(1999)分析了气候变化对长江三角洲地区工业生产及能源消耗的影响,建立了统计模型,包括降水量与农业电力消耗的统计关系式,工业单位产值耗电,居民取暖与温度统计关系式等统计模型,分析了气候变化对于能源的影响,指出夏季气温升高对工业生产尤其是重工业生产不利,冬季气温升高对工业生产有利;夏季降温耗能明显增加,而冬季取暖耗能则有所减少,且前者大于后者。

陈峪等(2000)通过计算中国北方地区(冬季采暖区)采暖起止日期、采暖度日、采暖长度及其变率等要素的变化特点,建立冬季平均气温与采暖度日变率之间的相关方程,探讨当不同幅度温度变化下对采暖需求的影响,分析气候的异常变化对整个采暖区及采暖区各地采暖需求变化的影响。

(2)情景分析方法

近十年来,随着国际上对全球气候变化和温室气体排放问题关注的增加,情景分析方法在研究未来能源问题时得到了越来越多的应用。能源活动是产生温室气体排放的最主要原因,特别是为了减少温室气体排放,化石能源消费将受到限制,这已成为了未来全球能源发展的最重要制约因素。中国能源供应高度依赖煤炭资源,限制化石燃料消费将对中国的能源发展构成重大挑战。研究能源领域的减缓气候变化对策,不仅要考虑未来可能的能源发展趋势,还要研究改变这种趋势的各种可能性及实现不同的可能性所需要的前提条件。在进行这方面的研究时,人们比较熟悉的预测研究方法因其所存在的局限性而很难胜任,需要借助于情景分析的方法(ADB,2009)。

能源情景研究包括若干情景构筑分析过程,这些过程可以分为两个阶段,即情景条件设定阶段和能源需求情景综合计算和结果分析阶段(图 7-2)。

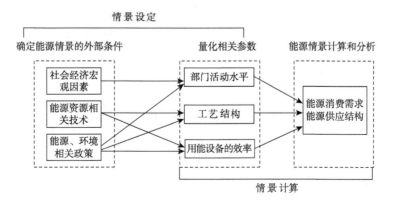

图 7-2　能源情景分析的过程

（3）LEAP 模型

LEAP 是长期能源选择计划系统的英文缩写，是由斯德哥尔摩环境研究院（SEI）波士顿/达拉斯分院开发的一个能源—环境模型。该模型为"自下而上"的模拟模型，可以用于计算能源消费需求和引起的污染排放。在过去二十年里，有 60 多个国家应用LEAP 模型进行了地区、国家和区域的能源战略研究和温室气体减排评价。

LEAP 模型包括两个模块，一个是终端能源需求分析模块，另一个是能源转换分析模块。能源需求模块根据给定需求部门的活动水平（如产品产量或服务量）和各种活动所对应的能源消费品种和能耗强度，计算出该部门对各种能源的需求量。在 LEAP 模型中，能源需求模块具有比较完备的功能，即可以通过输入具体用能设备的技术数据来对终端用能技术进行详细分析，也可以根据所输入的宏观经济参数来分析部门能源消费的变化趋势。能源需求模块可以单独运行，对能源需求进行计算。能源转换模块通常需要和能源需求模块一起运行，计算为了平衡能源需求模块产生的二次能源需求（如电力、热力等）而消费的一次能源的数量（国家发展和改革委员会能源研究所，2003）。

（4）IPAC 模型

中国能源环境综合政策评价模型（IPAC 模型）是由国家发展改革委员会能源研究所开发，包括多种方法论的多模型框架。其中有自顶向下型的一般均衡模型（CGE 模型），也有详细描述分部门技术的自下向上型模型，同时还有介于两者之间的部分均衡模型和动态经济学模型。IPAC 模型组中包括 IPAC-CGE 模型、IPAC-AIM 技术模型和IPAC-Emission 模型这 3 个模型，关联如图 7-3 所示。

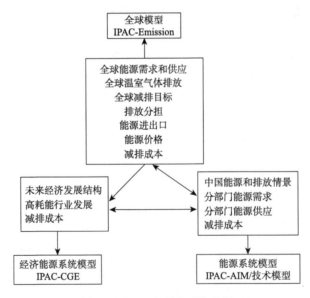

图 7-3　IPAC 中各模型的关联

IPAC-CGE 模型则是 IPAC 模型组中的经济模型，是一个一般均衡模型（CGE 模型），考虑各经济活动之间的影响与关联，在 IPAC 模型中主要进行各种能源环境政策对经济影响的分析，同时可以进行中长期能源与环境情景分析。IPAC-CGE 模型中划分

38 个部门,分别覆盖能源部门、高耗能工业行业部门以及主要经济部门等。

IPAC-AIM 技术模型是专门针对中国地区的区域模型,它包括 3 个子模型,即能源服务需求预测模型、能源效率估算模型和技术选择模型,是一个典型的自底向上型模型。能源需求部门分为工业、农业、服务业、民用和运输部门,这些部门又被分为若干个子部门;能源供应部门包括电力、石油炼制、煤炭开采和洗选、炼焦、供热等。目前模型中有 42 个部门,部门输出服务(诸如钢铁产量)是主要的驱动因素。为了提供这些输出服务,将会相应挑选一批技术。然后使用这些技术估算出能源需求。模型以寻求费用最少的混合技术为目标,满足特定的能源服务需求。模型还可以模拟分析技术选择、技术进步、能源价格等方面的政策和对策效果。这些技术用到的数据是从大量的报告、刊物、出版物和对专家的咨询采集而来,数据会随着采集来的新资料不断更新。

IPAC-Emission 模型的目标是对中国和其他地区在全球环境下,未来各种长期温室气体排放趋势下可能采取的政策措施进行评价。在这个目标下,这个模型是一个全球模型,根据国际上气候变化的主要区域,模型划分了 9 个区——美国、西欧和加拿大、其他 OECD 国家、东欧地区、中国、中东国家、其他亚洲国家、非洲、南美洲。时间区间为1990~2100 年,以此分析长期的变化和可能的升温(周大地等,2004)。

姜克隽等(2009)利用中国能源环境综合政策评价模型(IPAC 模型)结合经济增长情景对中国的能源需要和碳排放情形进行了模拟分析。

7.4 评估案例

7.4.1 气候对采暖和降温能源需求的影响评估

气温变化会影响到各地区的采暖和降温需求,这种需求可以用度日衡量。度日是计算热状况的一种单位,是某一时段内各日平均气温与某基准温度之差的总和。度日分为取暖度日和降温度日。中国以 5℃ 作为计算采暖度日的基础温度。一段时期内的采暖度日总量可反映出该时段温度的高低,度日值越大表示温度越低,反之表示温度高。降温度日数是指一段时间(月、季或年)日平均温度高于某一基础温度的累积度数,如果日平均温度低于该基础温度,那么这一天无降温度日数,降温度日数越大,表示温度越高。

随着全国平均气温增高,北方取暖区 1961—2008 年冬季总体呈现偏暖趋势,平均采暖度日总量明显下降(图 7-4),这将有利于减少取暖需求,降低取暖耗能(国家气候中心,2009)。就整个南方地区而言,近 40 多年来夏季降温度日没有出现增加或减少的变化趋势(图 7-5)(陈峪等,2005)。但 20 世纪 60—80 年代出现了几次比较明显的波动,90年代以来趋于接近均值。夏季降温度日年际波动非常大,大约每两年就有一年降温度日变化幅度超过平均值的 10% 以上,而每 4 年中有 1 年波动 >15%。降温度日年际波动大,使得夏季降温耗能存在很大的不确定性。夏季降温度日变化存在明显的区域性特征,华南区夏季降温度日呈现增加的趋势(图 7-6),特别是 6 月和 8 月增加趋势明显,而长江流域和西南区夏季降温度日为不太显著的减少趋势。

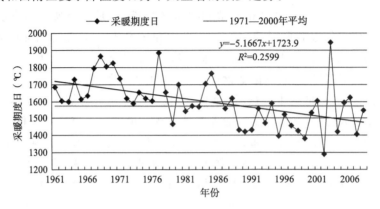

图 7-4　1961—2008 年北方采暖度日总量变化曲线
(冬季采暖季)(国家气候中心,2009)

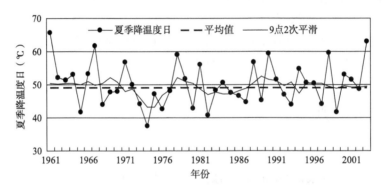

图 7-5　南方地区夏季降温度日历年变化图(陈峪等,2005)

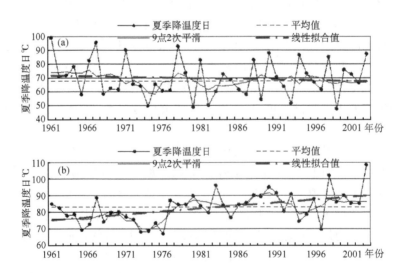

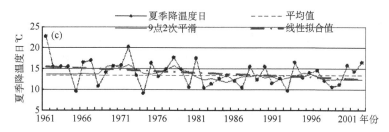

图 7-6　南方区域夏季降温度日历年变化图长江流域区(a);华南区(b);西南区(c)

(张海东等,2008)

7.4.2　气候对城市电力负荷的影响分析

天气和气候因素对电力消费具有显著的影响,北京电力负荷与平均气温之间的关系呈 U 型(图 7-7)(吴向阳等,2008),U 型的谷底大约在 20℃ 左右,气温低于 20℃ 时,气温越低电力需求越大;气温高于 20℃ 时,则气温越高,对电力的需求也越大,但是电力需求对高温和低温的敏感程度不同。当气温为 25℃ 时,气温上升 1℃,电力负荷增加 3.7%,当气温为 30℃ 时,上升 1℃,电力负荷会增加 5.7%,而当气温低于 10℃ 时,降低 1℃,电力负荷只增加 1%～1.8%,其原因是冬天的供暖有多种燃料可供选择,而夏天降温只能用电力。

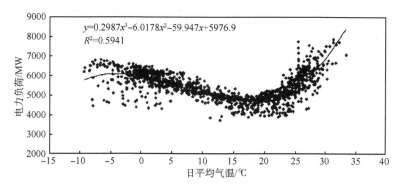

$$y=0.2987x^3-6.0178x^2-59.947x+5976.9$$
$$R^2=0.5941$$

图 7-7　2002—2004 年北京市日平均气温与最大电力负荷散点图

武汉地处长江中游,电力负荷与平均气温之间的关系也为 U 型(图 7-8)(李兰等,2008),谷底同样在 20℃ 左右。由于武汉冬天比北京温暖而夏季比北京热,因而冬季电力需求随气温的变化幅度小于北京,夏季则随着平均气温升高电力需求的变化率不断增加。当平均气温在 27～30℃ 之间时。平均气温每增加 1℃,日用电量增加约 299 万 kW·h,日最大用电负荷约增加 130 MW;平均气温在 31～35℃ 之间,平均气温每增加 1℃,日用电量约增加 392 万 kW·h,日最大用电负荷约增加 170 MW。夏季最高气温在

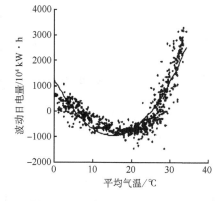

图 7-8　2005 年 1 月 1 日—2006 年 12 月 31 日武汉市日电量波动与日平均气温的关系

32～35℃之间时,最高气温每增加1℃,日用电量增加约369万 kW·h,日最大负荷约增加160 MW;当气温超过36℃时,最高气温每增加1℃,日用电量增加约458万 kW·h,日最大负荷约增加150 MW。冬季日最低气温在5℃以下时,每下降1℃,用电量增加58万 kW·h。

7.4.3 利用 IPAC 模型对中国能源需求的情景分析

姜克隽等(2009)利用 IPAC 模型对中国未来中长期的能源与温室气体排放情景进行分析。设计了3个排放情景,介绍了情景的主要参数、结果以及实现减排所需的技术,同时探讨中国实现低碳情景所需要的发展路径。

情景中对经济增长的预测主要讨论 2020 和 2030 年的经济增长。选择较高的经济增长情景,中长期的发展目标是实现国家经济发展的三步走目标,即到 2050 年中国经济达到目前发达国家水平。在这种模式下,产业结构将面临调整、重组,充分国际化。未来十几年内,中国将成为国际制造业中心,出口成为拉动经济增长的重要因素。考虑到中国经济快速发展,2030 年之后,GDP 的主要支持因素则变为以内需增长为主,国际常规制造业的竞争力因劳动力成本的快速上升而下降,经济结构不断改善,产业结构逐步升级,先进产业的国际竞争力日渐增强,使中国经济仍能在不断调整中以较为正常的速度发展。估计 2000～2050 年,中国经济将保持年均 6.4% 的增长速度。

这个时期中国经济增长率和部门结构如表 7-1、7-2 所示。人口部分主要采用了卫计委的人口发展情景,并利用 IPAC-人口模型进行分析。在这种情景下,2030～2040 年之间中国人口达到高峰,为 14.7 亿左右,2050 年下降到 14.6 亿。

表 7-1 　　　　　　　　　　2000—2050 年人口达到高年中国各部门 GDP 增长率(%)

部门结构	2005—2010 年	2010—2020 年	2020—2030 年	2030—2040 年	2040—2050 年
GDP 增长率	9.67	8.38	7.11	4.98	3.60
第一产业	5.15	4.23	2.37	1.66	1.16
第二产业	10.32	8.27	6.39	3.80	2.46
第三产业	10.17	9.35	8.39	6.19	4.48

表 7-2 　　　　　　　　　　　　不同年份各部门 GDP 构成(%)

部门结构	2005 年	2010 年	2020 年	2030 年	2040 年	2050 年
第一产业	12.4	10.1	6.8	4.3	3.1	2.5
第二产业	47.8	49.1	48.7	45.5	40.6	36.3
第三产业	39.8	40.8	44.5	50.2	56.3	61.2

二种设定情景为:第一个是不采取气候变化对策的情景(BaU,即基准情景)。以各种可能的发展模式设计了一个情景,主要的驱动因素是经济发展。根据以往情景分析研究结论。基本反映目前所能回顾评述到的有关中国未来 50 年的经济发展途径。人口

发展模式按国家人口规划,即在 2030—2040 年间达到人口高峰 14.7 亿。

第二个情景是低碳情景(LC),考虑中国在国家能源安全、国内环境、低碳之路因素下,通过国家政策所能够实现的低碳排放情景。这个情景中主要考虑国内社会经济、环境发展需求,在强化技术进步,改变经济发展模式,改变消费方式,实现低能耗、低温室气体排放因素下,依据国内自身努力所能够实现的能源与排放情景。

第三个是强化低碳情景(ELC),主要考虑在全球一致减缓气候变化的共同愿景下,中国可以进行的进一步贡献。考虑进一步强化技术进步,重大技术成本下降更快,发达国家的政策会逐渐扩展到发展中国家;2030 年之后中国经济规模已经是世界最大,可以进一步加大对低碳经济的投入,更好地利用低碳经济提供的机会促进经济发展;同时中国在一些领域的技术开发已居于世界领先地位。如清洁煤技术和二氧化碳捕获与封存技术在中国得到大规模应用(何建坤等,2000)。

情景分析利用前述 3 个模型,根据一些模型的详细参数设计,得到 2050 年中国的能源需求量(表 7-3)和 CO_2 排放情景(表 7-4)。

表 7-3   3 种情景的一次能源需求量 10^6 t 标准煤

基准情景一次能源需求量										
年份	煤	油	天然气	水电	核电	风能/太阳能	生物质能发电	醇类汽油	生物柴油	合计
2000 年	944.4	278.1	30.4	85.3	6.4	0.4	1.0	0.0	0.0	1346.0
2005 年	1536.5	435.2	60.4	131.5	19.9	0.8	1.9	1.8	0.6	2188.6
2010 年	2423.6	627.7	109.3	216.9	27.6	6.6	15.8	9.7	0.6	3437.8
2020 年	2990.5	1096.4	270.5	294.4	90.2	20.2	30.2	21.5	3.1	4817.0
2030 年	2932.3	1586.9	460.3	358.0	181.2	53.7	43.8	33.4	7.9	5657.5
2040 年	3001.1	1710.2	532.4	379.5	379.5	84.0	70.8	36.1	8.5	6202.1
2050 年	2924.6	1835.5	668.0	396.9	595.4	102.5	86.3	38.9	9.2	6657.3
低碳情景一次能源需求量										
年份	煤	油	天然气	水电	核电	风能	太阳能发电	生物质能发电	醇类汽油	生物柴油	合计
2000 年	944.4	278.1	30.4	85.3	6.4	0.4	0.0	1.0	0.0	0.0	1346.0
2005 年	1536.5	435.2	60.4	131.5	19.9	0.8	0.0	1.9	1.8	0.6	2188.6
2010 年	2173.1	528.2	108.7	206.4	45.6	12.1	0.1	9.4	2.0	1.0	3086.7
2020 年	2194.8	842.8	349.1	374.7	136.2	51.1	0.7	32.4	8.3	5.8	3995.9
2030 年	2091.5	963.7	529.2	400.7	300.6	92.1	4.0	52.1	27.9	12.0	4473.9
2040 年	2062.8	1010.5	627.8	423.8	470.9	117.7	9.4	61.2	36.3	13.0	4833.4
2050 年	1984.4	1025.0	745.5	422.0	759.5	168.8	19.7	67.5	43.5	14.0	5250.0

强化低碳情景一次能源需求量										
年份	煤	油	天然气	水电	核电	风能	太阳能发电	生物质能发电	醇类汽油	生物柴油	合计
2000 年	944.4	278.1	30.4	85.3	6.4	0.4	0.0	1.0	0.0	0.0	1346.0
2005 年	1536.5	435.2	60.4	131.5	19.9	0.8	0.0	1.9	1.8	0.6	2188.6
2010 年	2083.3	532.3	107.0	180.0	39.7	17.5	0.2	8.2	2.0	1.0	2971.2
2020 年	2143.6	837.9	329.8	353.7	144.7	65.9	0.8	30.5	8.3	5.8	3921.0
2030 年	1903.2	943.4	490.0	394.7	300.7	156.0	4.7	48.9	20.1	12.0	4274.6
2040 年	1813.9	993.1	603.9	428.9	496.6	214.4	15.8	58.7	21.7	13.0	4660.0
2050 年	1714.7	1031.9	709.9	420.0	761.2	238.9	36.7	63.0	23.4	14.0	5013.7

2050 年基准情景一次能源需求量由 2005 年的 21.89×10^8 t 标准煤增加到 66.57×10^8 t 标准煤,其中煤炭占 44%,石油占 27.6%,天然气占 10%,核能发电占 9%,水力发电占 6%,风电、生物质能发电等新能源和可再生能源占 3.4%。2050 年低碳情景一次能源需求量由 2005 年的 21.89×10^8 t 标准煤增加到 52.50×10^8 t 标准煤,其中煤炭占 37.8%,石油占 19.5%,天然气占 14.2%,核能发电占 14.5%,水力发电占 8.0%,风电、生物质能发电等新能源和可再生能源占 6.0%。

表 7-4 化石燃料燃烧 CO_2 排放量(10^8 t 碳)

年份	基准情景	低碳情景	强化低碳情景
2000 年	867.2	867.2	867.2
2005 年	1409.3	1409.3	1409.3
2010 年	2134	1943	1943
2020 年	2779	2262	2194
2030 年	3179	2345	2228
2040 年	3525	2398	2014
2050 年	3465	2406	1395

可以看出,强化低碳情景的 CO_2 排放量与低碳情景相比 2030 年之后开始有明显下降,2050 年与低碳情景相比下降了 42%。与低碳情景相比,在进一步强化节能的基础上,一次能源需求量下降 4.5%,可再生能源发电、核电等发电量占总发电量的 58%,增加了 7%。

未来能源与排放情景研究显示,中国能源需求量将呈持续增长趋势。根据本文对未来的预测,在 2030 年之前,即使是最低的能源发展情景,中国仍然会排放一定数量的温室气体。这个问题十分值得关注,因为这对各个行业都提出了更高的要求。

参考文献

陈峪,黄朝迎.2000.气候变化对能源需求的影响.地理学报,**55**(S1):11-20

陈峪,叶殿秀.2005.温度变化对夏季降温耗能的影响.应用气象学报,**16**(增刊):97-104

国家发展和改革委员会能源研究所.2003.中国可持续发展能源暨碳排放情景分析综合报告,北京

国家气候中心.2009.全国气候影响评价.北京:气象出版社,111-113

何建坤,张阿玲,刘滨,2000.全球气候变化问题与我国能源战略.清华大学学报(哲学社会科学版),**4**:
　　3-8

姜克隽,胡秀莲,庄幸,等.2009.中国 2050 年低碳情景和低碳发展之路.中外能源,**14**(6):1-7

蒋金荷,姚愉芳.2002.气候变化政策研究中经济—能源系统模型的构建.数量经济技术经济研究,**7**:
　　41-45

李兰,陈正洪,洪国平.2008.武汉市周年逐日电力指标对气温的非线性响应.气象,**34**(5):26-34.

王守荣,巢清尘,缪旭明.2001.气候变化情景下能源效率及其平等准则的研究.中国人口资源与环境,
　　4:65-69

吴息,缪启龙,顾显跃.1999.气候变化对长江三角洲地区工业及能源的影响分析.南京气象学院学报,
　　22(S1):541-546

吴向阳,张海东.2008.北京市气温对电力负荷影响的计量经济分析.应用气象学报,**19**(5):531-538

张海东,孙照渤.2008.气候变化对我国取暖和降温耗能的影响及优化研究.北京:气象出版社,
　　113-114.

周大地,徐华清.2004.气候变化的能源应对战略.科学中国人,**9**:30-31

ADB.2009.The Economics of Climate Change in Southeast Asia:A Regional Review. Asian Develop-
　　ment Bank,Manila.

第8章

气候变化对交通的影响评估方法

曹丽格，Thomas Fischer（国家气候中心）

导读

☞评估方法（可见 8.3 部分）。

✓研究气候变化引发的极端天气气候事件以及恶劣气候条件造成的交通事故的影响评估，可选用统计模型法。

✓研究未来气候变化情景下，在道路的勘察设计、施工到投入运行中考虑有关基础设施对气候变化影响的适应能力，可选用气候情景法。

✓按照交通分类，对气候变化的影响进行评估，可选用分析归类法。

8.1　引言

交通运输一般包括铁路运输、公路运输、水路运输、航空运输和管道运输 5 类。交通运输业是国民经济的重要组成部分。中国地域辽阔，幅员广大，交通运输在经济发展、社会进步方面扮演着重要的角色。而交通运输与自然环境有着密切的关系，特别是对气候变化的反应比较敏感。交通运输的各个阶段都离不开气候的影响，例如在道路的勘察设计、施工到投入运行等过程中均涉及气候因子等。

近十几年由于中国经济的快速发展,对交通运输的要求越来越高,气候异常对交通运输的影响也就越来越明显,由此所造成的交通运输的损失也越来越大。未来几十年内,全国的平均降水量将会增加,但降雨量分布不均,预示由强降雨引起的洪涝、泥石流等灾害可能会更加频繁,这对公路交通基础设施会造成较大的破坏,灾害性天气增加交通事故发生的频率,在东南沿海地区,台风、飓风等极端天气将会毁坏道路,海平面的上升,将会淹没沿海低洼公路;青藏高原和天山冰川的退缩速度增加,对以这些冰川融水为主要来源的河川径流将产生较大影响,干旱范围的扩大使干旱区的河流水位降低,甚至出现断流的现象,增加内河运输的成本,台风等极端天气的发生会增加海运的危险,增加海岸侵蚀,使港口功能减弱;大雾等极端天气的发生降低能见度,延误航班,滞留旅客,增加航空运输成本,雷暴容易击中飞机,破坏通讯,强降雨、降雪、大风也会毁坏机场基础设施(焦和平,2000)。

8.2 评估框架

2007 年 12 月在日本东京举办的气候变化和交通战略国际研讨会上,有关专家就气候变化与交通影响关系形成以下观点:1)交通是温室气体的主要排放源之一,因而也是气候变化的主要原因之一。交通引起的 CO_2 当量的排放占 13%~14%,CO_2 的排放占23%~24%(经济合作与发展组织成员国 30%);2)相对于航空和机动车,铁路对气候变化和环境的影响较小;3)全世界对飞机和机场的需求正在以每年 5%的速度增长,机场和航空管理系统正面临严重的容量不足问题;4)城市间高密度客流线上的高速铁道的建设,不仅可以缓解机动车和飞机的运载压力和拥挤问题,也符合气候变化相关环境政策的要求(唐克双,2007)。

气候变化对交通影响的评价,可以按图 8-1 框架进行相关评价等,首先从气候变化异常出发,分析评价其对与交通线路勘察、选线、设计以及运营等各方面的影响,并提出减缓对策措施,例如在交通设施、调度、路基设置、驾驶员培训等方面开展工作应对气候变化可能带来的影响等(巢清尘,2000)。

在道路勘察、选线、设计时要考虑当前的气候条件和未来的气候变化的影响。如陆路交通选线时,要考虑到沿线的雪情、暴雨引发的泥石流、滑坡、塌方等,山区沿河公路选线时,应偏高一些,使路基埋深在设计洪水的冲刷线以下。吹雪地段,除积雪深度外,路线宜选在迎风坡以直线通过,并且和主导风向平行或垂直。

随着海平面的上升,一些沿海低洼地区的公路被淹没,破坏交通基础设施;随着城镇化进程的发展,大量的移民陆续迁入沿海地区,造成有些脆弱地区的道路交通压力增大,服务需求上升。滨海地区湿地的消失和退化减少了交通设施保护的缓冲区,增加了气候变化影响的危害。

气候变化对交通的有利影响。比如海洋运输可能从不断开放的通向北极的海上航运中获利,随着北极冰的消融,可以开辟新的更直接的航道,可以节省时间和成本,在寒冷的地区,气温的上升可以减少控制温度的花费,改善居民陆上运输或水运的条件。

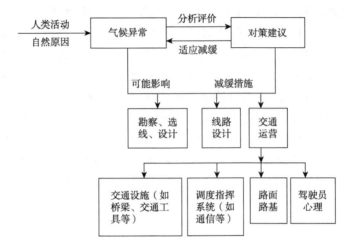

图 8-1 气候变化对交通运输的影响及应对策略

8.3 评估方法

(1)统计模型法。主要用于因气候变化引发的极端天气气候事件以及恶劣气候条件造成的交通事故的影响评估。通常运用线性或非线性回归分析方法,建立有关天气条件和要素对交通事故损失的关系方程,同时可以依此建立统计预报方程,根据天气预报信息事先估计可能的交通事故态势。

(2)气候情景法。根据未来气候变化情景,特别是温度和降水量的变化,在道路的勘察设计、施工到投入运行中考虑有关基础设施对气候变化影响的适应能力,如在高原冻土地区,铁路、公路建设必须要考虑气候变化对冻土消融的影响。同时,根据气候变化情景及海平面未来变化情况,评估气候变化对沿海地区交通的影响。

重大交通工程的设计、建设和运行中也要考虑气候变化的因素,努力使交通基础设施不受或少受未来气候变化的不利影响。例如,因沥青路面的吸热作用和气候变暖的影响,青藏公路路基下部的多年冻土已经发生了较大变化,出现了"凹"型融化盘,冻土在垂直方向上甚至出现了融化夹层,据统计有37%的路段被破坏,其中大约90%是由于融化下沉引起的(吴青柏等,1995)。气候变化对高温高含冰量冻土影响显著,青藏铁路穿越多年冻土地区的筑路工程设计必须考虑未来气候变化的影响。

(3)分析归类法。对于不同类别的交通,容易受到不同气象因素的影响。按照交通分类,对气候变化的影响进行评估。气候变化导致极端天气事件增多,特别是台风、飓风和风暴潮等极端天气气候事件对交通系统基础设施的影响是巨大的。1)陆上交通极易受到强降水、雷暴、大雾和大雪的影响。强降水导致公路路面潮湿、积水,使铁路上垫坡坍塌、滑坡落石、掩盖铁轨;洪水、滑坡、泥石流、雪崩等灾害冲毁路基、桥梁、涵洞、公路挡墙,甚至冲坏铁路,破坏通讯设施等;雷暴可能危及铁路通讯信号,使铁路运作系统处于瘫痪;大雾使能见度低,车速受限,交通容量减小;大雪使路滑难行,刹车失灵(黄雪松等,2003)。2)水上运输容易受到台风、海平面变化及极端天气的影响。台风可以影响航速、航向,使船舶产生漂移,产生安全隐患,其造成的巨浪会引起船舶的剧烈摇摆和垂直运动,甚至掀翻船舶;大雾使海面上能见度降低,影响视程,易使船只搁浅、触礁或发生相撞事故;气候变化造成的海平面上升使河流泥沙口滞留位置上溯,增加内河运输的成本;极端天气会造成内地河流严重干旱,低的水位致使河流船只无法正常航运,严重影响内陆河的水上交通。3)航空运输与地面风、低云、降水、雷暴以及低能见度等气象要素密切相关。大雾使能见度降低,不符合飞机起飞的要求,延误航班,滞留旅客,增加航空运输的成本;遮蔽机场的云过低,易造成飞机与地面障碍物相撞,发生飞行事故;侧风的作用会增加飞机起、降的难度,增加飞机滑行出跑道的危险;云中强烈湍流和阵性垂直气流造成飞机强烈颠簸,使飞机偏离航向,不能保持飞行高度,飞机操作性能恶化;飞机易遭雷击,干扰无线电通讯;冰雹、龙卷风会对飞机造成损害;高温导致部分零部件迅速老化和失效,增加飞机养护费用。

另外,交通运输系统应对气候变化应逐步从定性向定量化转变,为此,应尽早建立交通运输防灾减灾资料库,该资料库可包括气候灾害历史演变资料、分类交通系统典型灾情案例分析、对策方案、评价方法以及国外信息,为有关部门提供咨询服务(巢清尘,2000)。

8.4　评估案例

8.4.1　气候变化对美国交通影响评估报告

美国国家科学院于 2008 年发布了气候变化对交通基础设施潜在影响的评估报告。该项研究由美国交通部、气候科学家和其他领域专家历经 3 年完成,报告编委会考虑了5 个气候变化对交通的影响因素:1)高温和热浪;2)大西洋水温的上升;3)海平面的上升;4)增加的强降雨事件;5)增加的飓风强度和频率。研究确定了极端寒冷和极端温暖事件以及洪水和风暴对道路、桥梁、铁路和水路构成的风险,并提出了若干的适应战略建议,包括对新的基础设施设计的事先规划中要考虑预估的未来气候条件。

2008 年 3 月 28 日《科学》杂志刊登了该报告的部分内容,并指出美国的公路、码头、铁路尚未做好应对气候变化的准备。研究区域锁定在从阿拉巴马州的莫比尔到得克萨斯州的休斯顿的一条约 80 km 宽的海岸带,该地区居住着 1000 多万居民。据全球气候变化预估,在未来 50～100 年里,中等变幅的气候变化将使该地区的海平面上升1.22 m,这会导致该地区 1/3 的主要交通干线被海水永久性淹没,72% 的码头会遇到风险,大部分的公路和 29 个机场可能会受到由强风暴引发的大洪水的袭击。

报告还指出,如果气温升高 0.5～2.5℃,将导致公路和铁路线发生扭曲形变,因此需要更加坚固的路面,这就需要相应地增加道路管理基金对道路进行更好的维护和修缮。随着气候变化的持续,交通基础设施的脆弱性将会向内地扩展,例如在美国中西部,增加的强降水会严重扩大洪水的破坏,像发生于 1993 年的美国中西部洪水,造成农场、城市和交通路线严重破坏,沿着密西西比河约有 800 千米的洪水泛滥。另一方面,气候变化造成的极端天气会造成五大湖地区和圣劳伦斯河附近的严重干旱,很低的水位使河流船只无法正常航运,严重影响河流的水上交通,例如发生于 1988 年的美国干旱,造成密西西比河的停运,并且在加州热浪还会酿成严重的森林大火,破坏交通基础设施(戴洋,2008)。

8.4.2　气候变化对青藏铁路的影响评估

随着气候变化的影响,青藏高原的升温可能导致青藏高原多年冻土空间分布格局将发生较大变化,影响青藏高原铁路冻土区的地基稳定性。徐影等(2005)利用由 IPCC 数据分发中心(DDC)提供的 5 个全球海气耦合模式(包括海冰与陆地生态系统)(CCC-ma,CCSR,CSIRO,GFDL,Hadley)气温及降水的模拟结果,对温室气体排放情景 SRES A2 和 B2 影响下,青藏高原及铁路沿线未来 50 年气温和降水的变化进行了分析,包括整个青藏高原地区 2011—2040 年,2041—2070 年的温度和降水空间分布特征以及 21 世纪前 50 年温度和降水变化的线性倾向等,结果表明:在人类活动引起的温室气体不断增加的情况下,21 世纪青藏高原地区的温度将继续增加,在 B2 排放情景下,2011—2040 年年平均温度增暖在高原主体达到 1.6℃;2041—2070 年,整个青藏高原的温度将上升 2.8～3.0℃,A2 排放情景下的升温幅度比 B2 排放情景下略高。对青藏铁路沿线地区各站 A2 和 B2 两种排放情景下,每 10 年平均温度分析表明,在 A2 排放情景下,到 2050 年前后青藏铁路沿线各站的温度增加将是 2010 年时的 2～3 倍左右,A2 时在 2.56～2.96℃之间,B2 时在 2.37～2.65℃之间。对 21 世纪前 50 年整个青藏高原地区温度变化的线性倾向的空间分布的分析可知,在 A2 排放情景下,大部分都在 1.5～2.5℃/(50 a)之间,冬季大部分地区的变暖倾向都在 2.0℃/(50 a)以上,有些地区达到 2.5℃/(50 a)以上,夏季在 2℃/(50 a)左右;B2 时青藏高原地区温度变化倾向的分布趋势与 A2 时基本一致,只是变化的数值偏低约 0.5℃。对 21 世纪青藏高原地区降水变化的预估结果表明,与温度不同,在两种不同的排放情景下,降水的变化较为复杂。总体来说,21 世纪前 50 年青藏高原大部分地区的降水为增加趋势。

另外,由于气候变化预测具有较大的不确定性,而工程设计如果按照未来 50 年气温升高 2.2～2.6℃来考虑,投资和工程技术上存在相当的难度,综合考虑各种因素后,青藏铁路工程实际上以 50 年气温升高 1℃来设计。但现有抬高路基增加热阻的筑路技术不能满足这一升温要求,必须采用新的筑路技术。青藏铁路筑路工程技术通过采用调控热的传导、辐射和对流以及综合调控措施达到降低多年冻土温度、最大限度地确保多年冻土区路基的稳定性(吴青柏等,2007)。

8.4.3　极端气候事件增多对交通事故影响的分析

　　在气候变暖背景下,极端天气气候事件增多,暴雨、雾、霾等恶劣天气条件下交通事故增多。许秀红等(2008)通过对黑龙江道路交通事故与气象条件分析建立,并研制了评定交通安全的气象环境指数及安全等级。贺芳芳等(2004)对上海地区不良天气条件与交通事故的关系进行了研究。

　　将交通事故按照伤亡人员、经济损失等不同权重组合后得到的量化指标——交通事故指数,来反映交通事故的严重程度,从而得出雨日的日均交通事故指数比晴、阴日高。冬季雾对交通影响的程度较大。轻雾天气日均交通事故指数比雾天高。下雪第二日的日均交通事故指数较高,比冬季日均交通事故指数高 0.36。冬季最低气温之变温值 $\leqslant -4℃$ 时,日均交通事故指数最高;春季较暖湿度大影响交通安全,冷空气侵袭也会严重影响交通;夏季高温高湿对交通的影响比高温酷暑大。

　　同时,将日雨量 $\geqslant 0.1$、5、10、15、20、25、30、35、40、45、50 mm 的各级日雨量与相应的日均交通事故指数作图,发现曲线呈抛物线形状,两者的数值关系近似为二次函数关系,用非线性回归分析法计算出它们之间的统计方程为 $Y = -0.0002X^2 + 0.0002X + 4.9494$,复相关系数 $R = 0.868$,用 F 检验来检验回归效果,在置信水平之上,显示这两者相关关系较好,依此建立日交通事故指数与各级雨量的统计预报方程,通过天气预报预报的各雨量级就能预报出相应的日交通事故指数(图 8-2)。

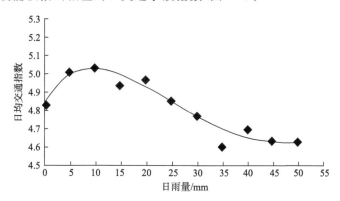

图 8-2　日雨量与日均交通指数的关系

参考文献

巢清尘. 2000. 气候异常对交通运输影响的对策研究. 灾害学, **15**(3):79-85

戴洋编译. 2008. 公路、码头、铁路尚未准备好应对气候变化. 气象软科学, 2(原文载 science Vol. 319. no. 5871, PP. 1744-1745)

贺芳芳, 房国良, 吴建平, 等. 2004. 上海地区不良天气条件与交通事故之关系研究. 应用气象学报, **15**(1):126-128

黄雪松,丘平珠,唐炳丽.2003.广西交通与气候.广西气象,**24**(4):46-49

焦和平.2000.气候变化研究的挑战.全球科技经济瞭望,**2**:40-41

唐克双.2007."气候变化和交通战略国际研讨会"在东京召开.城市交通,**6**(1):58

吴青柏,程国栋,马巍,等.2007.青藏铁路适应气候变化的筑路工程技术.气候变化研究进展,**3**(6):315-321

吴青柏,童长江.1995.冻土变化与青藏公路的稳定性问题.冰川冻土,**17**(4):350-355

徐影,赵宗慈,李栋梁.2005.青藏高原及铁路沿线未来50年气候变化的模拟分析.高原气象,**24**(5):700-707

许秀红,闫敏慧,于震宇,等.2008.道路交通事故气象条件分析及安全等级标准——以黑龙江省为例.自然灾害学报,**17**(4):53-58

气候变化对人体健康的影响评估方法

曹丽格,王长科,Marco Gemmer(国家气候中心)

方玉(南京信息工程大学)

导读

☞评估方法(可见 9.3 部分)。

✓研究气候对现行分布的疾病的影响,可选用统计模型法。

　➤研究气候变量和生物参数的关系,可选用基于过程的(数学)模型,这种建模方法
　　特别适用于疟疾和登革热。

　➤研究未来气候变化对疟疾和其他传染病的影响,可选用基于气候变化情景的
　　模型。

✓分析高温热浪和寒潮等极端天气气候事件的影响,可选用案例分析法。

9.1　引言

　　气候变化可能影响几百万人口的健康状况,例如营养不良及营养失调增加,热浪、
洪水、风暴、火灾和干旱导致的死亡、疾病和伤害增加,腹泻疾病增加,与气候变化相关

的地面臭氧浓度增高导致心肺疾病发病率增加,某些传染病传播媒介的空间分布发生改变等。虽然气候变暖也会产生一些健康效益,但是这些效益可能不足以抵消全球温度增加对健康带来的负面影响(陈凯先等,2008)。

气候变化对人体健康的影响研究始于 20 世纪 80 年代末和 90 年代初。起初,人们主要对气候变化与极端气候事件(如热浪、寒潮等)给予了关注。因此,这一阶段大部分研究是与气候变化背景下的极端气候事件相联系的。1995 年以来,有关研究转到与传染病特别是与流行性疾病年际变化有关的自然气候变化对人体健康的影响上,以及不同人口规模城市的逐日天气变化和死亡率之间的关系方面,并在气候变化对流行性疾病传染影响的模拟方面取得了较大发展(陈志,1999;袁辉等,2006)。中国科学家利用有关模型模拟研究了气候变暖对国内血吸虫病、疟疾、登革热、流行性乙型脑炎、广州管圆线虫病、钩端螺旋体病以及其他虫媒疾病的影响及预测方法,综述了气候变暖对中国几种重要媒介传播疾病影响的研究进展(杨坤等,2006)。

目前,国内关于人体健康影响成果主要集中在血吸虫传播与气候关系和气象要素变化对部分疾病的影响方面,而一些发达国家和发展中国家已经开展气候变化对健康影响的评估。但是,在大多数国家中,由于行业的差别化和相关政策环境部门间合作不够,医疗卫生部门主要忙于疾病治疗和处理,对于气候变化与人体健康的研究有限(WHO,2002)。

9.2 评估框架

气候条件的变化对人类健康的影响有多种方式(图 9-1)。从影响途径角度来区分主要有以下 3 种类型:1)相对直接的,随着气候变化,极端天气气候事件和灾害性天气增多,恶劣天气导致人员伤亡。2)因为气候变化,导致环境的变化和生态系统的破坏,从而使人类健康受到相应的影响。3)伴随气候变化因素导致的经济混乱、环境恶劣、矛盾丛生,从而导致人们意志消沉,流离失所,这种情况会对人类健康造成各种各样的后果,

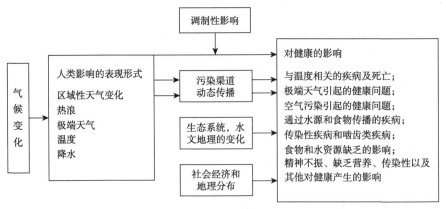

图 9-1　气候变化对人类健康造成影响的若干方式(WHO,2003)

如外伤,传染性疾病,缺乏营养,心理素质极差等(WHO,2003)。

气候变化(包括气候可变性在内)对人类健康影响的评估思路主要有两种:第一,利用气候变化的预测数据,对未来的疾病发生和传播情况进行推测。第二,以现有的关于气候条件和健康后果关系的知识为基础,利用可预测的计算机模型进行模拟评估。虽然这些模型不能确切地预测出将要发生的事情,但是他们可以显示出当某种未来气候(以及其他特定的)条件被满足时会发生的事情(WHO,2003)。

气候变化与人类健康的研究范畴包括气候变化与健康的因果关系,风险评估,人口可变性和适应能力以及对策的评估。世界卫生组织将对气候变化与健康的研究列为公共健康科学的内容,如图 9-2 所示。

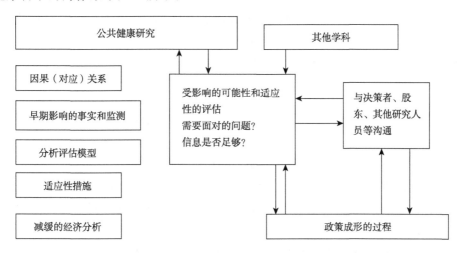

图 9-2　公共健康研究关于气候变化的研究任务(WHO,2003)

9.3　评估方法

(1)统计学模型。推导出一个统计(经验)的关系,其介于当前疾病的地理分布以及当前位置的具体气候条件。这说明了气候对现行分布的疾病的影响,并假定人为干预的水平(疾病控制,环境管理等)。假设在任何特定的气候带中各级的人为干预不变,届时将这一统计方程式运用到未来气候设想中,这样就可以预计未来疾病的实际分布。该类模型表述了这样一个问题:"如果仅改变气候条件,那么,这一改变会如何影响疾病的潜在传染?"当然,人为干预和社会环境的调节效果也可以被纳入到该模型中。这些模型已应用于气候变化对疟疾和登革热的影响中,在美国也应用到对脑炎的影响评估中(闫敏慧等,2001)。主要包括两类。

(a)基于过程的(数学)模型。用数学方程表示了气候变量和生物参数的关系。例如,病媒滋生、存活、叮人率和寄生虫发病率与气温、降水量等气象因子的关系,可以通过应用逐步回归分析得到的拟合模型。该模型通过一组方程式显示了给定的气候变数配置是如何影响病媒和寄生虫生物的,从而导致了疾病的传播。

这种建模方法特别适用于疟疾和登革热,这两种疾病的分布、传播与温度、降雨量和湿度等环境因素密切相关,主要是气温和降雨量对疟原虫的宿主繁殖及宿主内疟原虫的发育产生影响,降雨量和湿度直接影响蚊虫孳生地的分布。温亮等(2003)对海南省中南部疟疾高发地区发病率与气象因子的关系进行了拟合分析,得到发病率与近3个月温度的关系式:

$$I = -5.701 + 0.382t_{02} - 0.147t_{02\,min}, r = 0.798, 调整\ r^2 = 0.626$$

I 为月发病率,单位为万分之一,t_{02} 为近3个月的平均气温,$t_{02\,min}$ 为近3个月的最低气温。可以看出平均气温升高,发病率增高,气温日较差等也对发病率有一定影响。

对疟疾的模拟表明,小范围的温度升高会强烈地影响潜在的传播。在全球范围内,当温度上升 2~3℃ 时,可能感染疟疾的人数将增加 3%~5%,即增加几百万人。此外,在目前许多疟疾的流行区中,疟疾的季节性持续时间会增加。

除了常规的相关分析方法,时间序列的广义相加模型(GAM)是统计学方法在气候变化和健康评估中应用较广的一种。广义线性模型(GLM)和广义相加模型(GAM)的发展是过去30年中统计学领域的重要进步,GAM是GLM的扩展,适用范围更广,可处理应变量和众多解释变量间复杂非线性的关系。GAM的基本形式为:

$$g(m_i) = \beta_0 + f_1(x_{1i}) + f_2(x_{2i}) + f_3(x_{3i})$$

其中 $g(m_i)$ 代表各种连接函数关系,可以是多种概率分布,包括正态分布、二项分布、泊松分布、负二项分布等。$f_1(x_{1i})$、$f_2(x_{2i})$、$f_3(x_{3i})$…代表各种平滑函数包括平滑样条、自然立方样条和局部回归平滑等。时间序列资料的各个观察单位之间可能是非独立相关的。这种资料不能用普通的统计方法进行分析。GAM中可通过一系列函数控制时间趋势项和复杂的混杂作用,从而正确评价解释序列的效应。时间序列资料的GAM多是通过最小信息准则法选择最优模型,并需要检验模型的拟合优度(陈波等,2000)。

(b)基于气候变化情景的模型。将气候变化情景与健康影响模型相连接,并利用迅速发展的空间分析方法,同时研究气候和其他环境因素的效果,可以用于估计未来气候变化所导致的地面植被和地表水的变化,进而影响蚊虫和舌蝇及其所导致的疟疾和其他传染病。

中国学者利用该模型方法对钉螺和血吸虫病的变化情况进行了研究和评估。在全球气候变暖的趋势下,考虑到中国正实施南水北调工程,血吸虫病的唯一中间宿主钉螺有可能从长江以南向北迁移扩散(彭文祥等,2006)。全球变暖使得适宜于钉螺和血吸虫生长的时期在过去几十年中有不同程度的延长,气候变暖还缩短了钉螺和血吸虫完成辈分转换的周期,导致其密度增加。若北方地区的日平均温度满足血吸虫在钉螺体内发育的起点温度值 15.2℃,可导致钉螺分布的最北界向北移,使血吸虫病流行区范围扩大。三峡库区相当长时期后仍有可能成为血吸虫病流行区(吴成果等,2005;肖邦忠等,2008)。

(2)案例分析法。主要是用在高温热浪和寒潮等极端天气气候事件的影响分析上,将健康情况发生的事实与可能的原因进行联系、分析。

人们对气候变暖与死亡率变化作了多方面的研究,提出了"热阈"的概念,当气温升高超过"热阈"时,死亡率显著增加。例如,美国洛杉矶在受热浪袭击期间,85 岁以上老人的死亡率是正常时的 8 倍。上海 1980—1989 年的研究结果表明,当夏季气温超过34℃,死亡率急剧上升。葡萄牙、日本、加拿大、埃及等国进行的类似研究也发现有相同的规律(张庆阳等,2007)。近年来夏季高温日数明显增多,特别是湿度和城市空气污染的增加,进一步加剧了高温热浪对人体健康的影响,其中最直接的影响是中暑发病率和死亡率的升高;另外,随着气温升高,夏季高温日数增加,心脏病和高血压病人发病和死亡率都将增加。根据 2020 年和 2050 年的气候变化预估,夏季的死亡率将会有较大增加,尤其是老年人(刘学恩等,2002)。

厄尔尼诺现象与委内瑞拉、哥伦比亚等地与疟疾流行的关系的研究结果表明:在厄尔尼诺现象出现的第 1 年,委内瑞拉的疟疾患者增加 37%、哥伦比亚的疟疾患者增加35.1%。在 1997/1998 年厄尔尼诺现象活动高潮期,索马里、肯尼亚、厄瓜多尔出现高温、洪水,有 8.9 万人感染上裂谷热病;委内瑞拉、巴西等国大面积干旱,引起疟疾和猩红热爆发,造成许多人死亡。表 9-1 是在 1997/1998 年厄尔尼诺期间,一些国家的极端气候事件及爆发的疾病的联系(严有望,2001;王秀峰,2001)。

表 9-1　　　　　　1997/1998 年厄尔尼诺期间世界各地极端气候事件及爆发的疾病

发生的疾病	国家	极端气候事件
疟疾和猩红热	印度、斯里兰卡、巴基斯坦、东非、圭亚那、巴布亚新几内亚	干旱
裂谷热病	索马里、肯尼亚、厄瓜多尔	高温、干旱
霍乱病	乍得、几内亚比绍、坦桑尼亚	洪涝
儿童腹泻病例增加	秘鲁	高温、洪涝

(3)综合评价方法。有些气候变化对健康的影响很容易量化(例如因暴风雨和洪水导致的死亡),有些则难以量化(例如因为气候变化导致的食物缺乏对健康造成的后果)。对未来多样化的世界,需要足够的具有代表性的模型以提供气候变化对未来健康进行有益的、可信的估计,对影响的实际模型预测进行高度的"整合"。

杨坤(2008)将血吸虫病景观格局与贝叶斯复合模型的构建,在地理信息系统(GIS)和遥感(RS)技术的支持下,以主要的自然环境因素(水、植被、温度等),景观因素(土地利用、土地类型等)及社会因素等作为研究指标,在血吸虫病流行区分别构建基于景观格局和贝叶斯模型的钉螺和血吸虫病分布复合模型,阐明和预测同一环境不同尺度、同一尺度不同环境类型的钉螺和血吸虫病分布的时空规律。

气候变化对人体健康的影响毋庸置疑,但其对人体健康影响的机制和程度尚存在很多不确定性,如何应对气候变化,保护人类健康更是日趋紧迫的课题。因此,加强国际和国内多领域、多学科的合作,有必要开展相关研究,如利用国内外气象和气候数据资料,应用地理信息系统技术,集成疫情和其他环境数据库,建立气候变化及其对人体健康影响相关的科学研究基础数据库,从而建立中国气候变化对人体健康影响评价体系,对中国主要流行病、传染病开展气候风险评估和气候区划研究,确定各季节、各地区传染病防治的重点具有重要的意义。在适应气候变化对策方面,应建立和完善健康保障体系,尤其对气候变暖最脆弱的群体应给予更多关注。

9.4 评估案例

9.4.1 国外的典型评估案例

英国的评估集中在对取得的医疗卫生成果的定量研究,研究框架包含了 3 个时间段和 4 个气候影响假设,评估包括:与发热和风寒有关的死亡和住院,食物中毒的实例,恶性疟原虫疟疾(全球)、蜱传脑炎(欧洲)、季节性传播期疟原虫疟疾(英国)的分布变化,因平流层臭氧的消耗而导致皮肤癌的实例。结论是河流和沿海水患以及严寒的冬季大风天气增加是产生影响的主要原因,同时阐述了气候变化的不利影响和潜在的利益两者之间的平衡。

斐济的影响评估表明了人体健康在当前医疗保健环境下受到气候变化的影响,主要关注的是登革热(1998 年以来的近期疫情)、腹泻病及与营养有关的疾病。通过将登革热传播模型纳入一个针对太平洋群岛(PACCLIM)开发的气候影响模型,模拟结果表明气候变化可能会延长登革热疾病在斐济的传播季节,并且疾病的地理分布可能扩大。由于气温上升和降雨量分布的改变,特别是 1997 年和 1998 年的干旱(与厄尔尼诺相关)已对健康产生了普遍的影响,包括腹泻病、营养不良、儿童和婴幼儿的微量营养素缺乏症。

加拿大卫生部已经起草了一份框架,从 3 个方面来评估气候变化对人体健康的影响:1)范围:确定气候变化影响健康的主要问题(特别在弱势群体关注的方面),描述医疗保健的负担和风险的现状,确定评估的主要合作伙伴和问题。2)评估:估计今后的影响及适应能力,并评估改进的计划、政策和方案。3)风险管理:尽量减少影响健康的行为,包括进行后续评估。这类与大气气候及环境变化有关的健康影响评估,其准则需要符合世界卫生组织和其他国际机构的主流健康评估(HIA)框架。这将促进气候变化与环境演化之外的领域对气候变化政策的讨论,并使气候变化及其影响问题研究进入社会和公共健康的舞台。

9.4.2 气候变化对心脑血管疾病影响

李永红等(2008)对中国部分城市社区心脑血管患者进行健康问卷调查和体检,结合气象资料,研究中国典型城市气候特征和变化趋势及其对心脑血管疾病症状发生情况的影响。

(1)收集的资料包括:①疾病死亡资料,收集研究目标城市近年来疾病监测报告系统中心脑血管疾病逐日死亡资料；②气象资料，收集研究目标城市气象部门的近几年逐日气象资料（日最高温度、日最低温度、日平均温度、相对湿度、气压、风速、日照、降水量等指标）；③人口资料，收集社区居民每年的分性别、年龄人口数，分性别死亡、出生、迁入、迁出人口数；④大气污染资料，尽可能从环境监测部门收集该城市近 3～5 年逐日大气污染数据，包括 PM10、TSP、SO_2、NO_x 及 O_3 等。

（2）现场调查的方法和实施。①在社区选择上有一定的原则和要求，被选择的社区应当已建立完善的居民死因/重点传染病/恶性肿瘤发病的登记系统，有社区医院或社区卫生服务站，同时获得市/区政府支持；②研究对象要选择典型城市中 1～2 个医疗完善的社区，并从社区医院中选择因心脑血管疾病（冠心病、脑卒中）住院的患者进行问卷调查和相关体格检查资料的收集，有关冠心病、脑卒中患者调查样本不少于 200 名；③调查内容主要包括个人问卷调查、相关体检资料的收集，个人问卷部分要包括个人的基本情况，健康状况，家庭基本情况，家庭空调或暖气的使用情况，个人疾病史和家族疾病史等，体检资料要收集体温、心律、血压、心脏听诊、心电图和相关生化检验指标等；④调查数据质量控制，由社区医生于冬夏两季对住院的冠心病和脑卒中患者进行问卷调查和体格检查（体温、心律、血压、心脏听诊、心电图等），并按照研究负责单位提供的数据库输录，使用统一的问卷调查表，确保问卷合格率超过 90%。

（3）使用 GAM 模型进行影响分析评估。采用时间序列的广义相加模型（GAM）建模原理，对各城市过去 5～10 年心脑血管疾病死亡与气象资料进行非参数拟合，分析对心脑血管疾病死亡影响显著的气象因素，利用研究目标城市的相关资料建立心脑血管疾病死亡的气候影响评估指标体系和气候评估模型，并在其他城市进行验证。使用西安、哈尔滨、南京、广州等城市数据进行分析后，发现心脑血管疾病、呼吸系统疾病患者死亡率与气温的关系密切，高温或低温都可使死亡增加，气候变化对心脑血管疾病及呼吸系统疾病的影响非常明显（路凤等，2008）。这与日本在横滨、东京等城市的研究结果基本一致，也与之前有关温度对呼吸道和心脑血管疾病影响方面的部分研究结果相似（表 9-2）。

表 9-2　温度对呼吸道和心脑血管疾病影响方面的部分研究论文摘要（岳海燕等，2009）

发表年份	作者	论文题目	研究区域	资料年份	主要结论
1981	王衍文	急性心肌梗塞发病率与气象关系探讨	北京地区（住院人数）	1977—1979 年	冬半年为该病高发期，冷锋过境、大风降温易导致心肌梗塞发病人数上升
1993	印佩芳、马辛宇、袁军	脑卒中与天气过程的关系	杭州地区（住院人数）	不详	冷空气降温容易诱发此病，但脑出血大多出现在降温后，脑梗塞大多出现在降温前

发表年份	作者	论文题目	研究区域	资料年份	主要结论
1994	蔡世同、邓晓莹	高血压病与气象关系探讨	广西田阳县（住院人数）	1988—1992 年	在低纬度、炎热地区高血压多发期出现在气温、气压急剧变化的春、秋季
1994	程爱群	南京天气和心血管疾病住院率之间的关系	南京市	1988 年 12 月—1989 年 2 月	心血管疾病病发率随气压的下降而增加，随气压的升高而降低；逐日气温在月平均气温以下的降温和月平均气温以上的增温与心血管疾病发生有明显的相关性
1999	王尚桐、崔虎	乌鲁木齐顿河区急性心肌梗塞发病率与气象关系的分析	新疆地区（住院人数）	1979—1996 年	高压、低温条件下急性心肌梗塞发病率高
2002	刘学恩、李群娜、赵宗群等	气温及冷空气对武汉市心脑血管疾病死亡率的影响	武汉市（住院人数）	1991—1998 年（不包括 1995 年）	心脑血管疾病死亡率与夏季月平均气温呈正相关
2005	叶殿秀、杨贤为、吴桂贤	京、沪两地脑卒中发病率及其预测模型的对比分析	北京地区、近郊区、上海地区	1987—1992 年	秋冬季节，气温急剧下降时发病率高
2007	王玲、白原、刘小云等	高血压与气象因素的关系	呼和浩特市（住院人数）	2000—2003 年	高血压发病与日平均气温呈负相关，与日平均气压呈正相关，即气温低、气压高时高血压发病率增高；反之发病率降低

9.4.3 气候变化对传染性疾病影响评估

由于受气候变化的影响，可能会导致传染性疾病的流行范围扩大和传播能力增强，甚至会加速某些新发传染病的传播或已经得到控制传染病的复现。多数虫媒疾病都属温度敏感型传染病，气候变化将引起疾病传播媒介的地理分布范围扩大，从而增加了媒介传播性疾病的潜在危险（如血吸虫病、疟疾、登革热等），随着气候变化，疟疾、吸血虫病、登革热等虫媒疾病将殃及世界 40%～50%人口的健康（于长水等，1998）。

　　周晓农等(2004)应用地理信息系统技术,探讨了划分血吸虫病流行区与非流行区的气温指标,建立了温度—钉螺适生性、气候—血吸虫传播等模型,在此基础上预测了血吸虫病流行扩散趋势,探索了气候变暖对钉螺北移的影响机制。研究表明,随着全球气候变暖以及中国南水北调工程的实施,若钉螺扩散,且适宜钉螺孳生的其他条件满足,则存在钉螺北移的风险,并对全球气候变暖是否导致血吸虫病北移作出了定量回答,画出了潜在扩散趋势图。

　　研究表明 2030 年血吸虫病潜在分布地区出现了北移(图 9-3),主要北移至江苏北部、安徽北部、山东西南部、河北南部等部分地区,而 2050 年将进一步北移,涉及山东省及河北省,中国西北部的新疆局部地区也成为适合血吸虫病的潜在传播区域(周晓农等,2004)。同时,当受气候变化影响,降雨量增加,水域面积增多或地表积水面积增加,可促使血吸虫感染钉螺的机会增多,尾蚴逸出量增多,而哺乳动物接触疫水机会也相应增多,原血吸虫病流行区的流行范围和流行程度也将相应扩大和加重(杨坤等,2006)。疟疾、登革热的分布、传播与气温、降雨量和湿度等环境因素密切相关,气温和降雨量对疟原虫终末宿主蚊虫的繁殖及蚊体内疟原虫的发育产生影响,雨量和湿度则影响蚊虫孳生地的分布。气候变化所引起的温度和降雨变化,势必会影响疟疾的原有分布格局。近 20 年来,原来没有病例发生的中国广东、广西、福建、浙江等地先后爆发了登革热。

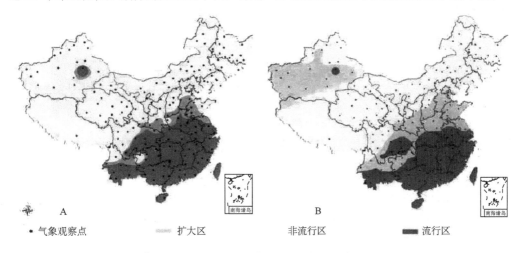

图 9-3　中国 2030 年(A)与 2050(B)年血吸虫病传播空间分布预测图(周晓农等,2004)

　　气候变化造成自然环境的剧烈变化也是不可忽略的,物种的演化可能打破病毒、细菌、寄生虫和敏感源的现有格局,产生新的变种,如 2003 年春季,相继在中国广东、北京、山西等地爆发的 SARS 疫情,给社会和人类健康及生命带来极大的危害。SARS 疫情的爆发与天气条件有关,即容易发生在大气出现逆温的天气里,容易出现大气逆温的气候区有助于 SARS 流行。而禽流感多发生在冬、春季节,在 1、2 月份是一个高峰,夏、秋季则很少发生。气温回升、光照充足则抑制了禽流感的传播。

参考文献

陈波,杨宏青,陈正洪.2000.医疗气象预报业务系统的开发与研制.湖北气象,(3):39-30

陈凯先,汤江,沈东婧,等.2008.气候变化严重威胁人类健康.科学对社会的影响,1(1):19-25

陈志.1999.中华医学会全国第四次地方病学术会议论文集,18-26

李永红,程义斌,金银龙,等.2008.气候变化及其对人类健康影响的研究进展.医学研究杂志,37(9):96-97

刘学恩,李群娜,赵宗群.2002.气温及冷空气对武汉市心脑血管疾病死亡率的影响.中国公共卫生,18(8):948-950

路凤,金银龙,程义斌.2008.气象因素与心脑血管疾病关系的研究进展.国外医学(卫生学分册),35(2):83-87

彭文祥,张志杰,庄建林,等.2006.气候变化对血吸虫病空间分布的潜在影响.科技导报,24(7):58-60

温亮,徐德忠,王善青,等.2003.海南省疟疾发病情况及利用气象因子进行发病率拟合的研究.疾病控制杂志,7(6):520-524

王秀峰.2001.厄尔尼诺现象与人类健康.中华医学科研管理杂志,14(4):254

吴成果,周晓农,肖邦忠.2005.三峡建坝生态环境改变与血吸虫病传播的关系.国外医学寄生虫病分册,32(5):224-228

肖邦忠,廖文芳,吴成果,等.2008.三峡库区生态环境变化对血吸虫病流行的影响及防治对策研究.热带医学杂志,8(8):844-847

闫敏慧,曹铁英,张志秀,等.2001.医疗气象预报方法及其预报自动化处理系统.黑龙江气象,(3):36-38

严有望.2001.厄尔尼诺现象与人类健康.自然杂志,23(3):149-151

杨坤,王显红,吕山,等.2006.气候变暖对中国几种重要媒介传播疾病的影响.国际医学寄生虫病杂志,33(4):182-187

杨坤.2008.血吸虫病景观格局与贝叶斯复合模型的构建.中国疾病预防控制中心博士论文

于长水,张之伦,从波泉.1998.全球变暖与传染病动向.中华流行病学杂志,9:114-116

袁辉,王里奥,黄川,等.2006.三峡库区消落带保护利用模式及生态健康评价.中国软科学,(5):120-127

岳海燕,申双和.2009.呼吸道和心脑血管疾病与气象条件关系的研究进展.气象与环境学报,25(2):57-61

张庆阳,琚建华,王卫丹,等.2007.气候变暖对人类健康的影响.气象科技,35(2):245-248

周晓农,杨坤,洪青标,等.2004.气候变暖对中国血吸虫病传播影响的预测.中国寄生虫学与寄生虫病杂志,22(5):262-265

WHO.2002.World Health Report 2002:Reducing risks,promoting healthy life.Geneva

WHO.2003.Climate change and human health-risks and responses.Summary.

气候变化对社会经济的影响评估方法

曹丽格，Marco Gemmer（国家气候中心）

高蓓，朱娴韵，谈丰（南京信息工程大学）

导读

☞评估方法（可见 10.3 部分）。

✓将损失的各个方面分别进行分析和计量，可选用部分均衡法。

✓在一个相互作用的市场体系中考虑气候变化的损失，可选用一般均衡法。

✓考虑适应气候变化的低碳城市规划和设计：参考无锡和德国杜塞尔多夫案例。

10.1　引言

　　气候变暖是人类面临的严重挑战，影响人类的可持续发展，对当前的社会经济等各方面产生了越来越深远的影响。气候变化将影响人类居住环境，如江河流域和海岸带低地地区，迅速发展的城镇，受气候变化最普遍、最直接的威胁是洪涝和滑坡。人类居住区目前所面临的水和能源短缺、垃圾处理和交通等环境问题，也可能因高温、多雨而加剧。IPCC 第四次评估报告指出，在一些温带和极地地区，气候变化对工业、人居环境和社会的影响是正面的,而对其他大部分地区则是负面的,但总体而言,气候变化越剧烈,负面影响就越大。气候变化社会经济的影响研究和评估,已经引起国际社会和各国政府的普遍关注。

10.2 气候变化的经济学分析

气候变化问题经济学分析是指有许多不确定性因素的情况下,在采取行动的成本与避免损失的收益之间进行权衡取舍,以寻求最优决策的优化过程。气候变化问题作为一个涉及环境经济和政治的综合性课题正在逐步形成具有一定框架体系的自然科学与社会经济结合的交叉性分支学科。

气候变化的影响相当广泛,尽管有一定的正面影响,如寒冷地区增温有利于农业生产 CO_2 的施肥效应等,但人们更多关注的是气候变化可能给人类社会带来的负面影响和巨大损失,如1)直接财产损失,防御性支出,耕地减少等;2)生态系统损失,湿地减少,物种灭绝等;3)基础产业部门损失,农业、林业、渔业等;4)其他产业部门损失,能源、水、建筑、交通、旅游等;5)人类福利损失,人类舒适性减少,疾病增加,空气污染迁移等;6)灾害的风险,洪水、干旱、飓风等。

这些影响大致可分为与市场有关的和非市场相关两大类,前一类影响可以在国民帐户中得到反映,而后一种影响是间接的,如对生态系统和人类舒适性的影响等。目前对气候变化损失的经济评估研究往往以 CO_2 浓度比工业革命前倍增的特殊情况为例,主要集中在对农业、林业部门的影响或海平面上升的成本,其他方面的影响,尤其是非市场相关的影响则很少涉及。

10.3 评估方法

(1)国内研究概述

1)王灿等(2005)应用一个综合描述中国经济、能源、环境系统的递推动态"可计算一般均衡"(CGE)模型,分析在中国实施碳减排政策的经济影响。CGE 模型中假定,生产者和消费者分别根据利润最大化和效用最大化原则,在资源约束和预算约束下,进行最优投入决策和支出决策,用一组隐含了上述优化决策过程的方程来描述经济系统中的供给、需求以及市场关系。模型一般由商品的价格与数量、生产要素的价格与数量、政策变量(如政府制定的税率)、技术进步变量、宏观变量等 5 类变量组成。

2)冯相昭等(2007)选取对气候变化敏感并且脆弱性较高的农业领域为研究对象,采用生产效应法对其由于极端气候事件而产生灾害(干旱、水涝和热带气旋)的直接经济损失进行评估,采用社会调查法对人员和房屋损失进行估算,并利用生产效应法(又称为生产率变动法)简单分析了目前的农业灾害风险救助体系,事实上是一种环境损害与效益的价值评估方法。这种方法主要通过衡量环境变化对受体造成影响的物理效果和范围,估计该影响对成本或产出造成的影响,进一步估算产出或者成本变化的市场价值。环境变化所带来的经济影响(E)体现在受影响产品的产量、价格和成本等方面,即净产值的变化上,可以用下面的公式表示:

$$E = \left(\sum_{i=1}^{k} p_i q_i - \sum_{j=1}^{k} c_j q_j\right)_x - \left(\sum_{i=1}^{k} p_i q_i - \sum_{j=1}^{k} c_j q_j\right)_y$$

其中:p 表示产品的价格;c 表示产品的成本;q 表示产品的数量。式中共有 $i=1,2,\cdots,k$ 种产品和 $j=1,2,\cdots,k$ 种投入,环境变化前后的情况分别用下标 x、y 表示。

3)张永勤等(2001)采用经济学上著名的"投入—产出"分析方法,结合气候变化对工业影响的统计模型和对农业产量影响的计算机模拟系统,建立了气候变化对区域经济影响的投入—产出模型,并预测了未来不同气候变化情景对经济部门国内生产总值和总产出量的影响,分析了当气候变化对工业、农业部门的生产和产品发生影响时,导致的国民经济其他部门生产和产品的改变、部门间需求量的变化和各部门间投入产出流量的变化,为决策者提供了一些适应气候变化的相应对策研究结果,为实现气候变化情景下区域经济的平衡与协调发展,以及制定区域经济的发展规划提供了理论依据。

4)丑洁明等(2006a)选择在经济研究中运用较为成熟的柯布—道格拉斯生产函数(简称 C-D 生产函数模型)作为研究的起点。这一模型是数学家柯布与经济学家道格拉斯于 1928 年首先提出的,经过其他经济学家不断的修改和完善,一直沿用至今,在经济学生产函数模型中仍占有重要的地位。C-D 生产函数模型比其他函数形式更适合描述粮食投入产出的过程,可以用它连接经济指标,进行经济分析。

(2)评估方法

1)部分均衡法

第一类称为部分均衡法,其主要特点是将损失的各个方面进行分别分析和计量,气候变化的总损失则是对各部分损失的简单加和也称列举法。Nordhaus 是较早对气候变化损失进行经济评估的学者之一,20 世纪 90 年代初他应用部分均衡法估算了农业和海平面上升的成本大约为国民生产总值(GNP)的 0.25%,考虑到非市场相关的影响损失可能达到 1%左右(误差范围为 0.25%~2%)。

2)一般均衡法

第二类方法称为一般均衡法,也称综合评价法,其特点是在一个相互作用的市场体系中考虑气候变化的损失。因为一个部门的损失可能涉及其他经济部门,不同影响之间具有相互作用,如农业产量的变化会影响到食品、烟草或纺织工业。一般均衡法克服了部分均衡法对各部分影响简单加和的缺陷,在损失成本评估研究中占主流,但它在更综合地考虑与市场有关损失的同时,却往往忽略了非市场相关的影响。具体研究工作如 1987 年 Kokoski 和 Smith 抽象地分析了两种方法之间的差异,认为部分均衡法可能造成相当大的误差。

10.4 气候变化对城市发展影响的综合评估

城市是人类社会发展到一定历史阶段的产物,作为所在区域经济社会的中心地区,尽管面积仅为地球表面的 1%,却居住着 50%～60%的地球人口。日渐城市化和气候变化是 21 世纪的巨大挑战,超过 30 亿人的居住的城市是排放温室气体的主要来源。特别是城市人口消耗了全球能源的 75%,估计的温室气体排放量高达全球温室气体的 80%,而高密度人口、基础设施、以及集中的城市经济活动特别容易受气候变化的影响,并需要调整适应。

由"墨卡托基金会"支持的中德合作支持项目"低碳未来城市"(综合气候和资源验证的城市发展),以中国的无锡市为例,进行了气候变化对城市的影响评估。

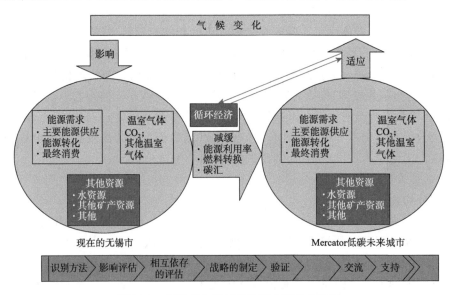

图 10-1　气候变化对城市的综合影响示意图

首先对一定无锡市地理边界内的内容进行科学分析,进行城市、郊区、农村的区分,并提供土地利用信息;其次是对城市内工业、商业、运输、城市供水基础设施、家庭等各部分进行分析;然后,基于城市长远目标,如 2020 年低碳城市,确定技术低碳标准(CO_2 吨/平方米,CO_2 总吨数,CO_2 生产单位等)和确定适当的计算方法(如建立认可的 CDM 模型)来进行无锡现状与无锡的气候变化影响和脆弱性、温室气体排放和资源利用的评估分析。

根据无锡市政府提供的信息和数据,可以对无锡市的社会经济发展、资源消耗和环境以及脆弱性进行简要分析,并且在平常情况且没有任何低碳城市的措施情况下来预测评估气候变化的影响。主要包括水、能源(电力和热能发电)、建筑等。通过描述无锡市 CO_2 排放和气候变化现状,来评估相关的气候变化影响、适应、减缓以及循环经济的问题。

无锡市的气候变化事实包括平均气温上升、降水模式发生变化以及极端天气事件发生更加频繁。这些变化已对无锡市造成了影响,例如,相应的供水需求和可用性。为了应对气候变化的影响,需要评估以下内容。

(1)分析 1960 年以来无锡市的气象要素(温度,降水,潜在蒸发)的变化以及这些气象要素的极端值。所需的输入数据来自无锡和邻近区域气象站的观测数据。采用的方法:年、月、日的极端事件统计,重现期分析,年、月、日的气象要素的非参数趋势检验,如极端降水的重现期,逐日降雨量和降雨强度的变化,潜在蒸发的变化检测。

(2)无锡市 2030—2050 年气候变化情景预估和极端值预估。采用国家气候中心的区域气候模式 RCM-3 进行分析,在 IPCC 4 种排放情景下预估 2050 年前年、月、日的气温和降水,并分析气温和降水的变率,统计变化范围。

(3)研究自 1960 年以来,无锡市的水量平衡变化及其极值,评估城市洪水的影响。所需的输入数据包括逐日水位和流量数据,洪水淹没深度及来自无锡市水文局的其他数据。研究方法包括降水和洪涝事件的时空变化规律,暴雨洪水的淹没动态模拟和损失评估。

(4)预估无锡市 2030—2050 年水量平衡(地表水体)变化及其极值,并预估未来可能发生的洪涝灾害。所需输入的数据:结合(2)和(3)的结果以及无锡市土地利用变化情况。研究方法:采用人工神经网络方法把气候变化预估数据与水文数据相关联,同样的方法也适用于洪水淹没损失计算。输出数据:预估无锡及邻近区域的洪涝和淹没损失的重现期、程度和范围。

(5)确认脆弱性和关键影响要素。在无锡市,这些很大程度上受到目前和未来气候变化的影响。研究方法采用无锡市极端气候灾害评估。利用(4)的结果同计划土地利用或官方土地利用规划图相叠加。分析判别气候变化对(1)~(3)部分的观测和未来的影响,对脆弱性(基本风险)和适应能力进行评估。

无锡市要建成低碳发展的城市,需要在不同减缓措施的影响下,主要在 CO_2 减排、提高能源利用效率和适应性方面加强工作。并通过建立综合城市模型来进行评估和监测。综合城市模型包括主要能源和其他资源消耗,基础设施发展和住房的创新策略,以及描述不同的技术解决方案。根据无锡市的能量经济模型,改进能源利用率,大量使用低碳或无碳燃料替代矿物燃料,开展 2030 年前的评估和预测。此外,模型要考虑循环经济,能源消耗和 CO_2 的适应活动带来的影响。为了估算不同因子对到 2030 年前的最终能源消耗的影响,考虑无锡市经济发展的不确定因素,需要对国内生产总值按照 3 种情景进行分析,来完成无锡市不同的低碳未来城市的情景,积极的情景包括使全球气候变暖不超过 2℃ 的适应性措施。

10.5 评估案例

丑洁明等(2006b)在 C-D 生产函数模型的基础上建立一个经济—气候模型,即在模型中添加气候变化因子,以此研究气候变化对粮食产量的影响。

生产函数是描述生产过程中投入生产要素的某种组合与它可能产生的最大产量之间的依存关系的数学表达式,即:

$$y = f(A, K, L, \cdots)$$

其中 y 为产出量,A、K、L 等分别表示技术、资本、劳动等投入要素,称为 C-D 生产函数模型。现在通常用的 C-D 模型有 3 个输入因子:土地、劳动力、资金投入,这 3 个因子在某一地区和某一时间段内不变,在此将可变的气候因子也作为输入因子,以求用这个新模型从总体上评价、分析和预测气候变化对中国粮食产量影响。

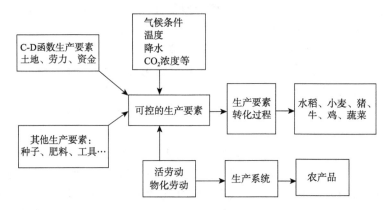

图 10-2　农业生产中生产要素和产品产出之间的关系图(丑洁明等,2006b)

设反映气候因素的参数为 C,新模型表达式为

$$Y_i = X_1^{\beta_1} X_2^{\beta_2} X_3^{\beta_3} C^{\gamma} \mu$$

X_1、X_2、X_3 等分别代表劳动力、播种面积、肥料等投入要素,β_1、β_2、β_3 等为各要素的产出弹性。这里用 β_1、β_2、β_3 来区别 C-D 生产函数模型中的有关参量,表示不同模型的不同产出弹性,C 代表气候变化影响的参数,γ 是选取的气候变化投入因子(参数),μ 为选取的气候变化因素 C 的产出弹性。在研究气候变化对粮食产量影响时,重点分析气候变化因素 C 的投入带来的影响。在新建的 C-D-C 模型中,选择主要投入要素作为粮食产量的解释变量,选定农业劳动力(X_1)、粮食作物播种面积(X_2)、化肥施用量(X_3)作为粮食产量(Y)的解释变量。将模型线性化,选择线性对数为模型的数学形式,即

$$\ln Y = \beta_1 \ln X_1 + \beta_2 \ln X_2 + \beta_3 \ln(X_3/X_2) + \gamma \ln C$$

气候变化投入因子 C 的选取,可以有温度、降水等多种指标,根据有关背景,简单选取了月气候干旱指数,进行初步的模拟与验证。使用《中国农业年鉴》和《中国统计年鉴》1981—1995 年的经济数据,气候指标选取中国 160 个站 1981—1995 年的月平均干旱指数。计算中分别加入各月干旱指数作为气候因子,单独模拟各月干旱指数对产量的贡献。用 C-D-C 模型模拟了各月的降水量对粮食年产量的影响,结果表明添加 3 月和 6 月的干旱指数后,模拟的结果明显好于没有添加气候因子的模拟,与实际生产量差距缩小。3 月和 6 月正好是重要的春天播种季节和初夏生长季节,说明 3 月和 6 月的降水量对全年粮食产量有重要影响,所得出的结论与农业气象学的研究结果和农业经济

的实际情况基本相符。

在生产函数中添加适当的气候变化因子,可以更好地模拟和预测粮食产量的波动,为后期的市场预测和农业影响及反应提供更为科学的分析基础,以及制定适应政策的依据。用 C-D-C 模型完成"经济评价"是一个较好的方法,这一模型成为连接经济分析和气候变化影响分析的桥梁和通道,这对传统的 C-D 生产函数模型的应用是一个突破。

参考文献

丑洁明,董文杰,叶笃正.2006a.一个经济—气候新模型的构建.科学通报,**51**(14):1735-1736

丑洁明,叶笃正.2006b.构建一个经济—气候新模型评价气候变化对粮食产量的影响.气候与环境研究,**11**(3):347-355

冯相昭,邹骥,马珊.2007.极端气候事件对中国农村经济影响的评价.农业技术经济,**2**:19-26

王灿,陈吉宁,邹骥.2005.基于 CGE 模型的 CO_2 减排对中国经济的影响.清华大学学报(自然科学版),**45**(12):1621-1624

张永勤,缪启龙.2001.气候变化对区域经济影响的投入—产出模型研究.气象学报,**59**(5):633

气候变化影响的检测与归因方法

苏布达,孟玉婧(国家气候中心)
刘春蓁(水利部水利信息中心)

导读

☞气候变化影响的检测与归因研究框架,可参考11.2部分。

☞气候变化影响的检测与归因方法,可参考11.3部分。

☞国内外气候变化影响的检测与归因的研究案例,见11.4部分。

11.1 引言

　　气候变化影响的检测主要甄别受气候影响的系统的变化(形式或强度)是否超出了一定时期内(比如30年)"正常"变化的范围。这里的"正常变化"是指系统在受到任何干扰前(或气候变化之前)所有可能的变化。检测研究通常假设气候至少是引起系统变化的驱动因子之一,而其他驱动因子(如土地利用的变化)也可被识别为发挥着重要的作用。对于很多系统,混淆因子(confounding factor)发挥的作用可能超过气候变化的贡献。混淆因子是一种对检测与归因研究以及对气候预估有影响、但目前尚不能在研究设计中很清楚地考虑的强迫。例如气候和影响模型中对强迫因子不正确或缺失的描写,模型误差及不确定性,CO_2 的肥效作用,没有考虑系统内的自然变异、强迫因子与响应间的非线性相互作用等(刘春蓁等,2010)。对检测的研究可基于对过程的理解(如模型描绘)或对历史观测资料的分析。

气候变化影响的归因主要针对气候变化是否对检测到的系统变化做出了重大贡献。在实践中,归因研究主要分析观测到的变化有多少是由气候变化引起的,并且需要评估所有外部驱动因子对系统变化起到的贡献。

气候变量和受其影响的自然或人类环境系统是否已经受到了外强迫的影响,这种影响是否已经超过了内在的自然变率,一直是气候科学家、与气候密切相关的系统或部门乃至决策者都十分关注的问题。对于气候科学领域,通过气候模型模拟与观测事实的对比,评价观测到的变化与期望的对外强迫的响应是否一致,或者与其他物理上可能的解释不一致,有助于认识气候系统内在变率与外在强迫的相互作用、了解气候变化的机理和原因、改进气候模型,提高气候预估的能力。对于水文水资源领域,采用物理和统计模型揭示水文循环在人为气候强迫和多种驱动因子影响下发生的变化、变化趋势的显著性及变化原因,是正确预估未来洪水、干旱和水资源的科学基础。对于决策者,了解当前的气候发生了怎样的变化和变化原因,以及何时何地以何种方式对水文水资源产生了影响是制定与气候变化有关的政策、采取应对措施及风险管理的重要依据。因此,气候变化的检测与归因是历次 IPCC 评估报告的重要组成部分(刘春蓁等,2010)。

11.2　气象变化影响的检测与归因研究框架

气候变化影响的检测与归因是研究观测到的受气候变化影响的系统或变量是否具有显著性变化,外强迫或驱动因子是否是引起系统或变量发生变化的原因,最后从使用的数据、模型、方法、混淆因子等方面对检验和归因的信度进行评价的系列工程。具体的框架如图 11-1 所示。

11.3　气象变化影响的检测与归因方法

近年来,关于气候变化检测和归因的研究有了很大的进展。如 Hasselmann 等(1998),Houghton 等(2001),Smith 等(2003)从数学原理角度出发,发展了检测、归因技术和针对气候系统特点的检测方法,以期寻找气候变化的指纹。这些检测、归因方法大体上可归类为多元分析和贝叶斯推断两大类,前者包括回归法、样式(pattern)相关法等,后者因能包容不同来源的数据而备受重视。但是由于没有足够的受温室气体影响的观测资料来估算气候变率以及数值模拟固有的不确定性,检测、归因的结果常引发争议(Hasselmann 等,1998;Barnett 等,2000)。刘春蓁等(2010)综合归纳了目前气候变化的检测与归因四种方法,具体如下:

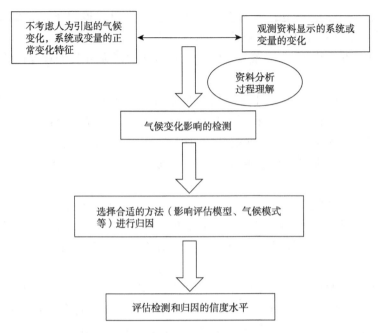

图 11-1 气候变化影响的检测与归因研究框架

（1）对外强迫的单一步骤归因：它是通过一个综合模型或一系列模型，开展某一变量对外强迫因子响应的数值模拟。包括观测到的变量的变化与自然变率引起的变化的比较，与外强迫因子及驱动力模拟得到的预期变化的比较（Gillett 等，2004）。

（2）对外强迫的多步骤归因：它是观测到的系统或变量的变化归因于气候或环境条件的变化，而气候或环境条件变化则分别归因于外驱动力和外强迫因子。这种方法可能综合了一系列观测资料和模型的应用，最后一步可采用过程模型或统计相关模型，且每一步都需要评估信度水平（De'ath 等，2009）。

（3）对外强迫的联合归因：它是对大量研究结果的综合（可能有多个系统或变量），体现的是气候条件及其他外驱动力变化影响的敏感性。外强迫气候变化与综合结果之间的联系可采用空间联系分析方法（Rosenzweig 等，2008）。

（4）对气候变化的归因：它是给出观测到的变化归因于观测到的气候变化的估算。这种方法基于对气候变化过程的认识和该气候变化对观测到的变量影响的相对重要性（Hao 等，2008）。

11.4　气候变化影响的检测与归因案例

11.4.1　北极永冻层

（1）不考虑人为引起的气候变化，北极大部分地区永冻层应该随着自然气候变率的变化而波动。

(2)而已有观测资料显示出北极大部分地区冻土正在消退。

(3)归因分析:由于混淆因子不能解释所有检测到的减少趋势,所以可将人类活动引起的气候变化作为主要驱动因子来归因。

(4)评估检测和归因的信度:由于对大部分的数据和过程认识充分,因此检测和归因的信度都是高。

11.4.2　亚马逊河流域的森林系统

(1)不考虑人为引起的气候变化,亚马逊河流域森林系统应该具有高稳定性。

(2)而已有观测资料显示出亚马逊河流域森林正在退化和减少。

(3)归因分析:由于该区域气候变化比较复杂,且混淆因子(如森林采伐)能够解释大部分检测到的变化,因此可能无法归因人类活动引起的气候变化。

(4)评估检测和归因的信度:由于观测资料充分,所以检测的信度是高,相反,归因的过程中带有一定的不确定性,所以归因的信度低。

11.4.3　印度水稻插秧期

(1)不考虑人为引起的气候变化,印度水稻插秧期应该具有一些正常的波动。

(2)由于已有观测资料很少,研究人员对印度区域三个不同村庄的农民进行了 3 次实地调查,询问农民们"近年来的插秧期是否提前了?",如果他们的回答是肯定的(即插秧期提前),则进一步询问他们认为引起插秧期提前的 3 个主要原因。同时,研究人员将农民的回答进行记录和收集。

(3)归因分析:将收集到的回答进行分类和统计,结果显示有关气候变化的回答占所有回答的 15%。

(4)评估检测和归因的信度:由于被调查者的背景、性格和认知程度的差异,使得不同的被调查者对同一事物的感知不同,可能导致收集到的答案主观因素较多,具有较大的不确定性,所以检测和归因的信度都非常低。此时,需要通过合适的方式提高信度。例如,利用村庄的种植存档记录或通过扩大调查的空间范围和内容来提高检测的信度;利用器测的气候资料和对混淆因子更好地理解,以及选择更加中立的机构开展样本的调查收集等方式提高归因的信度。

| 检测的信度 | ? | 提高 | 检测的信度 | 低 |
| 归因的信度 | ? | → | 归因的信度 | 低 |

11.4.4　阿拉斯加雪橇旅游

(1)不考虑人为引起的气候变化,人们应该可以随意享受冬季雪橇旅行机会。

(2)而根据航空相片、卫星影像和 10 个独立的研究结果发现,自 1970 年开始灌木入侵阿拉斯加现象。

（3）归因分析：来自当地居民的"灰色"报告指出，灌木的增加导致阿拉斯加冬季旅游的可能性降低。因此，旅游的收缩可归因于灌木。虽然灌木入侵可归因于气候变暖，但可能存在混淆因子。

（4）评估检测和归因的信度：对于气候变化对植被的影响，因为资料充分，检测的信度为高，而归因的过程中可能存在混淆因子，归因的信度为低；对于植被对旅游的影响，由于没有充足的数据证明植被对旅游业的影响，所以检测的信度为低，而当地报告显示旅游的收缩可归因于灌木，所以归因的信度为高。

气候变化—植被	
检测的信度	高
归因的信度	低

植被—旅游	
检测的信度	低
归因的信度	高

参考文献

Gillett N P, Weaver A J, Zwiers F W, *et al*. 2004. Detecting the effect of climate change on Canadian forest fires [J]. *Geophys Res Lett*：31-(18), L18211, doi：10. 1029/2004GL020876.

Houghton J T, Ding Y, Griggs D G, *et al*. 2001. *Climate Change* 2001：*The Scientific Basis*. Contribution of Working Group I to the Third AssessmentReport of the IPCC [M]. Cambridge, UK：Cambridge University Press.

Hasselmann, K. 1998. Conventional and Bayesian approach to climate-change detection and attribution [J]. *Quart. J. R. Met*. Soc. , **124**：2541-2565.

Smith R L, Wigley M L, Santer B D. 2003. A bivariate time series approach to anthropogenic trend detection in hemispheric mean temperature [J]. *J. Climate*, **16**：1228-1240.

Barnett T P, Hegerl G C, Knutson T, *et al*. , 2000. Uncertainty levels in predicted patterns of anthropogenic climate change [J]. *J. Geophy. Res*. ：**105**-, 15525-15542.

Rosenzweig C, KarolyD, Vicarelli M, *et al*. 2008. Attributing physical and biological impacts to anthropogenic climate change [J]. *Nature*, **453**：353-358.

De'ath G, Lough J M, Fabricius K E. 2009. Decling coral calcification on the great barrier reef [J]. *Science*, **323**：116-119.

Hao X, Chen Y, Xu C, *et al*. 2008. Impacts of climate change and humam activities on the surface runoff in the Tarim River basin over the lastfifty years [J]. *Water Resource Manage*, **22**：1159-1171.

刘春蓁, 夏军. 2010. 气候变暖条件下水文循环变化检测与归因研究的几点认识. 气候变化研究进展, **6**(5)：313-318.

第 12 章

气候变化风险分担与转移方法

苏布达,曹丽格,占明锦(国家气候中心)

方玉,谈丰,高蓓,朱娴韵(南京信息工程大学)

导读

☞气候变化风险分担和气象指数保险指数定义(可见 12.1 引言部分):

✓气象指数保险是指通过气象条件和损害程度的定量关系,将气象条件指数化,建立以指数为基础的保险合同,当气象指数达到一定水平,投保人就可以获得相应标准的赔偿(可见 12.1 引言部分)。

☞气候变化风险转移市场的种类和过程(可见 12.2 部分):

✓灾害风险转移市场主体构成(可见 12.2 部分)。

✓风险转移过程(可见 12.2 部分)。

☞气象指数保险产品设计框架(可见 12.3 部分)。

☞气象指数保险产品设计方法(可见 1.2.4 部分)。

☞评估案例(可见 12.5 部分):

✓福建省龙岩市烟叶气象指数研究(可见 12.5.1 部分)。

✓浙江省政策性农业气象保险(可见 12.5.2 部分)。

12.1 引言

在全球气候变化的背景下,伴随着极端天气气候事件的发生频率和强度的增强,气候变化对人类社会经济带来的负面影响也在明显地增强。鉴于气候变化因素造成的经济风险在整个社会经济风险中的比重逐年上升,国际社会对气候风险管理工具的需求在不断增加。为了应对未来气候变化可能造成的大规模经济损失,欧美保险公司和国际机构近年来都相继开展了气候变化对经济的影响评估研究,创新型保险与金融风险管理工具的研发,气象灾害风险交易市场的组织及其未来发展趋势的研究等系列活动。从 20 世纪 90 年代末起,欧美等发达国家开始尝试构建包括气象灾害保险产品交易,气象指数期货交易,气象指数期权交易等形式的气象指数衍生品交易和气象巨灾证券交易市场。但在广大发展中国家,由于金融和保险市场没有欧美发达,企业的风险规避需求无法很快转变为保险产品,加上相关的研究比较薄弱,产品的开发、设计、定价和配套市场开发都还没有开展起来,难以形成有规模的气候变化灾害风险转移及风险交易市场。因此,应对未来气候变化风险策略中,发展中国家应着眼于与发达国家联合和合作,建立有效的、有规模的风险分担机制,一方面利用商业化的市场工具,另一方面利用国际政府间依据气候变化责任的承诺所融资成立的气候变化风险基金,促进发达国家和发展中国家合理承担因气候变化所造成的跨国界,跨地域的经济和社会巨灾损失。据此,可将不发达地区的受气候变化影响的灾害风险转移到国际资本及保险市场,减少全球气候变化对发展中国家经济,社会生活的冲击,促进这些地区经济及社会的可持续发展。

中国东西南北气候差异大,灾害性天气的种类多,受灾范围也很广。在东部沿海经济发达地区,人口密度高,很多行业如交通、物流、农业、能源、旅游等都不同程度受到气候变化的影响,一定等级的暴雨、台风、雪灾、高温、干旱就会给各部门带来严重的经济损失。而以往的经验表明,政府灾后财政救助支持力度往往不够,且赔付常常滞后。国内除少数试点省开展过气象灾害损失政府强制保险的产品外,涉及灾害保险的产品种类少,覆盖地区有限,多数只涉及大公司与大企业,尚缺少一种适合广大中小型企业及个人的气象灾害损失保险产品。传统的保险产品,由于核损赔付手续繁杂,经常诱发法律纠纷,产品的规避风险效率相当之低。目前在全国范围内还没有成熟的气象灾害保险产品及相应的气象灾害风险交易市场。因此,运用新兴的气象灾害风险管理工具,研发适合中国市场的、有效可行的气象灾害风险交易市场,对整体降低中国的经济风险,减少经济波动对社会生活的冲击,促进经济的可持续发展等方面都能发挥重要作用。

气象指数保险是指通过气象条件和损害程度的定量关系,将气象条件指数化,建立以指数为基础的保险合同,当气象指数达到一定水平,投保人就可以获得相应标准的赔偿。气象指数保险作为目前全球范围内广泛研究的一种新兴的风险转移工具,近年来已经在一些发展中国家及发达国家进行了试点并取得了一些宝贵的经验。与传统保险相比,气象指数保险具有明显的优势。与传统的财产损失保险相比,气象指数基于气象站的观测数据,客观性比较强。由于不易被人为操作,不会因投保人通过改变自身行为而增加损失的严重性,可以减少保险合同购买者的道德风险。也有利于减少传统保险合同中的信息不对称问题,避免掌握更多关于潜在损失可能性的信息时,保险公司对受保人进行人为筛选(保险术语中所谓的逆反选择)。同时,因灾害损失赔付建立在事先确定的客观指数,能避免传统保险常投入大量人力物力开展大规模灾后核损的过程,而是按照标准合同给投保人相应标准的赔偿,不但降低了经营管理成本,也缩短了理赔周期。除此,由于指数保险合约是标准化的、透明的,保险金额可以根据需要进行分割或加总,易于在资本市场上以证券化方式转移巨灾风险,适合再保险方式风险分散。但是在我国,指数保险目前只在部分政策性农险险种中得到应用,如在浙江余杭的水稻指数保险,安徽、上海等地的果业、瓜菜等指数保险,都是作为政策性农业保险的一部分来捆绑销售,由政府承担大部分的保费,真正商业化的指数保险尚未出现。同时气象指数保险的发展将为气候业务发展提供新的契机,首先是保险合同的设计将用到大量区域自动站的资料,而保险业务的理赔也需要气象观测站的数据支持,建议对现有气候业务进行适当的扩充,指数保险除了将成为气象为农气象服务的一个重要渠道,也将成为气象科技服务的重要内容,为气象保险指数的商业化应用提供支撑,以及为了拓展农业以外的其他领域的应用打下基础。

12.2 风险转移市场的种类和过程

建立一个全球性应对气候变化灾害的风险分担机制,除了要考虑受灾地区极端气象事件发生频率与强度,灾害风险种类的多少,灾害造成的经济损失比重的高低等因素外,受灾国家和地区是已否形成有效率的风险转移机制或适合的灾害风险交易市场模式,也是一个关键要素。当前应对气候变化可能带来的全球经济,社会风险的一个重要研究方向是建立全球一体化的气候变化灾害风险转移模式,研发创新型的风险管理工具。具体措施是通过市场机制将风险转移到资本市场和保险市场,将各国政府融资成立的气候风险基金作为全球气候风险的赔付保证金;将场内交易和场外交易融为整体,实现系统风险、地区风险、基本风险的合理转移,促进市场参与者(个人、企业、保险公司、金融市场投机者、政府和国际机构的融资)合理分担风险。

整个灾害风险转移市场主体一般由三个组成部分组成。即,气象灾害风险造成的经济损失,保险公司作为一级风险转移载体,以及国际气候变化灾害风险基金作为二级风险转移载体。风险转移过程由两个部分组成。第一个风险转移过程主要针对一般灾害损失。可以利用地区性的或全国性的保险市场,将灾害损失转移到保险市场。第二个风险转移过程是针对极端灾害事件造成的巨大经济损失。由于其影响面积大,损失严重,诱发很高的系统风险(Miranda and Glauber,1997),保险市场的资本往往无法赔付此类巨灾损失。传统的做法是将保险公司的风险再转移到再保险市场。但历年再保险市场运作的经验表明,全球再保险市场高度集中垄断,造成巨灾风险转移交易成本高,而且,一级保险市场运作行为常常受制于再保险机构的干预(Doherty,1997)。当巨灾发生后,短时间内风险金大幅提高,再保险市场的风险转移效率受到很大影响(Froot& O'Connell,1997)。因此,巨灾风险转移的问题集中在如何提高再保险的效率问题上。解决再保险效率的一种途径是将巨灾损失风险转移到资本市场(Skees 等,2007& Mahul,2001),也就是所谓的巨灾风险证券化。Barrieu and El Karoui(2002)在Raviv(1979)的理论基础上,提出并发展了巨灾风险证券化模型,在这个模型中,一级保险市场(经济损失转移到保险市场)和再保险市场(巨灾风险转移到资本市场)被看作风险转移过程的一个不可分割的整体(Barrieu& El Karoui,2002)。每一个风险转移市场主体,保险机构,资本市场对风险的脆弱程度在这个模型中都可以用一个效用方程来表达,而每一个市场主体作为一个独立的经济单位,其经济行为决策的依据是力求达到其效用的最大化。在一级保险市场(经济损失转移到保险市场)和再保险市场(巨灾风险转移到资本市场)同步效用最大化的条件下可以推导出一级风险转移过程(保险市场)的保险价格,损失赔付率,以及二级风险转移过程(再保险)的风险债券价格,资本市场所需的风险资本收益率及灾害发生后资本市场损失赔付率。

12.3　气象指数保险产品设计框架

气象指数保险是目前国际上前沿的气候变化风险转移方法之一,与传统保险相比具有明显优势。目前国内外对气象指数保险的设计流程具体评估框架如图 12-1 所示。

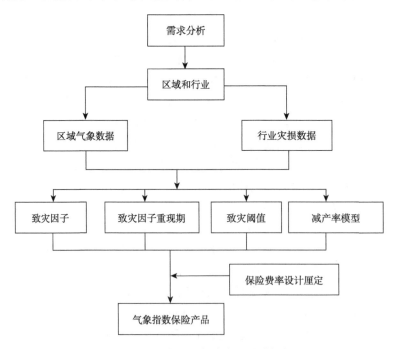

图 12-1　气象指数保险产品设计框架

12.4　气象指数保险产品设计方法

(1)需求分析:同时由于气象指数保险产品的地域特征较明显,不同地区农业生产面临的主要气象风险存在差异,气象风险因素与农业损失之间的相关性存在差异,因此要因地制宜地设计气象指数保险产品。在选择保障的风险类别和保障区域时,应当根据气象灾害受灾情况(如受灾面积,受灾人数,经济损失等)历史资料,辨识对指数保险业务有需求的区域和行业(陈小梅,2011)。

(2)数据收集:为了减少由于灾害损失和气象指数回归方程的偏差所产生的基本风险,气象指数的建立要求高时空分辨率观测资料,数据均一性、持续性也应达到一定标准的气象资料。

(3)气象保险保单设计:一般气象保险指数合同包括 7 个部分,分别是合同的类型、合同期的官方气象站数据、确定气象保险指数、诱发系数、单项的或者双向的赔付、费率。保单主要条款约定:气象指数保险中,气象数据采用所在地气象站资料。气象保险指数依据当地产量与气象因子的定量关系计算获得;免赔额依据各地风险大小进行分区约定;纯保险金额和保费依据各地保险费率计算得到。

(4)减产率的确定:首先一般利用滑动平均方法将实际产量分解为气象产量和趋势产量。实际产量与趋势产量的差值占趋势产量的百分比即为减产率,如果为正值表明,气象条件有利,反之则不利。

(5)减产率模型的建立:根据气象灾害风险的构成要素,可以从危险度、暴露度和脆弱度三方面分析气象灾害风险,建立灾情评价指标体系,利用数理分析方法,建立灾害风险评价模型。

(6)指数化方案产品设计:通过对历史数据的考察和统计计算出科学的保险合约触发指数,即确定特定农产品针对特定天气指数的损失率,确保农业生产实际损失与所选取的指数之间具有充分的相关性。最后,要进行天气指数保险合约的构建和合约的定价。气象指数保险产品作为新兴农业保险产品,其合约的构建应遵循简明易懂的原则,便于产品的初期推广。合约的定价要合理,既要考虑产品经营的财务持续性,又要考虑投保人的经济承受力(王伟光等,2012)。

12.5　评估案例

12.5.1　福建省龙岩市烟叶气象指数研究

(1)需求分析

烟草是福建重要的经济作物之一,全省烟叶种植面积约 26 万亩,年销售额可超过

15亿元。由于烟草种植的生长周期较长,易遭受霜冻、干旱、暴雨洪涝、冰雹、台风等自然灾害的影响,中国烟草公司针对重大的灾害损失,常采取一些紧急援助的措施。但由于未形成正规的风险保障体系,烟农获得的援助无法弥补其遭受的损失,对行之有效的气象灾害风险交易市场的需求越来越大。

对福建省最主要的烟叶种植区之一的龙岩市 11 个乡(镇)开展了关于烟叶的种植制度、种植面积、种植成本、销售情况以及主要气象灾害风险方面的社会调查。分析表明,种植烟叶的成本中,人工成本、化肥购置费用、烤烟支出费用等合计占到 85%。另外还有烟苗培育成本,烟田灌溉成本,地租费用等等。因霜冻、暴雨洪涝、冰雹等极端天气气候事件,成灾面积有些年份可高达 80% 以上。尤其是霜冻和暴雨的影响范围相当之大。

(2)气象资料初步分析

龙岩大部分地区位于属中亚热带季风气候,受区域内山地丘陵地形的影响,地域差异和垂直分异明显,气候类型多种多样。过去五年内,福建气候中心在龙岩市安装了 167 个自动站的观测网络,以补充人工站网资料。通过可用性审核,最终确定了 7 个人工站和 128 个自动站作为该区的气象研究基础。其中,7 个人工站分别位于研究区的 7 个辖县,每个站覆盖大约 2730 平方千米的区域,平均分辨率约为 50 千米。数据的可用时间序列较长,都超过了 50 年的时间序列,缺失资料少于 5%,适合于气象要素的时间序列分析和阈值的概率分析。自动站观测年限较短,无法用于气象要素时间序列的分析。但由于其空间分辨率可达 12.5 千米,且在各类地形和海拔高度处均设有站点,对辨别地形因素引起的小气候误差,真实地反映周围的天气情况有相当大的辅助作用。

(3)致灾因子分析

烟叶种植周期较长,一般是年底 11、12 月开始育苗播种,第二年初的 2、3 月为移栽期,5、6 月份为烟叶采收期,7、8 月份为烘烤及交售期,历经冬、春、夏三个季节 10 个月左右的生长及收获期。

龙岩地区暴雨洪涝灾害较频繁,多集中在 5、6 月份,正值烟叶生长晚期和采收之际,一旦受损难以再恢复。再加上受到当地地形条件限制,烟叶大都种植在低洼地带,容易积水或受山洪侵害。霜冻灾害发生也较多,多集中在 2、3 月份,是烟叶生产的早期,致使移栽至大田的烟苗冻死或是造成烟株抗性下降,导致次生病害的发生。因此,根据不同灾害造成的危害程度和损失规模来看,对龙岩烟叶生产影响最大的灾害风险是暴雨洪涝,其次是霜冻,再次是冰雹、病虫害等。

(4)灾情分析

2002—2010 年,受到暴雨洪涝、霜冻、冰雹影响,每年每户烟农烟叶产量损失超过 500 千克,经济损失 5000—10000 元左右。其中 2010 年是龙岩近五年来最大的灾害之年,烟叶生产先后遭受霜冻、冰雹、洪水三重灾害,烟田大面积受灾,烟农损失惨重。

根据气象灾害风险的构成要素,可以从危险度、暴露度和脆弱度三方面分析气象灾害风险,建立灾情评价指标体系。例如,根据暴雨和霜冻的强度与频率,灾害影响地区和覆盖范围,单位面积烟叶产量和烟叶减产率等要素综合考虑,利用数理分析方法,建立灾害风险评价模型,如式(12.1)所示。其中,$Risk_i$ 为区域的风险指数,表示烟叶面临的灾害风险程度。H_i、E_i、V_i 分别为 i 区域的危险性、暴露性、脆弱性指数,W_h、W_e、W_v 为三个指数的权重值,采用层次分析法计算。

$$Risk_i = H_i W_h + E_i W_e + V_i W_v \qquad (12.1)$$

(5)指数产品的设计

气象指数的设计是开展商业化指数保险的难点。根据人工和自动观测网络资料以及极端天气气候事件灾害损失数据库资料,建立指数与受灾率的相关关系时,要求拟合程度达到统计要求,以推算致灾阈值和对应不同等级灾害所的气象指数。

设计气象指数保险的保险费率($premium\_rate$)时,不但需要考虑灾损率,还需要将运营管理费用和风险保障费用纳入其中。具体实施方案中,至少有灾害事件的发生概率,保险业务的盈利率,公司的营业费用以及风险安全系数等方面的定量化估算,如式(12.2)所示。其中 $probability$ 表示达到相应指数的灾害事件的发生概率,$profit$ 为保险的盈利率,$cost$ 为营业费用,$risk$ 为风险安全系数。

$$premium\_rate = \frac{probability}{profit + cost + risk} \qquad (12.2)$$

(6)指数产品的实施

针对各级别重现期灾害,可分别制定龙岩市霜冻指数和暴雨洪涝指不同等级阈值及相应的低、中、高赔付额度。以 2010 年受灾最为严重的长汀县为例,其境内 22 个自动站中 19 个站所在区域当年暴雨洪涝指数达到了高赔付标准。根据指数保险赔付方案,这些地区的保户可以每亩 25 元的保险费,获得最高 1000 元的赔付额。以每亩烟叶种植成本 1800 元计算,则赔偿金至少能补偿烟农 55.6% 的经济损失。

因此,将国家的救灾计划和风险管理措施与气象灾害风险交易市场的发展有机结合起来,促进气象部门与相关证券交易机构合作探索天气衍生品和气象巨灾证券上市的政策保障等问题,是将灾后重建责任逐步推向市场的重要举措。

12.5.2　浙江省政策性农业气象保险

(1)指数定义及保单主要条款设计

把农业气象保险指数定义为在一个事先指定的区域,以一种事先规定的气象条件与作物产量定量关系为基础,当该区域的气象模拟产量低于事先约定的免赔额时,依据产量损失率的大小,确立损失理赔支付的合同。保单主要条款约定:水稻农业气象指数保险中,气象数据采用各县(市、区)所在地气象站资料,环流指数资料采用国家气候中心公布数据。气象保险指数依据各县市产量与气象因子的定量关系计算获得;免赔额依据各地风险大小进行分区约定;纯保险金额(I)为 6000 元/hm^2;保费依据各地保险费率计算得到。水稻农业气象保险指数:

$$W = \begin{cases} 0 & x \leqslant x_c \\ x & x > x_c \end{cases} \qquad (12.3)$$

式中,W 代表事先指定区域的保险指数,x 代表气象灾害造成该区域的减产率,x_c 代表气象灾害事件相对免赔额。本文中,事先指定的区域单位为一个县(市、区)。

浙江省水稻农业保险单位面积的赔付金额（Q）：

$$Q = \begin{cases} 0 & x < x_c \\ x \times I & x \geqslant x_c \end{cases} \qquad (12.4)$$

式中，x 为依据模型计算的当年县（市）减产率，x_c 为免赔额，I 为保险金额。

（2）水稻减产率确定方法

滑动平均是分离水稻气象产量较为成熟的方法（姜会飞等，2006；马晓群等，2008）。采用 5 年滑动平均法将历史产量序列的实际产量分离成气象产量和趋势产量序列。

$$Y = Y_t + Y_w \qquad (12.5)$$

式中，Y 为实际产量，Y_t 为趋势产量，Y_w 为气象产量。气象产量 Y_w 主要由水稻生育期间气象条件决定，$Y_w > 0$ 表示气象条件有利于水稻生长，为丰产，反之为减产；趋势产量 Y_t 是指在各地平均的土壤、气候条件下，农业生产逐步提高的结果。

相对气象产量 $\qquad\qquad S_i = (Y - Y_t) / Y_t \times 100\% \qquad (12.6)$

当 $S_i < 0$ 时，其绝对值定义为减产率（x）。

（3）水稻减产率模型

气象灾害是水稻保险的主要保险责任。水稻生长与光、温、水、大风等气象条件有密切关系（邱新法等，2000；梁康迳等，2002），表征天气、气候及高空大气环流状况的大气环流指数不仅与气象灾害发生密切相关（陈烈庭等，1998；龚道溢等，2002），还影响稻飞虱等水稻病虫害的发生发展（冼晓青等，2007；王开洪等，1994）。

采用各县（市）单季稻生长期 5 月中旬—11 月上旬的每旬气温、降水、日照、抽穗期后（8 月中旬—11 月上旬）各旬最大风速等气象要素资料，以及表征副热带高压、南海高压、青藏高压、印缅槽、南方涛动等强度的 15 项 1—12 月大气环流指数作为筛选因子，采用公式（12.6）计算的相对气象产量序列分别与上述 265 个因子建立相关，挑选出相关系数通过显著性检验且具有生物学意义的因子。采用逐步回归模型，利用 DPS 软件建立全省 68 个县（市、区）气象条件与产量的定量模型。逐步回归模型：

$$S_i = F_i(RR, T, L, K, H) = a + \sum_{j=1}^{n} b_{ij} y_{ij} \qquad (12.7)$$

式中，S_i 为相对气象产量序列，RR、T、L、K、H 分别为降水、气温、日照、大风及大气环流因子。i 为县（市）序列号；j 为因子个数，a，b 为系数，y 为入选因子。

当 $S_i < 0$ 时，$x_i = |S_i|$，x_i 为减产率；

当 $x_i \geqslant x_c$ 时，$W = x_i$，W 为水稻农业气象保险指数。

（4）纯保险费率计算方法

国外对农业生产风险研究较早，并进行了大量深入透彻的研究，提出了许多种作物单产分布的参数模型：如 Beta 分布、Gamma 分布、Weibull 分布、Burr 分布、双曲线反正弦分布等。由于 Beta 分布具有偏度弹性大的优点，成为作物单产分布拟合时最为普遍的参数模型（张峭 & 王克，2007）。

Beta 分布函数定义为（李筱，2004）：

$$\eta = \frac{(\mu_x - a)(b - \mu_x)^2 - \sigma_x^2(b - \mu_x)}{\sigma_x^2(b - a)} \qquad (12.8)$$

式中，μ_x 为样本均值，σ^2 为样本标准差。依据各县(市、区)历年相对产量 S 序列，利用 Beta 分布得到各级减产率的概率。纯保险费率计算公式(Alan,2000)为：

$$R = \frac{E[loss]}{\lambda\mu} \qquad (12.9)$$

式中，R 为纯保险费率；λ 为保障比例；μ 为预期单产；$loss$ 为产量损失。对于浙江省水稻政策性农业保险，λ 和 μ 分别取 100%。

水稻各级减产率下的纯保险费率：

$$R_L = \frac{E[loss]}{\lambda\mu} = E[loss] = \sum_{i \leqslant n} p_i \times X_i \qquad (12.10)$$

式中，X_i 为水稻各级减产率，P_i 为各级减产率出现概率。设 n 为各级免赔额，不同免赔额下水稻纯保险费率 P_n 计算如下：

$$P_n = R_n \times I \qquad (12.11)$$

式中，R_n 为不同免赔额下的纯保险费率，I 为保险金额。

(5)指数设计

根据气象指数保险合同内容和农业气象保险指数定义(Zeng,2000)，本文设计水稻农业气象保险指数合同为在一个事先指定的区域(以县为单位)，根据气象资料按式(14.7)计算得到的水稻减产率低于事先约定的免赔额时，保险人按计算得到的水稻减产率进行理赔。依据公式(14.10)计算免赔额分别为 2.5%、5.0%、7.5%、10.0%、12.5%的纯保险费率。由于毛保险费率＝纯保险费率×(1＋安全系数)×(1＋营业费用)×(1＋预定节余率)，取安全系数为 15%、营业费用为 20%、预定节余率为 5%，毛保险费率＝纯保险费率×1.45(娄伟平等,2009)。

根据浙江省水稻生产风险实际(吴利红等,2007)，取最大毛保险费率为 10%，对应的纯保险费率为 6.89%，以纯保险费率不超过 6.89%且最接近 6.89%对应的免赔额作为该区域的实际免赔额，相应的纯保险费率为该区域的纯保险费率。政府按照政策性农业保险相关政策对农民的保费进行财政补贴，对保险公司给予政策及财政扶持(潘勇辉,2009)。

参考文献

陈正洪,向华,高荣.2010.武汉市 10 个主要极端天气气候指数变化趋势分析.气候变化研究进展,**6**(1):22-28

陈烈庭,吴仁广.1998.太平洋各区海温异常对中国东部夏季雨带类型的共同影响.大气科学,**22**(5):718-726.

陈小梅.2011.天气指数保险在我国的应用研究.金融与经济,**9**:90-92

龚道溢,何学兆.2002.西太平洋副热带高压的年代际变化及其气候影响.地理学报,**57**(2):185-193.

姜会飞,温德永,廖树华,等.2006.运用混沌理论预测粮食产量.中国农业大学学报,**11**(1):47-52.

娄伟平,吴利红,邱新法,等.2009.柑橘农业气象灾害风险评估及农业保险产品设计.自然资源学报,**24**

(6):1330-1340.

梁康迳,王雪仁,林文雄,等.2002.水稻产量形成的生理生态研究进展.中国生态农业学报,**10**(3): 59-61

李笃.2004.利用 Beta 分布进行数据处理.仪器仪表学报,**25**(4):56-57.

邱新法,曾燕,黄翠银.2000.影响我国水稻产量的主要气象因子的研究.南京气象学院学报,**23**(3): 356-360.

马晓群,许莹,赵海燕.2008.江淮地区气温变化对一季中稻产量和产量构成的影响.地理研究,**27**(3): 603-610

潘勇辉.2009.香蕉风灾保险的最优财政补贴规模测度——来自海南省 681 户蕉农的经验证据.中国农 业科学,**42**(12):4372-4382.

王伟光,郑国光.2012.应对气候变化报告 2012.北京:社会科学文献出版社

王开洪,吴仕源,肖济全.1994.水稻飞虱测报因子和计算机模拟预测的初步研究.西南农业学报,**7**(3): 82-88.

吴利红,毛裕定,苗长明,等.2007.浙江省晚稻生产的农业气象灾害风险分布.中国农业气象,**28**(2): 217-220

冼晓青,翟保平,张孝羲,等.2007.江苏沿江和江淮区褐飞虱前期迁入量与太平洋海温场的遥相关及其 可能机制.昆虫学报,**50**(6):578-587.

张峭,王克.农作物生产风险分析的方法和模型.农业展望,**2007**(8):7-10.

Alan P K,Barry K G. 2000. Nonparametric estimation of crop insurance rates revisited. *American Journal of Agricultural Economics*,**82**(2):463-478.

Ibarra,H. ,Skees,J. 2007. Innovation in Risk Transfer for Natural Hazards Impacting Agriculture. *Environmental Hazards*,**7**(2007):62-69

Zeng L. 2000. Weather derivatives and weather insurance:Concept,application and analysis. *Bulletin of the American Meteorological Society*,**81**(9):2075-2082.

Mario J. Mivanda, Joseph W. Glauber. 1997. Systemic Risk,Reinsurance,and the Failure of Grop Insurance Markats. *American Journal of Agricalatural Economios*,**79**:206-215.

Kenneth A. Frwt,Paul G. J. O'Conell. 1997. On the Pricing of Intermediated Risks:Theory and Application to Catastrore Reinsurane. the National Bareau of Economic Research,NBER Working Paper:6011.

Qivier Mahul. 2001. Optimal Insurance Against Chimatic Expevience. *Amarican Journal of Agricultural Economics*,**83**(3):593-604.

Barrieu,H Karoui. 2002. Optimal desigh of derivatives in illiquid Markets. *Quantitative Finance*,**2**(3): 181-188.

Neil A. Doherty. 1997. Financial Innovation in the Management of Catastnrphe Risk. *Applied Coprorate Finance*. **10**(3):84-95.

第 13 章

适应性评估方法

曹丽格,翟建青,姜彤(国家气候中心)

导读

☞评估方法(可见 13.3 部分)。

✓气候变化影响评估工具,大部分气候变化影响和适应对策评价研究都是采用所谓
的"方案驱动"的研究方法(可见 13.3.1 部分)。

✓评价不同的措施和政策,可选用政策分析评价工具,目前已经在如决策理论、管理
科学、资源管理和系统工程等多个学科有广泛的应用(可见 13.3.2 部分)。

✓对于适应对策评价过程中涉及的多标准、多团体参与的特性,选用多标准评价工
具适宜(可见 13.3.3 部分)。

➤估计潜在的适应政策对实现区域可持续目标的可能效果,可选用目标规划。

➤对一系列适应对策进行总体能力水平的综合分析,可选用模糊识别法。

➤用来确定满意的适应对策的评估方法,可选用神经网络和 AHP 方法。应用神
经网络对于环境参数和气候变化适应对策,国外已有许多案例。AHP 已经被广
泛地应用在资源规划中的不同政策评价,资源配置,开展灵敏度分析等方面。

✓为国家、省及地区提供气候信息服务以及目前和未来可能的气候促进因素、气候
影响和适应性措施,可选用 CI:grasp 平台(可见 13.3.4 部分)。

13.1 引言

适应性是指自然和人为系统对新的或变化的环境做出的调整能力。适应气候变化是指自然和人为系统对于实际的或预期的气候刺激因素及其影响所做出的趋利避害的反应。适应能力是指某系统适应（包括气候变率和极端气候事件）、减轻潜在损失、利用机遇或对付气候变化后果的能力。减缓和适应气候变化是应对气候变化挑战的两个有机组成部分。相对减缓措施而言，如何根据现有的科学知识，积极调整人类的行为，通过提高防御和恢复能力，适应气候变化并将气候变化的影响降到最低，是人类社会现实而紧迫的任务。

气候变化适应主要包括主动适应和被动适应。人类采取主动的适应措施比使自然系统恢复其适应气候变化的能力有更大的作用，有计划的适应可以补充自动的适应。适应是人类应对气候变化的明智选择和积极行为，这种适应行动应是全球性的，而且对于那些对气候变化敏感的发展中国家和地区尤其重要。

由于在气候变化适应对策评估中，那些影响人类和生态系统的重要气候参数都得考虑，因此实际的评价分析相当复杂，使建立气候变化适应政策或者战略成为一项非常复杂的工作。殷永元（2002）总结和介绍了当前已经在自然资源和环境研究中广泛使用的决策分析工具，各种适应对策评估工具的关键特性及其优缺点，简要阐述常用的评价适应对策的两种途径：第一种途径，主要是利用气候变化影响评价模型，测试短期、即时或者自发性适应措施的有效性，所用的方法以 IPCC（Carter 等，1994）气候变化影响和适应对策评估技术指南中列举的方法工具为代表；第二种途径，主要是评价预期的或者规划的适应对策和政府政策，即有意识将适应对策评估与政策分析联系在一起，以 UNDP/GEF 提出的适应政策框架（APF）（Lim 等，2005）为主。也就是说，第一种途径的评估，即自发性适应对策的评估，多与气候变化影响的评估直接相关，而第二种途径的评估工具一般总是与政策评价和分析有关（Stratus Consulting Inc.，1999）。

13.2 评估框架

提高适应能力将是应对气候变化不利影响和促进可持续发展的重要手段。联合国环境规划署（UNEP）组织一个在气候变化影响评价和适应战略领域的专家组，编写了一部评价气候变化影响和适应对策的使用手册。该手册对不同的方法进行了综述，内容覆盖了农业、水资源、自然生态系统等几个关键经济部门，提供了用以评价气候变化影响和适应对策详细的步骤，如图 13-1 所示。

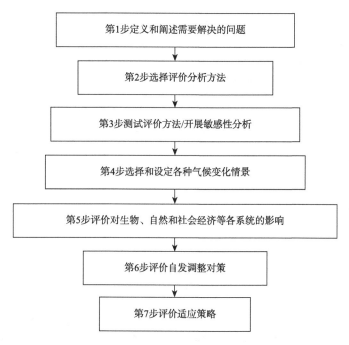

图 13-1　IPCC(2001)气候变化及适应对策评价指南的 7 个评估步骤

其中第 4 步是整个评价过程中最关键的一个步骤,因为在未来气候变化情景和社会经济情景的驱动下,可以接着进行气候变化对人类和生态系统影响的评估。一旦明白生态系统和社会经济系统会遭受到气候变化影响,这些系统或部门将会自发响应或适应,通过预期的适应措施和对策来减轻气候变化造成的损失。

在中国的实际应用中,气候变化影响研究首先是"未来气候情景设计",再分析其对农业、自然生态系统、能源、社会经济和人体健康的影响,再提出相应的对策和措施并对气候变化的影响、脆弱性和适应性评估。如果对某个区域的气候变化的适应性措施进行综合评估,可以从以下 4 点出发:1)明确和评价当前气候影响和胁迫力;2)确定未来气候变化状况下,可能变得更为严重的气候影响和胁迫力;3)评价适应当前气候的措施、政策和行为;4)召开研讨会以选择未来适应气候变化的政策方案(殷永元等,2004)。图 13-2 所示为区域气候变化影响评估研究框架。

13.3　气候变化与适应性措施的综合评估

13.3.1　气候变化影响评价工具

到目前为止,大部分气候变化影响和适应对策评价研究都是采用所谓的"方案驱动"的研究方法,选择和设定各种气候变化情景成为整个评价过程中最为关键的一步。在未来气候变化情景和社会经济情景的驱动下,可以接着进行气候变化对人类和生态系统影响的评估。一旦明白生态系统和社会经济系统会遭受到气候变化影响,这些系统或部门将会自发响应或适应,通过预期的适应措施和对策来减轻气候变化造成的损失。但是,这种评估途径代表了常规的步骤,需要使用大量的时间、精力和资源进行气候变化情景的选择和应用以及影响评价,实际中往往没有足够的时间和经费从事适应对策评估研究。

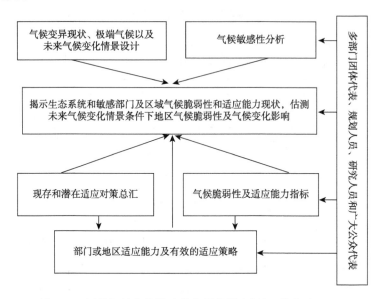

图 13-2　区域气候变化影响综合评估研究框架(殷永元,2002)

同时,"气候变化情景驱动"模式使得在适应政策的制定和评价方面存在一些缺陷。首先,对于许多从生物、自然和社会经济等其他领域转到气候变化影响研究项目中的研究者来说,适应性是一个新的概念,在研究设计过程中常缺乏对适应措施和政策评价的考虑。其次,有些时候适应对策评价的考虑是放在影响评价完成之后,但所剩时间和资源的有限性,制约了进一步对适应对策能力的详细评价。第三,为了使新的适应对策更为有效,适应对策应当建立在掌握足够多的气候变化对生态和人类经济社会系统影响的信息基础上,但是目前还很难从研究工作中得到足够的定量影响信息。

近年来,在"气候变化情景驱动"模式和使用常规的气候变化影响评价工具之外,气候变化研究引入了一些新的研究方法和工具来进行适应对策评价,许多在决策科学、多标准评价以及系统分析领域开发和建立的方法和工具也可以被用于适应措施的评价,它们能够有效地将气候变化影响评估与区域可持续能力联系在一起(田广生,1999)。

13.3.2　政策分析评价工具

政策分析评价工具可以评价不同的措施和政策,目前已经在如决策理论、管理科学、资源管理和系统工程等多个学科有广泛的应用。目前相对比较完整的有关适应对策评估的方法和工具介绍,是由 UNFCCC 所属科技顾问机构向第 10 次缔约国会议提供的摘要(简称 SBSTA 摘要)(Stratus Consulting Inc.,1999)。SBSTA 摘要根据不同研究目的将决策工具进行了分类,包括普遍通用的分析(适用于多部门)、水资源部门、沿海资源、农业部门和人类健康等领域。虽然这些决策工具只能够进行适应对策选项的一般评价,但是它们很容易能够用到不同的区域和环境下,也能够和特定工具结合使用以形成综合评价系统。这类决策工具分为初始调查工作、经济分析和通用模型 3 大类,详见表 13-1。

表 13-1　　　　　　　　　　适用于多部门的决策工具(殷永元,2002)

初始调查	经济分析	通用模型
专家诊断	不确定性和风险分析	TEAM 模型
适应对策筛选	费用—效益分析	CC:TRAIN/VANDACLIM
适应决策矩阵	费用—效率分析	

初始调查工具包括专家诊断、适应对策筛选和适应决策矩阵,这些方法适宜于确定潜在的适应策略或者缩小合适对策的范围,这些工具分析过程相对简单、费用也不高,多使用定性判断,定量数据判断较少。其中,基于 Excel 或者 Lotus 软件的适应决策矩阵(ADM)可用来分析适应措施的费用效益,帮助研究者比较费用和效益。例如,研究者可以在矩阵上部列出政策目标,在矩阵下部列出各种适应策略,也包括不采取任何措施的策略;通过专家诊断、研究和分析对每个适应策略进行从 1～5 的打分,来表达该策略对于达到政策目标的不同满意程度。研究者在评价过程中也可以给每个政策目标设定不同的权重值,然后对每个策略的得分进行加权求和。这种方式特别适合策略的效果很难货币化或者不能统一单位时。当然,要提供丰富基础信息给研究者作为打分的依据,否则打分过程将过于依赖于主观判断。

经济分析工具包括财务分析工具、费用效益分析工具和不确定性—风险分析工具。这些工具专门用来确定哪一个对策是最为经济有效的,一旦在最终选择的对策清单确定后,可以帮助研究者决定最合适的对策。

通用模型工具包括 TEAM、CC:TRAIN 等,这些工具强调多部门、跨领域的不同适应策略,一般被用来评价特定区域的几个部门所关注的选项。

13.3.3　多标准评价工具

多标准评价工具包括目标规划(GP)、模糊模式识别(FPR)、神经网络技术(NN)以及多层次分析(AHP)过程技术。对于适应对策评价过程中涉及的多标准、多团体参与的特性,多标准评价工具是较好的分析技术,各种适应策略间可以相互比较,有序地、系统地评价。虽然大部分多标准评价工具在开发时的最初目的并不是为了气候变化影响评估或者适应对策评价研究,但是当给定一系列可能适应政策后,多标准评价工具能够在这些可选方案中确定满意的政策(徐敬林,2008)。

(1)目标规划(GP)

Yin 等(2000)根据多种可持续性指标,应用综合土地评价研究方法(ILAF)进行了适应对策评价。ILAF 的目标规划模型在政策分析方面可以用于估计潜在的适应政策对实现区域可持续目标的可能效果,从而使规划人员或者是决策者在政策贯彻之前明确掌握其是否恰当以及效率如何。在政策分析过程中,一种潜在的适应政策可以被设定为一个政策情景,在模型中,则通过调整模型参数或者结构来表示这一政策情景的条件,并通过考察各种政策对许多相关目标(指标)的各种影响,对其进行评价。为了评估不同适应政策对实现区域可持续性的效率,通常与保持区域现状条件不变的基准方案作比较。通过加入一些特定的气候变化适应措施到基准方案中,就可以产生替代对策情景。评估模式分别计算政策情景和基准方案的结果,对给定一系列不同的政策情景方案,通过反复运行评估模型,针对这系列政策情景的计算结果进行对比,从而确定各种不同评价政策是否与规定的可持续性目标或者指标相吻合,进而确定满意的或比较满意的政策或者适应措施,确保在气候变化条件下区域的可持续能力。然而,目前还没有真正的在气候变化适应政策评价方面的模型应用实例。

(2)模糊模式识别(FPR)

如何确定适应措施以便有效地解决与气候变化有关的问题是一项极富挑战性的工作。基于气候变化研究工作中的不确定性,以模糊集合理论为基础的模糊模式识别技术被尝试用来将各种适应措施进行分类以反映这些措施的效率。Yin(2004)阐述了一种应用模糊识别方法的综合政策评估研究方法。该方法把北美五大湖流域进行洪水影响分析和可持续流域政策评估联系起来,其综合研究框架则将多社区咨询、模糊模式识别方法、以及其他分析洪水管理对区域可持续性的技术综合在一起。模糊模式识别方法被用于多标准评估,在众多可持续性指标的基础上,提供可行的方法对一系列适应对策进行总体能力水平的综合分析,从而给决策者提供科学信息用来挑选更满意的和更有效的措施以实现可持续的水资源发展。

(3)神经网络(NN)

神经网络技术是又一种可用来确定满意的适应对策的评估方法。神经网络技术试图模仿人类大脑的计算结构以提供智能功能,如学习和形态识别。神经网络由许多非线性处理单元(神经元或者是节点)组成以并行方式运作。这些节点以权重的方式连接,在神经网络训练学习期间可以调整权重从而提高神经网络的性能。一般神经网络的基本结构由一些各种处理单元之间的关系组成,这些关系通过使用数学公式来表达。

在适应对策评估中,运用神经网络模型的步骤首先是由决策专家用驯化算法驯化神经网络,来自数据库驯化数据并行输入神经网络。通过随机选择权重值和内部阈值,对神经网络进行驯化,然后依次用驯化数据进行驯化。在神经网络的另一侧指定相应的适应对策,对每一驯化数据进行实验,不断调整权重直到权重收敛。当连续几次输出不再变化而且最后一次时相对于最可能的选项的输出为优先值,其他的输出为低时,就认为神经网络是收敛的。应用神经网络对于环境参数和气候变化适应对策,国外已有许多案例。

(4)多层次过程分析法(AHP)

结合多种标准,多层次过程分析法(AHP)也能够有效地用于确定满意的适应对策。AHP已经被广泛地应用在资源规划中的不同政策评价,资源配置,开展灵敏度分析等方面。另外,在发达国家和发展中国家的工程项目区位选择方面也有应用。当应用于适应对策评价时,AHP 要求决策者提供每个对策对于每一个标准的相对重要性的判断。AHP 的结果是一个有着优先级顺序的适应对策系列表,该系列表指出决策者对各个适应对策的偏好程度排列,决策者一次比较两个选项(逐步成对比较),根据每一个选项对实现整体目标的贡献来确定其相对重要性。Yin 等在加拿大不列颠哥伦比亚省乔治盆地进行气候变化适应对策中运用 AHP 评估方法,取得了较好的研究成果(缪启龙等,1999)。

13.3.4　国际上气候变化适应性决策支持系统

全球和区域适应支持平台(Climate Impacts:Global and Regional Adaptation Support Platform(ci:grasp))主要目的是为国家、省及地区提供气候信息服务以及目前和未来可能的气候促进因素、气候影响和适应性措施。该平台由德国环境项目、自然保护和核安全联邦部(BMU)资助,由德国波茨坦气候影响研究所(PIK)联合其他单位开发。该平台通过层次结构进行组织(图13-3):

第一层次:促进因素。主要提供信息包括气候促进因素、海平面上升、降水和温度等。本信息层覆盖全球范围并尽可能提供最高分辨率信息,这些信息通过分析历史时期和未来预估的数据得到并以地图形式来表达。

第二层次:影响。提供客户所在地区针对不同气候因素的主要影响。例如对海平面上升来说,对农业的影响即产量的可能损失会以地图的方式显现出来。

图 13-3　气候影响决策
支持平台 3 层次

第三层次:适应。提供客户针对具体气候变化影响的适应性规划,这些适应性措施以预先定义的适应分类系统为基础建立。每个适应性规划都影射在地图上以便于客户查询。综合适应性信息、对应的影响和促进因素,能够判断是否在该区域有合适的适应措施？平台操作界面如图 13-4 所示。

13.3.5　适应对策评估与可持续发展

在 UNPE 资助和组织的各国气候变化影响和适应对策评估国际项目中,一些专家提出以研究从目前生态和社会系统对气候异常和变化的脆弱性出发的新的研究方向。这种方向与常规的主流气候变化影响和对策评估途径不同,不是以未来气候情景驱动的,而是首先搞清现状条件下气候异常的脆弱性和存在的各种不同类型的适应对策,以此为基础对未来气候变化影响和适应对策进行评估。适用于评价一个国家范围的社会和经济发展的当前适应计划和措施,而不是仅仅针对单独的经济部门。在新的评估框架内,对已有的常规方法做了非常重要的改进,重点放在以下的关键方面:

1)确定最大的和最关注的气候变化脆弱性;

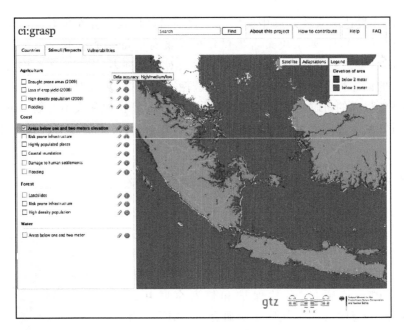

图 13-4　平台操作界面

2)确定已有适应措施中极具效率的措施;

3)增强经济分析;

4)建立适应对策的优劣次序排列;

5)发展国家水平上的适应策略,将它们整合到国家经济和可持续发展规划中;

6)增强适应能力;

7)支持适应方面的创新、扩充以及有教育意义的方案;

8)确保社区和公众的参与;

9)强调适应对策区域之间的协调;

10)将更多的精力转移到目前的气候风险、影响和适应方面,将它们作为基准适应分析的一部分;

11)明确地将适应对策考虑包含在气候变异性和异常事件以及长期气候变化中;

12)开发应用刻画未来气候情景的新方法,使气候和天气变量与适应决策更为相关;

13)改进社会经济情景确立、测试和应用解析框架,帮助增强评价脆弱性和适应能力;

14)详细说明目前发展政策以及提议的未来行动计划,尤其是那些可能会导致增加气候变化脆弱性甚至是错误适应的行动;

15)把那些削减自然灾害和灾难预防的措施和气候变化适应策略和对策综合考虑;

16)将以前的适应对策研究重新定位到探讨政策方面;

17)收集和公布与适应和适应能力有关的数据;

18)将更多的精力放在目前和未来气候变化脆弱性方面;

19)综合考虑其他的大气、环境和自然资源问题。

可以说新的评估框架不是从气候情景角度出发,考虑到所在地区的具体脆弱性和相应的适应对策,结合目前和未来的环境和自然资源等问题,从可持续性发展的角度,对适应性对策进行综合评价,在原来的框架上有了新的突破。

13.4　评估案例

13.4.1　海河流域水资源短缺及适应性措施有效性的评估

　　海河流域的水资源形势非常严峻,气候变化使其脆弱性增大。相关地方政府采取了一系列适应性对策,包括按照水资源和水环境承载能力,推进水利和经济社会的协调发展,努力建设节水型社会,积极探索建立水权制度和水市场,促进水资源优化配置,改革水的管理体制,加强水资源的统一管理等措施(邓慧平,2001)。王金霞等(2008)运用中国科学院农业政策研究中心开发的中国水资源模型,模拟分析了气候变化条件下海河流域的水资源短缺状况及相应的适应性措施的有效性。结果表明随着社会经济的发展,到 2030 年海河流域的水资源短缺比例将提高 25%,气候变化将使水资源短缺比例进一步提高 2%～4%。为了缓解水资源的短缺状况,既可以采取供给管理的适应性措施(如南水北调和提高洪水利用能力等),也可以采取需求管理的适应性措施(如水价政策和采用节水技术),它们在缓解水资源短缺方面都具有一定的有效性。通过对南水北调、提高洪水利用能力、农业节水技术、混合水价政策和灌溉用水政策等适应性措施进行多标准评估,选择了双赢选择、适应效果、成本有效性、适应灵活性、实施顾虑以及知识水平 6 个指标,在与专家讨论和相关文献分析的基础上,为各个指标分配了如下的权重:双赢选择最重要,权重是 9;其次是适应效果和成本有效性,权重分别是 7 和 6;最次为实施顾虑(权重是 5)、知识水平(权重是 4)和适应灵活性(权重是 3)。得到的多标准评估结果如图 13-5 所示。

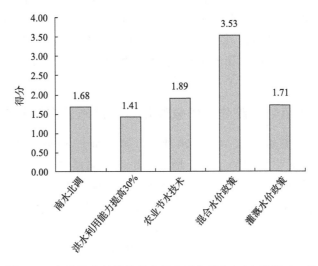

图 13-5　各种适应性措施的多标准评估得分(王金霞等,2008)

由图可见,不同适应性措施的得分不同,需求管理的适应性措施得分普遍高于供给管理的适应性措施。其中,采用混合水价政策的得分最高(3.53),这意味着与其他适应性措施相比,它是应对气候变化的一种更为可行的措施。采用农业节水技术得分为1.89,可以被认为是应对气候变化次优的措施。实行单一灌溉水价政策的得分为1.71,仅次于采用农业节水技术的措施,远低于混合水价的措施。两种供给管理的适应性措施的得分都低于需求管理的措施。其中,实施南水北调的分数稍高,为1.68,而采用工程措施来提高洪水利用能力的措施得分仅为1.41。实际上南水北调的中线和西线工程已经正式开工,但多标准评估结果表明,除了南水北调工程,我们可能会找到一些更可行、更有效的适应性措施。实施需求管理措施可能更具可行性。在需求管理中,混合水价政策可能是一种最优的策略选择,次优策略为采用农业节水技术(高彦春等,2002)。

夏军等(2008a)通过论述气候变化对中国水资源影响的适应性评估与管理框架,提出一个气候变化影响决策评估工具,通过未来气候变化对中国水资源潜在影响的定性描述分析、半定量与定量分析以及适应性对策评估系统,对海河流域的农业水资源进行研究,显示海河流域是中国最缺水的区域,干燥的气候和地下水的过度开采,已导致地下水位下降,地面下沉,水质退化,预计未来气温升高很可能会导致灌溉量的增加,从而加剧水资源的供需矛盾。提出两个适应性管理对策,包括提高水价和改善排灌设施,增加对农业的支持和服务、改善农业管理、加强对森林和环境的监测、促进制度发展等措施,提高水资源灌溉效率(於凡等,2008)。

夏军等(2008b)利用未来气候变化对中国水资源的潜在影响建构了定性描述分析、半定量与定量分析以及适应性对策评估框架,对海河流域的密云水库进行案例分析显示,由于降水变化和人类活动的影响,近年来密云水库入库流量持续减少。对未来气候变化的预测表明:从长期看入库流量可能会增加,但中、短期内还会继续减少,有必要采取适应性对策,如密云水库上游地区实行水田改旱地,同时对上游地区农民进行经济补偿;建设160 km水渠从河北省的滦河引水到潮河,增加入库流量;污水处理及其他水源保护工程,促进污水再利用等,来保证北京的水资源供应。李浩等(2008)通过将气候变化对工程项目的影响以及适应性措施的经济效益分析框架运用于密云水库水供给项目,评估分析结果显示,采用水田改旱地、引滦入潮、污水处理等适应性措施,在技术上和经济上将是可行的。

13.4.2 气象指数保险作为气候变化适应措施的实践和应用

随着全球气候变暖,极端天气气候事件发生频率加大,流域性特大洪涝、区域性严重干旱、极端低温等灾害出现的可能性增大。而且中国经济快速发展,气候变化对农业、林业、水利等高敏感行业的影响度越来越大。农业应对自然灾害的风险管理显得尤为重要。目前传统的农业灾害保险定灾核损困难、赔付滞后、赔付金额相对灾害损失金额仍然很小,且相当一部分以政府作为主导体,社会个人火害风险意识薄弱。而中国农业生产的分散性、多灾性等使得传统的农业保险难以发展,为此急需建立新型的政府和市场相结合的风险转移机制。天气指数保险产品以特定的气象参数(如最大降雨量、最大风速等)为理赔标准,投保人发生损失,向保险公司申请理赔,经保险公司援引官方观测到的实际天气情况,如达到或超过某预先设定的气象参数,投保人即可获得赔付。此产品可以缓解政府在财政预算上的压力,并解决分发救助的工作困难,大大降低保险的经营成本,在三农方面发挥重要作用。

目前,国家气候中心通过同有关保险公司的合作,已经在试点地区开始为商业化的指数保险的发展提供气象数据分析和阈值设置的研究。本节以即将进入市场的福建省龙岩市烟草气象指数保险产品为案例进行简要介绍。

该产品通过研究龙岩市烟草种植及其生长过程,通过对一系列风险类别的甄别,发现烟草在生长过程中受低温冷害(如冻害<0℃)以及强降水事件造成的损失最大。在分析损失与气象条件关系时,重点筛选以下 4 个气象要素指数:2—3 月的最低温度值;5—6 月的最大降水量;4—6 月的最大风速值;5—6 月的最大相对湿度。下面以低温为例。

从空间变化上看,龙岩市 2—3 月的最低温呈现由北向南递增。2—3 月最长霜冻天数(低于 0℃的天数)的出现次数由北向南递减,即 2、3 月霜冻在北部和西部发生较频繁。而且 2—3 月的 1—7 日独立霜冻事件总数总体呈现由北向南递减。从时间变化上看,在过去 50 年,龙岩市 7 个县的平均温度呈显著上升趋势,最低温度没有显示出显著的变化趋势,预计未来 10 年龙岩的低温事件不会出现明显的增加。

气象指数保险产品的开发,需要定义和确认适当的触发机制。以龙岩为例,气象指数的设定通过中国气象局/国家气候中心与中国人寿财产保险公司(简称中国人寿财险公司)合作实施。一旦指数保险项目启动,应该按照以下步骤开展实施。

一旦农民遭受损失,他将向当地中国人寿财险公司的分管机构提出索赔。基于此,中国人寿财险公司将向当地气象局确认并获取观测数值。根据天气指数的申请,当地气象局须免费提供必要的天气信息。否则中国人寿财险公司需支付一定的费用来获取气象信息。一般来说,保险公司需从当地气象局获取特定时间段的天气信息,这样保险公司在实施指数保险时就能节省很多时间。也就是说当气象指数达到合同规定的索赔值时,保险公司可以通过气象系统来进行认证,然后对保险区域进行赔付。

如果保险产品和天气指数因各种原因需要被更新,当地中国人寿财险公司可以和当地气象局接洽,证实和确认调整的必要性。因此,中国人寿财险公司和当地气象局的合作以及中国人寿财险公司为当地气象服务所付出的费用都应在部门间达成一致后在备忘录中显著标识,服务和费用都应被详细定义。

参考文献

邓慧平.2001.气候与土地利用变化对水文水资源的影响研究.地球科学进展,**16**(3):436-441

高彦春,于静洁,刘昌明.2002.气候变化对华北地区水资源供需影响的模拟预测.地理科学进展,(6):
616-623

李浩,夏军,严茂超,等. 2008. 气候变化综合评估工具——以密云水库供水项目为例. 自然资源学报,**23**
  (6):1044-1054

缪启龙,田广生,殷永元. 1999. 长江三角洲地区气候变化影响和适应对策综合评估研究. 南京气象学院
  学报,**22**:479-486

田广生. 1999. 中国气候变化影响研究进展. 南京气象学院学报,**22**:472-480

王金霞,李浩,夏军,等. 2008. 气候变化条件下水资源短缺的状况及适应性措施:海河流域的模拟分析.
  气候变化研究进展,**4**(6):336-340

夏军,Thomas T.,任国玉,等. 2008a. 气候变化对中国水资源影响的适应性评估与管理框架. 气候变化
  研究进展 **4**(4):214-2l9

夏军,李璐,严茂超,等. 2008b. 气候变化对密云水库水资源的影响及其适应性管理对策. 气候变化研究
  进展,**4**(6):319-323

徐敬林. 2008. 气候变化影响评估与适应研究. 气象软科学,**1**:163-182

殷永元,王桂新. 2004. 全球气候变化评估方法及其应用. 北京:高等教育出版社

殷永元. 2002. 气候变化适应对策的评价方法和工具. 冰川冻土,**24**(4):426-432

於凡,曹颖. 2008. 全球气候变化对区域水资源影响研究进展综述. 水资源与水工程学报,**19**(4):92-99

Carter T. R.,Parry M. L.,Harasawa H.,*et al*. 1994. *IPCC Technical Guidelines for Assessing Cli-*
  mate Change Impacts and Adaptations. Report by Working Group II of the Intergovermental Panel
  on Climate Change. UK:University Colege London

IPCC. 2001. Climate Change 2001:Impacts,Adaptation,and Vulnerability. Summary for Policymakers. A
  Report of Working Group II of the Intergovernmental Panel on Climate Change. Geneva,Switzer-
  land

LimB.,Spanger-Siegfried E.,BurtonI.,*et al*. 2005. *Adaptation Policy Frameworks for Climate*
  Change:*Developing Strategies*,*Policies and Measures*,Cambridge University Press,Cambridge,
  U. K.

Stratus Consulting Inc. 1999. Compendium Of Decision Tools To Evaluate Strategies For Adaptation To
  Climate Change,Final Report FCCC/SBSTA/2000/MISC. 5[M]. UNFCCCSecretariat,Bonn,Ger-
  many,159-197

YinY. Y. 2004. "Methods to link climate impacts and regional sustainability" *J. of Environmental In-*
  formatics,**2**(1):1-10.

YinY. Y. *et al*. 2000. AS25 Project Final Report. START/AIA

http://cigrasp. pik—potsdam. de/session/new

第14章

评估中对不确定性的分析和处理

孟玉婧,张杰(南京信息工程大学)

姜彤(国家气候中心)

导读

☞ 不确定性的影响因素:观测的不确定性,预估的不确定性和不定性的传递,可参考 14.2 部分。

☞ 国内外观测和预估不确定的处理方法可参考 14.3.1 和 14.3.2 部分。

☞ IPCC 前四次及第五次评估报告对不确定性处理方法见 14.3.3 部分。

14.1　引言

　　客观事物发展多变的特点以及人们对客观事物认识的局限性,使得对客观事物的预测结果可能偏离人们的预期,具有不确定性,气候变化研究也不例外。由于气候系统的复杂性,目前气候变化评估结果中存在很大的不确定性。无论是发达国家还是发展中国家,减少气候变化研究中的不确定性仍然是未来气候变化研究的重点,它既是当前气候变化科学中的重大问题,也是气候变化基础科学研究中应重点关注的方面。IPCC

的气候变化科学评估从一开始就认识到表述不确定性的重要性。在评估重要发现不确定性的方法上,IPCC 先后经历了 5 次的讨论交流、修改和完善,取得了很大的进展。2010 年 7 月 IPCC 发布的"IPCC 第五次评估报告主要作者关于采用一致方法处理不确定性的指导说明"提出了可供各工作组一致使用的关于处理和表达评估报告中重要发现不确定性的方法。

在第五次评估报告中,作者团队需要先确定章节中的重要发现。之后,专家对重要发现做出判断,并对所做判断给出解释。根据所评估的证据种类、数量、质量、一致性和达成一致的程度,给出某一特定重要发现不确定性评估的基础。每项重要发现均是基于作者团队对相关证据和一致性的综合评价,从而赋予一个信度水平,如"中等信度",或是将已有证据的类型、数量、质量和一致性的明确评价与校准的简略术语相结合,如"一致性中等,证据确凿"。如果不确定性能够以概率予以量化,作者团队则可以将定量分析作为赋予可能性的基础,使用经校准的可能性语言或更准确的概率信息描述某一发现的确定性程度,如概率分布、百分位区间等。这种评估重要发现不确定性的方法已经在 2011 年 11 月 IPCC 发布的《管理极端事件和灾害风险,推进气候变化适应》特别报告决策者摘要中第一次得到了应用。因此,在未来评估重要发现的不确定性过程中,建议使用 IPCC 第五次评估报告中对不确定性的处理方法。

14.2　不确定性的影响因素

由于自然气候系统极其复杂,具有内在混沌的特点,并包括各种时间尺度的非线性反馈。在百年到千年时间尺度上,人们对这些反馈过程的认识还不充分,对万年或更长时间尺度的认识更加有限,加之观测的局限性,使得气候变化无论是在观测上,还是预估上均存在一定的不确定性。

14.2.1　观测的不确定性

由于观测仪器的误差、观测站点网络覆盖范围的限制、不同年代气象要素的记录数量和序列长度的差异、站点观测的连续性、站点的城乡分布、以及城市热岛效应的影响等,都使得用于评估气候模式结果的观测资料不足,以及观测数据本身存在一定的不确定性。此外,观测资料的局限性也在区域模式的检验和发展中引入了更多的不确定性。以气温为例(王芳等,2009),主要的影响因素有以下 4 个方面。

(1)在空间尺度上,地表气温观测网络的覆盖范围较少,在百年尺度具有连续观测站点的区域仅占全球的 35%,而具有 150 年连续观测历史的区域仅占 10%,许多经纬度单元网格内数据源分布不均匀。

(2)在时间尺度上,不同年代气温记录的数量存在显著差异。长时间尺度的气温序列记录有限,1850—1999 年间气温序列长度大于 50 年的站点数量不足所有站点的一半,还不足以为未来全球变暖的预估提供足够的证据。

（3）在数据质量上，大量观测站点的连续性差，在此基础上计算的年平均气温可信度偏低。

（4）目前使用的地面气温观测记录大部分来自城市，对城市化的热岛效应考虑不足。2007 年具有 12 个月连续观测记录的站点中分布在大城市的站点约 65％（按夜晚光亮度）和 57％（按人口标准）。城市和农村站点气温具有较大差异。

14.2.2　预估的不确定性

在当前的科技发展水平下，要准确地预估未来 50 年或 100 年的天气状况、社会经济、人口增长、环境和技术进步等具体情况几乎是不可能的。目前，用于未来气候变化预估的主要工具是全球和区域气候模式。在几十年的发展中，模式始终提供一幅因温室气体增加而引起气候显著变暖的强有力和清晰的图像。但模式仍然存在重要的局限性，这种局限性导致预测的气候变化在量级、时间以及区域细节上存在不确定性，从而造成模式预估结果包含有相当大的不确定性，其中降水预测的不确定性比温度更大。气候模式预估的不确定性主要来自气候模式的结构、排放情景的设定和降尺度方法的不确定性。

14.2.2.1　气候模式结构的不确定性

由于当前对气候系统中各种强迫和物理过程科学认识和计算机能力的限制，气候模式对云反馈、大气和海洋、大气和地表、海洋上层与深层之间的能量交换过程，以及对海冰和对流处理等都比较简单，在气候模拟过程中，很少考虑生物反馈和完善的化学过程，这种气候模式结构本身的不完善导致气候模式所模拟的气候状况与真实情况存在很大的差异。因此，气候模式发展水平的限制引起的对气候系统描述的误差，以及模式和气候系统的内部变率都将导致不确定性的产生。

14.2.2.2　排放情景的不确定性

在预估未来全球气候变化时，通常基于一种或几种温室气体排放情景驱动气候模式进行模拟，从而得到一种气候变化情景。因此，对温室气体排放情景的合理设定是气候变化研究的基础，也是气候变化评估的关键环节。虽然 IPCC 先后发展了 SA90、IS92 和 SRES 情景且在气候变化评估中的应用最为广泛，但仍然存在以下不确定性（张雪芹等，2008）：（1）温室气体排放量的估算方法存在不确定性；（2）政府决策对温室气体排放量的影响不确定；（3）未来技术进步和新型能源的开发与使用对温室气体排放量的影响不确定；（4）目前排放清单不能完整反映过去和未来温室气体排放状况。2007 年，IPCC 在第五次评估报告中将使用"典型浓度路径"（RCPs）来描述温室气体浓度，并在 RCPs 的基础上建立了社会经济新情景——共享社会经济路径（SSPs）。尽管气候变化情景的不断改进，与人口增长、"绿色技术"、经济、政治体制密切相关的未来温室气体排放情景，始终具有不可预测的不确定性。

14.2.2.3　降尺度方法的不确定性

由于全球气候模式（GCMs）空间分辨率较低，不能很好地刻画气候的区域性特征和模拟出更详尽、更准确的气候场分布,在区域级尺度上,气候变化模拟的不确定性则更大,一些在全球模式中可以忽略的因素,如植被、土地利用和气溶胶等,都对区域和局地气候有很大影响。针对GCMs分辨率较粗的问题,一般通过降尺度方法,将大尺度、低分辨率的输出信息转化为区域尺度的地面气候信息(如气温、降水)。区域模式降尺度结果的可靠性,很大程度上取决于GCMs提供的侧边界场的可靠性,而GCMs对大的环流模拟产生的偏差,会被引入到区域模式的模拟,在某些情况下还会被放大。因此,存在较大的系统误差和不确定性,从而使得直接用于气候影响评估时具有更大的不确定性。

目前,降尺度方法可概括为动力降尺度方法与统计降尺度方法。动力降尺度方法是利用嵌套在全球气候模式中的高分辨率区域气候模式,进一步预估各区域或局地的未来气候变化,而统计降尺度方法则是利用多年的观测资料,建立大尺度气候预报因子与区域气候预报变量间的统计函数关系,但预报因子与预报变量间的统计关系在全球气候变化背景下可能发生变化,从而造成预报变量存在较大不确定性。此外,相同的GCMs预估结果,使用不同的降尺度方法会得到不同的区域气候情景,从而产生一定的不确定性。

14.2.3 不确定性的传递

气候变化评估中不仅涵盖各种各样的不确定性,而且随着评估过程的深入,不确定性具有自上而下逐层传递的特性(图14-1)。

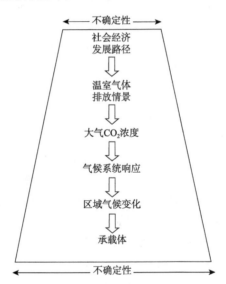

图14-1 气候变化影响评估中不确定性的传递(New M 等,2000)

首先,由未来社会经济发展路径不确定导致温室气体排放情景的构建具有极大的不确定性;加之人类目前对碳循环的认识尚不清楚,从而使得对大气中温室气体浓度的估计误差进一步增大;而温室气体在何种程度上强迫于气候系统目前认识依然有限,全球气候模式对主要物理过程描述也尚不充分,导致无法准确预估未来全球气候变化情况。基于全球气候模式的模拟结果获取区域气候变化信息时,又由于区域气候变化响应的复杂性和多样性,以及降尺度方法的不确定性,导致区域气候变化的预估结果更加不可靠,进一步扩大不确定性程度。最后,基于气候模式输出的气候变化情景进行局地气候变化影响评估时,由于气候变化情景的不确定性,导致影响评估结果不确定性达到最大化(姚凤梅等,2011)。

14.3　不确定性的处理方法

14.3.1　观测不确定性的处理方法

积极发展更加先进的观测仪器,提高观测精度,使系统误差降到最低,从而减小不确定性。在空间尺度上,未来应建立更多的气象台站,尤其是在地理特征显著而站点稀少的地区应多建立典型台站,进一步扩大地表观测台站网络的覆盖范围,从而使得经纬度单元网格内的数据源分布均匀。对于连续性较差的观测站点,可先对获得的观测数据的质量进行分析,然后采用合适的方法,有针对性地对观测数据进行相应的订正,常用的订正方法主要有插值订正法、逐步回归订正法等(马开玉等,1993)。

14.3.2　预估不确定性的处理方法

(1)模式对比。模拟对比是评估模式结果不确定性的主要途径。国内外的专家学者和研究人员利用区域气候模式开展了一系列模式对比计划,例如,北美地区区域模式对比计划(PIRCS)(Takle *et al.*,1999)、北极区域模式对比计划(ARCMIP)(Curry 等,2002)、亚洲区域模式对比计划(RMIP)(Fu 等,2005)等。不同的气候模式对未来气候变化的预估结果存在较大的差异,例如,在 IPCC 第三次评估报告中,第一工作组给出的各区域模式预估的 SRES A1、A2、B1、B2 这 4 种社会经济情景下,21 世纪末全球气候变暖 1.4~5.8℃,但是统计结果表明,没有 3 个或 3 个以上模式计算的变暖值是相同的,不同模式模拟的变暖值差异较大,对一些极端天气事件模拟的能力更差。王芳栋等(2012)对比分析了 PRECIS 和 RegCM3 两个区域气候模式对中国区域温度的气候态和年际变率的模拟能力,结果表明,PRECIS 和 RegCM3 均能较好地模拟出中国区域多年平均气温的空间分布特征,但 PRECIS 比观测气温平均偏暖 1.5℃左右,而 RegCM3 则以冷偏差为主,平均偏低 0.8℃左右,PRECIS 整体上比 RegCM3 偏高 2~3℃,存在一定的不确定性。

(2)集合模式。集合模拟是通过多模式集合或单模式控制参数的变化,获得集合预估的结果。例如,为考虑气候模式结构的不确定性,Phillips 等(2006)参与评估了 IPCC AR4 的 20 个最新全球模式对全球陆地年平均降水量的模拟能力,结果表明,模式集合的总体模拟能力高于单一模式,但在大地形区和季风区依然存在系统偏差。集合模拟的特点是以一个变化范围或概率的形式替代确定性的形式给出模拟结果,即用概率分布的形式定量描述不确定性。

(3)误差纠正法。由于区域气候模式对逐日气象要素模拟结果存在一定的偏差,Ines 等(2006)为了解决这一问题,发展了基于历史观测气候数据的误差纠正统计方法,并将其应用于作物模拟中。结果显示对降水资料进行误差纠正后明显改善了对作物产量的模拟。这种基于历史气候序列统计特征的误差纠正方法可以有效弥补当前全球气候模式对局地气候要素难以准确模拟的不足,因此拥有广阔的应用前景。

(4)误差纠正法。普适似然不确定性估计方法(GLUE)广泛应用于水文学建模中评估模型输出和参数模拟的不确定性,其特点是假定不存在最优参数,从而避免了使用确定性的唯一参数造成的不确定性(Beven,2006)。

14.3.3　IPCC 评估报告对不确定性的处理方法

14.3.3.1　IPCC 前四次评估报告处理不确定性的方法

目前,IPCC 评估报告中通常使用可能性和信度来描述重要发现的不确定性程度。可能性表征在自然界一个确定结果的发生概率,它由专家判断估算出来;信度则是表征专家之间理解和/或达成一致的程度,它是专家判断的一种陈述。表 14-1 简要总结了IPCC 前四次评估报告处理不确定性的方法。

表 14-1　　　　IPCC 前四次评估报告处理不确定性的方法(戴晓苏,2006)

IPCC 评估报告	特点、变化与应用情况
第一次	对事件的科学认识明确分为确定的、能够可信地计算得出的、预测的、基于作者判断的等几类。
第二次	需要客观、一致的方法确定和描述气候变化科学的信度水平。客观性是作者们使用的信息可追溯到有关的科学文献;一致性是使用特定术语,以定量或定性地表达信度水平。其中,定量是使用 5 个不同概率范围的信度水平,定性是根据证据量以及专家之间达成一致意见的程度进行高或低的分类。
第三次	第一个试图针对不同学科和广泛国际读者来描述不确定性。使用"可能性"和"信度"语言描述不确定性。第一工作组主要以确定的概率范围描述不确定性,第二工作组则主要指明对信度的判断性估计。
第四次	以定量和定性两种方法描述不确定性。定量方法基于信度(经专家判断所确定的基础数据、模式、或分析的正确性)和可能性(通过专家判断和对观测资料或模拟结果的统计分析所确定的发生具体结果的不确定性);定性方法基于证据量(源自理论、观测资料或模式)和一致性程度(文献中有关特定发现的一致性)。第一工作组主要使用可能性,而第二工作组将可能性与信度结合使用,第二工作组使用不确定性的定性评估方法。

14.3.3.2 第五次 IPCC 评估报告处理不确定性的方法

在 IPCC 第五次评估报告中,依靠两种衡量标准表示重要发现的确定性程度(IPCC, 2010)。

(1)可能性。定量衡量某项研究结果的不确定性,用概率表示(基于对观测资料或模式输出的统计分析,专家判断或其他定量分析方法)。它可用来对一个独立事件或结果的发生进行概率估计。例如,一个气候参数,观测的趋势或预测一个给定范围内的变化。第五次评估报告不确定性的指导意见中对可能性的定量等级的划分与第四次评估报告的划分情况一致,它为定量描述不确定性提供了标准语言。当有足够的信息时,最好指定一个完整的概率分布或概率范围(例如 90%~95%),而无需使用表 14-2 中的术语。此外,读者可以根据对潜在结果的认知程度来调整对这一可能性语言的解读。

表 14-2 可能性的定量等级(IPCC,2006)

术语(英文)	结果的可能性
基本确定(Virtually certain)	概率为 99%~100%
很可能(Very likely)	概率为 90%~100%
可能(Likely)	概率为 66%~100%
或许可能(About as likely as not)	概率为 33%~66%
不可能(Unlikely)	概率为 0~33%
很不可能(Very unlikely)	概率为 0~10%
几乎不可能(Exceptionally unlikely)	概率为 0~1%

(2)信度。定性衡量某项研究结果的不确定性,它以证据的类型、数量、质量、一致性(例如对机械的认识水平、理论、数据、模式、专家评价)以及达成一致的程度为基础。在对不确定性的定性评估过程中,使用简略术语“有限”、“中等”或“确凿”描述现有证据,以及使用“低”、“中等”或“高”描述一致性程度。信度水平用 5 个修饰词来表示:“很低”、“低”、“中等”、“高”、“很高”,它是作者队伍将现有证据和一致性程度的评估结果进行综合判断而确定的。图 14-2 列出了证据和一致性的所有组合,并形象地说明了证据和一致性及其与信度的关系。如图中渐强的阴影所示,信度向右上角逐渐增强。这三者之间的关系存在灵活性,当证据和一致性程度确定后,可赋予不同的信度水平,而证据水平和一致性程度的提高与信度的提升相互关联。在主要关注的领域中可用术语“低”和“很低”来描述研究结果的信度,并应当详细解释这样描述的理由。应注意这里的信度与“统计信度”不同,因此不应当通过概率的方法解释。

第五次评估报告对处理不确定性的最显著进展就是将证据、一致性和信度这三者之间进行了关联(图 14-2),虽然保留了描述信度的术语,但不再对信度进行量化定义,这也是与第四次评估报告最大的不同之处,进一步明确了信度和可能性之间的关系与区别。

图 14-2 证据和一致性及其与信度的关系(IPCC,2010)

参考文献

王芳,葛全胜,陈泮勤.2009.IPCC 评估报告气温变化观测数据的不确定性分析.地理学报,**7**:828-838

张雪芹,彭莉莉,林朝晖.2008.未来不同排放情景下气候变化预估研究进展.地球科学进展,**23**:174-185

姚凤梅,秦鹏程,张佳华,等.2011.基于模型模拟气候变化对农业影响评估的不确定性及处理方法.中国科学,**8**:547-555

马开玉,丁裕国,屠其璞,等.1993.气候统计原理与方法.北京:气象出版社

王芳栋,李涛,许吟隆,等.2012.PRECIS 和 RegCM3 对中国区域气候的长期模拟比较.中国农业气象,**2**:159-165

戴晓苏.2006.IPCC 第四次评估报告中对不确定性的处理方法.气候变化研究进展,**2**(5):233-237

New M and Hulme M. 2000. Representing uncertainty in climate change scenarios:A Monte-carlo approach. *Integr Assess*,**1**:203-213.

Phillips TJ and Gleekler PJ. 2006. Evaluation of continental precipitation in 20 th-century climate simulations:The utility of multi-model statistics.*Water Resource Research*,**42**:W03202

Ines AV M and Hansen J W. 2006. Bias correction of daily GCM rainfall for crop simulation studies.*AgricFor Meteorol*,**138**:44-53

Beven K. 2006. Towards a coherent philosophy for modelling the environment. *Proc R Soc A*,**458**:2465-2484

IPCC. 2010. Guidance note for lead authors of the IPCC fifth assessment report on consistent treatment of uncertainties. http://www. ipcc. ch

Eugene S. Takle William J. *et al*. 1999.

Project to Intercompare Regional Climate Simulations(PIRCS):Description and initial results. *Journal of Geophysical Research:Atomospheres*(1984—2012),**104**:19443-19461

J. A. Curry,A. H. Lynch. 2002. Comparing Arctic Regtnal Climate Model. *Eos*,*Transactions American Geophysical Unim*,**82**:87.

Conghin Fu,Shuyu Wang. Zhe Xiny. 2005. Regional Climate Model Intercomparison Project for Asia.*Bull*,*America Meteordogical Socity*,**86**:257-266.

第 15 章

综合影响评估报告

姜彤，李修仓（国家气候中心）

导读

☞气候变化（影响）评估报告编写的 8 点注意事项，见 15.1 部分。

☞国际气候变化评估报告的案例可参考 15.2 部分。

☞中国国家尺度和区域/流域尺度上评估报告的案例可参考 15.3 部分。

15.1　引言

气候变化关系着当今及未来各国、各地区自然环境的稳定和社会经济的可持续发展，是当今国际社会的热点问题。评估现在和未来气候变化的影响，采取积极有效措施应对气候变化，已经成为当今世界最具重要性、紧迫性和现实意义的问题之一。

从全球层次上，IPCC 已出版 4 次全球性的气候变化评估报告，目前正在进行第 5 次报告的编写。该报告的编写，将反映当前国际科学界在气候变化问题上的最新认识水平，对未来气候变化领域的科学研究具有重要指导作用，也为当前国际社会应对气候变化提供重要的科学咨询意见，同时为各国的可持续发展提供重要的决策参考依据。

从国家层次上,目前世界上已有多个国家出版了国家尺度上的气候变化评估报告。如美国于2009年发布了《全球气候变化对美国的影响》评估报告;俄罗斯于2005年发布《气候变化下俄罗斯联邦2010—2015战略及其对经济各部门的影响》,继而又在2008年发布《气候变化及其对俄罗斯联邦的影响评估报告》;印度于2010年发表了《气候变化与印度:4×4评估——面向2030年代的领域与区域分析》;英国于2012年发布了《英国气候变化风险评估报告》。

中国政府对气候变化问题高度重视,并积极采取了一系列的应对措施。由科技部、中国气象局及中国科学院等单位发起并组织编写,于2007年出版了《气候变化国家评估报告》,又于2011年出版了《第二次气候变化国家报告》目前正在进行第三次国家报告的编写。国家气候变化评估报告的编制,将有利于客观评价气候变化对中国经济社会发展带来的影响,分析中国应对气候变化的成本和效益,也是中国积极参与国际气候谈判的重要科学支撑。

在地区或流域层面上,中国近年也开展了较多的工作。如中国气象局启动了"区域/流域气候变化影响评估报告"编写,并在华南、华东、华中、东北、西北等地区开展气候变化及其影响评估工作等。区域或流域层面上的评估报告,通过具有不同特征的气候区生态系统案例研究,评估气候变化对区域或流域影响的危险性水平,建立区域或流域尺度上适应气候变化的风险管理体系。针对气候变化区域响应的特征,开展具有区域特征的气候变化影响、脆弱性评估方法和适应性措施方法论(学)的研究,总结区域尺度综合影响评估的理论、方法和技术,编写气候变化影响评估报告,一方面为区域应对气候变化的策略提供详实的科学信息和科技支撑,另一方面也为国家评估报告提供区域上的支撑。

根据我们对国家尺度以及区域/流域尺度气候变化影响评估报告的案例分析,我们认为以下几点是非常重要的:

1)IPCC及各国家报告的编写主要是文献评估和综述,所有结论全部来自已发表的文献资料。区域报告则需要采用文献评估与典型研究相结合的方法,以已发表文献为主要评估依据,部分可参照作者最新的可靠的尚未来得及发表的研究成果。

2)国家报告的编写涉及面广,内容丰富,但同时需要考虑到篇幅问题因而表现为各项关键问题的高度精炼。而区域/流域气候变化评估报告编写的技术路线和编写结构则可以完全依据区域/流域的自身特点,不拘泥于全球性和国家气候变化评估报告的结构,不一定面面俱到,但必须有所侧重,在特色问题上需要详细展开。

3)区域/流域气候变化影响评估报告所选研究区应属于对气候变化较为敏感的区域或流域,针对气候变化响应的区域差异特点,研究区的边界不一定重合于行政区边界,也不一定是一个固定的流域分水岭边界,而是一个相对独立的自然地理单元。

4)无论国家报告还是区域报告,都涉及空间尺度上的变换。我们的经验是,区域上采用1:50万以上的土地利用图为基本图件,全国是1:400万,区域和全国从空间和时间上相互弥补和补充。

5)针对气候变化条件下,极端气候事件发生频率有可能增加的预估结果,区域评估报告应重点评估具有区域气候变化特征的极端气候事件。

6)区域层面上的气候变化报告由中国气象局统一组织,因而每个区域不是单独的而应该是可以横向比较的,参编的部门需有规律地召开统稿会议,检查进展和部署新阶段计划,参加不同报告或不同章节编写的作者应保持联络,相互交流和借鉴。

7)气候变化影响涉及面广,关系复杂。参加评估报告编写的作者不能局限于气象部门的科研专家和业务人员,还应包括农业、水利、环保、林业、国土、交通、医学等部门的相关专家,研究所及大学的科研人员也是评估报告编写的重要参与者。

8)评估报告最终服务于社会和经济,因此,报告的编写应征求决策部门和普通民众的需求和建议,精炼的评估结论应能方便地应用到业务工作和决策建议书中,并在一定程度上能解决生产和生活的相关问题。

本章将以几个国家层面及区域/流域层面的气候变化影响评估报告为案例,具体介绍评估报告的编写步骤和方法。

15.2　国际上的案例

15.2.1　美国《全球气候变化对美国的影响》案例

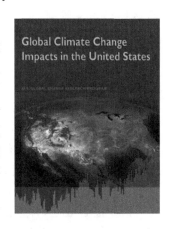

《全球气候变化对美国的影响》报告(Thomas 等,2010)是在美国国家海洋和大气管理局的领导下,由美国 13 家政府机构及相关大学和研究机构的科学家合作完成的,其重点是研究气候变化对美国的农业、卫生、水资源以及能源部门的影响。这也是美国总统奥巴马上台以来,美国政府部门公布的首个气候变化评估报告。报告称,目前全球范围内的气候变化是人为因素导致的,气候变化给人类社会带来的影响将是广泛而深远的。报告还认为,未来气候变化及其影响将取决于今天的选择。

此份报告综合了各种最新科学评估报告的内容,总结了气候变化的已知观察结果并预测了对美国的影响。同时,该报告也汇总了各个部门(如能源、水利、运输等)所进行的气候变化对某些特定区域产生重大影响的国家级评估成果。如,海平面上升将使沿海地区增加侵蚀、风暴潮及水灾的风险,尤其是在美国东南部和阿拉斯加部分地区。积雪的减少和过早融雪将改变水供应的时间和数量,加剧西部地区的水资源短缺。

从报告的编写结构上,该报告首先阐述了全球以及美国气候变化的观测事实和预估研究结果。其次分析过去和未来气候变化对各个部门或行业的可能影响,包括对水资源、能源供求、交通、农业、生态系统、人类健康及社会制度等。再次,该报告分析了气候变化对各个区域的不同影响,包括美国的东北地区、东南地区、中西地区、大高原区、西南区、西北区、阿拉斯加地区、岛屿及海岸带等。值得一提的是,该报告将"海岸带"地区单独列一章节进行分析。最后,尽管该报告是一份"影响"研究报告,作为不可或缺的重要部分,也把减缓和适应放入最后章节的讨论中。全书为彩色排版,篇幅在 200 页左右。

15.2.2　俄罗斯《气候变化及其对俄罗斯联邦的影响评估报告》案例

该报告由俄罗斯联邦水文气象和环境监测局、俄罗斯科学院以及相关教育机构等单位的科学家共同编写而成(Meleshko 等,2008)。报告分为上下两卷。上卷的内容主要是阐述全球和区域气候变化的物理机制。重点描写俄罗斯联邦 20 世纪气候变化的观测事实和 21 世纪气候预估(包括地球表层气温、降水、径流、雪盖、海冰、冰冻圈和海平面等)。下卷论述了观测和预估的气候变化对俄罗斯联邦范围的陆地和海洋生态系统、不同的经济部门(农业生产、水资源利用、河道和海岸线、建筑和机械制造、地区经济等)以及人体健康的影响。下卷也重点阐述了大尺度范围的极端水文气象事件的变化。

15.2.3　印度《气候变化与印度:4×4 评估——面向 2030 年代的领域与区域分析》案例

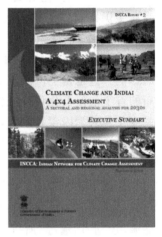

印度于 2010 年发表了一份气候变化评估报告,题目是《气候变化与印度:4×4 评估——面向 2030 年代的领域与区域分析》(Ministry of Environment 等,2010)。该报告针对印度 4 个气候敏感地区(即喜马拉雅地区、西高止山脉地区、海岸地区、东北地区),它们关系到印度经济的 4 个关键领域(即农业、水、自然生态系统、生物多样性及健康),进行了气候变化影响的分析研究。印度全国 120 多个科研单位的 220 多名科学家参加了这项评估工作。

据该报告表述,印度的温度预计到 2030 年就会上升 2℃,在全球 CO_2 排放继续以目前数量增长的极端情况下,温度会上升 4℃。而 IPCC 的报告说南亚的温度到 2050 年才会上升 2℃。这种气候变化将会造成印度降雨日期缩短而降雨量增加,云团在喜马拉雅地区形成但到印度中部和北部之外的地方降雨。这意味着印度主要产粮区将面临干旱的威胁(IPCC,2007)。

15.2.4　澳大利亚《郜若素气候变化报告》

《郜若素气候变化报告》(Garnaut,2008)将书名加上作者的名字,在世界上国家尺度的气候变化评估报告中,是独一无二的。但本书在一定意义上又确实是澳大利亚的国家评估报告。2007 年 4 月，该项目由澳大利亚当时的在野党领袖陆克文以及 6 个州的州长和两个自治地区的行政长官共同发起，并于 4 月 30 日得到这些州首脑的批准。2008年 1 月陆克文当选澳大利亚总理之后，联邦政府正式加入了进来。

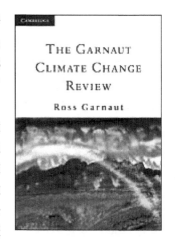

本报告评估了气候变化对澳大利亚自然环境、生活环境以及经济发展造成的影响，分析了建立在高排放基础上的经济增长方式对气候造成的不可逆转的影响。其独到之处在于，它不仅提出问题，而且在分析问题的基础上，给出可行性建议，并对各种可能的应对措施进行经济学的分析。客观公正地研究了澳大利亚作为一个国家，可能会如何受到气候变化的影响，以及能够如何对减缓气候变化作出最佳贡献，并开始着手应对气候变化所带来的挑战。该报告广泛咨询了澳大利亚国内外学者、官员、政府部门和公共机构及商界的领袖和代表，以及非政府组织等。项目组在全国举办了大量专家论坛、公共论坛和讲座，有 10000 多人以各种形式参与到该书的讨论中来。通过正式途径征求广大读者的意见，收到大约 4000 份意见书。

该报告在世界上有一定的影响，并且已正式出版了中文版本。原报告中未列出的多份关于气候变化对澳大利亚影响的文章，以及包括评估运用的方法论和所得的结果，形成的大量分析结论和信息，以及建模的技术等均附录在该报告的网站上（www. garnautreview. org. au）。

15.2.5　英国气候变化评估报告案例

英国气象局哈得莱中心（Met Office Hadley Centre）于2011 年发布了英国《气候：观测、预估及影响》报告，阐述了英国 1960 年以来气候变化的观测事实和未来至 2100 年气候变化情境预估结果，并基于预估结果分析了气候变化对作物产量、粮食安全、水资源短缺及干旱、洪水、海岸带等方面的影响（Met Office，2011）。该报告在编写结构上表现得非常精炼，即报告题目指出的三个内容分为三个章节，在内容处理上，通过图文对照形式凝练基本结论，结论来自公开发表的文献和 CMIP3 多模式预估数据分析结果。

英国政府于 2012 年初发布了《英国气候变化风险评估报告》（UK Climate Change Risk Assessment，CCRA），确定了英国气候变化适应行动的优先事项。该报告指出了英国在变化气候下所面临的前100 个挑战，并提供了最有力的证据。报告确定了英国需要进一步采取行动的关键领域，如：炎热的夏天会显著增加健康风险；气候变化将增加英国水资源供应的压力；英国各地发生洪灾的风险将显著增加；将有更多的与热有关的疾病发生，以及需要更多的能

源来为建筑物降温;干旱增加,一些病虫害疾病会减少木材产量与质量等等。报告还强调了气候变化可能给英国带来的机遇,包括:北极航线的开发;暖冬可能会导致与冷有关的疾病和死亡率的大幅度减少;由于农作物生长期时间的延长,有些种类的农作物产量可能增加。该报告由一系列分报告组成,包括"政府报告"、"CCRA 主要发现"、"证据部分"、"11 种行业/部门评估报告"、"技术报告",以及英国各个地区的气候变化风险报告等。

15.2.6 气候变化对欧洲影响评估报告

近年来,欧洲环境总署(EEA)发表了一系列评估气候变化及其对欧洲影响的报告。如最早 1997 年的《欧洲的气候变化》;2004 年发表的《欧洲变化的气候的影响》;2005 年发表《气候变化与欧洲低碳能源系统》和《欧洲对气候变化的脆弱性和适应性》;2007 年发表《气候变化与水资源适应问题》;2008 年发表《欧洲变化的气候的影响——基于 2008 指示的评估》;以及 2010 年发表的"欧洲的环境——2010 观点和看法:《对气候变化的理解》、《对气候变化的适应》、《对气候变化的减缓》"等 3 本报告。

限于篇幅,本章对上述报告不再一一介绍,感兴趣的读者可通过本章文献部分提供的网址进行报告原文的查询。

15.3 中国案例

15.3.1 国家尺度

15.3.1.1 《气候变化国家评估报告》

中国政府高度重视全球气候变化问题,先后签署和批准了《联合国气候变化框架公约》和《京都议定书》,并采取了一系列行动应对全球气候变化的挑战。为了充分考虑和应对全球气候变化及其可能带来的对中国的重大不利影响、支撑中国参与全球气候变化国际事务、有效地履行气候公约和京都议定书的义务,科学技术部、中国气象局、中国科学院等12 个部门组织编制和发布了中国第一部《气候变化国家评估报告》。该报告共分 3 个部分"气候变化的历史和未来趋势"、"气候变化的影响与适应"和"减缓气候变化的社会经济评价"。该报告系统总结了中国在气候变化方面的科学研究

成果,全面评估了在全球气候变化背景下中国近百年来的气候变化观测事实及其影响,
预测了 21 世纪的气候变化趋势,综合分析、评价了气候变化及相关国际公约对中国生
态、环境、经济和社会发展可能带来的影响,提出了中国应对全球气候变化的立场和原
则主张以及相关政策。该报告于 2007 年由科学出版社出版,黑白印刷,全书共 440 页左
右(《气候变化国家评估报告》编写委员会,2007)。

由中国科技部、中国气象局、中国科学院等部委牵头组
织编写的第二次《气候变化国家评估报告》已于 2011 出版。
此次评估报告在第一次评估报告的基础上进行拓展,共 5 卷
内容,分别为"中国气候变化的历史和未来趋势"、"气候变化
的影响与适应"、"减缓气候变化的社会经济影响评价"、"全
球气候变化有关评估方法的评估"以及"中国应对气候变化
的政策措施、采取的行动及成效"等。该报告第二部分"影响
与适应"卷的编写体例与第一次国家报告略有不同。共计
11 章内容,分别为气候与环境变化对中国影响的综合分析,
气候变化影响与适应评估方法,气候变化对陆地水文水资源
影响评价,气候变化对陆地自然生态系统和生物多样性的影
响与适应,气候变化对近海和海岸带环境的影响与适应,气候变化对农业的影响与适
应,气候变化对能源的影响,气候变化对重大工程的影响与适应,气候变化对生产、生活
的影响与适应,气候变化对区域发展的影响与适应、以及适应气候变化的方法和行动
等。与第一次国家报告相比,新的报告在章节编排先后上有所调整,章节题目更为细致
更为具体,在内容上、篇幅上都有较多的充实(《第二次气候变化国家评估报告》编写委
员会,2011)。

15.3.1.2 《应对气候变化报告》绿皮书系列

《应对气候变化报告》(王伟光等,2009)组织了中国长期
从事应对气候变化重大科学与社会经济问题研究和国际气
候谈判的部分资深人士,对应对气候变化的各项议题进行了
跟踪分析和深入研究,力求为读者全景式展示应对气候变化
所涉及的各种问题的渊源、进展和未来发展方向,为人们关
注和理解即将来临的哥本哈根会议奠定基础。该书共分 4
部分。第一部分为总论,从总体上分析把握国际国内的格
局、进展与行动。本部分涵盖两方面内容,分别涉及全球应
对气候变化的宏观局势和未来走势,以及中国应对气候变化
的原则、立场、目标、行动和进展。第二部分聚焦科学进展与
谈判议题,对气候变化的科学评估、共同愿景、减排目标、适

应问题、资金机制和技术、国际航空航海燃料减排、行业方法、碳汇与毁林、IPCC 报告等
当前国际气候谈判的关键议题的由来、谈判进展及未来趋势进行深入分析。第三部分
为研究专论,选取了研究人员对应对气候变化部分重要领域的最新研究成果,包括碳预

算、低碳经济、碳市场及低碳发展的就业影响等备受关注的热点问题。第四部分为热点解读,汇集了研究人员对部分热点问题的聚焦式的跟踪解读与评述,短小却犀利。本书最后还附录了与应对气候变化相关的数据、参数、缩略语及中国的相关政策,以备读者查询。

尽管 2009 年底的哥本哈根会议没能达成具有法律约束力的国际气候协定,但对推动国际气候进程仍具有重要而深远的意义。为了使 2010 年底墨西哥坎昆气候变化会议取得积极进展,2010 年 10 月在中国天津额外增加了一次技术层面的气候变化谈判会议。坎昆会议能够有实质性突破吗?《应对气候变化报告》(王伟光等,2010)组织了长期从事气候变化科学评估、应对气候变化经济政策分析以及直接参与国际气候谈判的资深专家撰稿,介绍哥本哈根会议以来全球应对气候变化的最新进展,分析中国应对气候变化的行动及成效和面临的挑战,关注和理解坎昆会议各种可能的国际气候政策选择,以及中国应对气候变化的长期战略。该书包括总

报告及 4 个专题篇。总报告旨在分析从哥本哈根走向坎昆之路,从总体上把握当前国内外应对气候变化的形势和挑战。第一专题篇聚焦气候变化领域的热点议题,分别就气候变化的科学评估,减缓行动的中长期目标,可测量、可报告和可核实(MRV)资金,清洁发展机制(CDM)改革,减少毁林排放(REDD)等问题的近期谈判形势、面临的挑战和未来走势进行了深入分析。第二专题篇集中反映主要国家和国家集团气候政策新进展,分别就美国气候相关立法、欧盟气候政策的目标和主要措施、"基础四国"集团的作用和地位、以及中小发展中国家的立场和利益诉求进行了探讨。第三专题篇聚焦中国国内应对气候变化的政策和具体行动,重点分析和探讨了"十一五"规划节能目标完成情况、到 2020 年减缓行动目标的实现途径、适应战略和政策、低碳建筑、森林碳汇、非政府组织(NGO)与公众参与、上海世博会促进低碳城市发展等问题。第四专题篇为研究专论,选取碳关税、低碳城市指标体系、适应气候变化评价方法、人均累积碳排放等热点问题,展示最新的研究成果。本书最后还收录了《哥本哈根协议》,各国人口、经济、能源和排放等主要数据,以及中国各地区完成"十一五"规划节能目标进展情况等,是一本集气候变化科学研究与谈判,应对气候变化政策行动以及气候变化经济学分析于一体的综合性著作。

2011 年 11 月 11 日,由中国气象局国家气候中心、中国社科院城市发展与环境研究所和社会科学文献出版社正式发布了 2011 年气候变化绿皮书——《应对气候变化报告(2011):德班的困境与中国的战略选择》(王伟光等,2011)。绿皮书具体阐述了以下热点问题,各国对德班会议预期普遍不高。未来国际气候制度可能有多种选择,发展中国家在德班会议上应团结一致,要求欧盟等发达国家或集团继续参与《京都议定书》第二承诺期,在《京都议定书》第二承诺期部分议题具体内容表述上,可以适当妥协,以换取双轨协议,保证《京都议定书》在 2012 年后继续生效。福岛核泄漏事故后温室气体浓度

减排长期目标难以实现,天然气有望被推上重要地位。天然
气在全球能源市场中的份额不断增加,将使温室气体排放量
有所降低,但仅靠这个远远不能使全球走上低碳道路。为了
保证能源安全和可持续性,需要进行低碳能源和碳减排的技
术革新。德班会议仍需解决资金机制问题,资金来源和规模
将是拉锯热点。绿色气候基金的建立将是德班气候大会的
热点与重点,它将是确保德班气候大会资金议题取得有效成
果的关键所在,但从目前进展来看,绿色气候基金设计进展
缓慢。绿色气候基金与《公约》下资金机制各运行实体的关
系如何、其地位与作用界定等问题尚待确定。2012 年,乃至
未来气候变化资金谈判任务依然艰巨。

长江流域近几年发
生的干旱和洪涝等气象灾害主要是由海洋温度和青藏高原积雪的变化造成大范围大气
环流和大气下垫面热力异常所引发的,与三峡水库没有直接关系。三峡工程并未导致
气候变化,其对气候的影响范围不超过 20 km。

《应对气候变化报告(2012)》以"气候融资与低碳发展"
为主题(王伟光,2012)。报告分析了 2011 年底德班会议以
来全球应对气候变化的最新进展,关注启动德班平台谈判对
国际国内气候政策选择的可能影响以及中国应对气候变化
的长期战略,并着重考察中国应对气候变化的低碳融资政
策、行动及面临的挑战。该报告指出,低碳经济是未来经济
发展的趋势,充裕的资金是低碳转型的保障。实现中高碳经
济向低碳经济的转型,需要建立多层次、多渠道的融资机制。
其中,公共融资机制是低碳转型的重要保障。我国发展低碳
经济不仅是应对全球气候变化和承担国际责任的需要,更是
国内经济结构调整和优化升级的需求。促进低碳转型,实现

低耗能、低排放、低污染的经济增长,关乎未来的国家竞争力和可持续发展能力。同时,
实现低碳转型是未来我国实现经济可持续发展的必然选择。长期以来的以"高投入、高
能耗、高排放、高污染"为特征的粗放型经济增长模式,给我国经济的持续、健康发展带
来了资源与环境压力。巨大的资源能源消耗,必将带来大量的温室气体排放。传统的
经济增长模式已难以适应可持续发展、构建和谐社会目标的要求。实现低碳转型,符合
科学发展观的要求,是未来我国实现经济可持续发展的必然选择。

15.3.2　区域或流域尺度

编制区域气候变化评估报告是近年来中国气象局应对气候变化工作中的一项重点
任务。区域气候变化评估报告的编制不仅为区域各级政府应对气候变化提供科技支撑
和决策依据,同时也对国家气候变化评估报告提供重要补充。国家气候中心于 2008 年
7 月启动了流域/区域气候变化影响评估工作,选择了一系列敏感和典型区域,包括受东

南季风影响的鄱阳湖流域,受西南季风影响的云南省、半湿润的松花江流域、半干旱—半湿润的海河流域、西北干旱地区的塔里木河流域、重大工程长江三峡库区、农业基地淮河流域和经济发达的长江三角洲地区等,开展气候变化影响评估。

此外,2009 年,中国气象局也启动了中国华南、华东、华中等地区气候变化影响评估报告的编写。目前,这些报告已基本完成并即将出版。2010 年,区域层面上,中国又启动了西南、新疆、东北、黄河流域等地区气候变化影响评估报告的编写。本节将摘选上述部分案例进行简要介绍。

15.3.2.1 《鄱阳湖流域气候变化影响评估报告》案例

鄱阳湖是受东南季风影响的典型湖泊地理单元,是中国最大的淡水湖,是中国十大生态功能保护区之一,也是国际性重要湿地,是世界自然基金会划定的全球重要生态区之一,也是中国唯一的世界生命湖泊网成员。同时鄱阳湖是长江干流重要的调蓄性湖泊,在长江流域调蓄洪水和保护生物多样性等特殊生态功能中发挥着巨大的作用,对维系区域和国家生态安全具有重要作用。鄱阳湖流域气候变化影响评估报告的编写于 2008 年 7 月正式启动,在中国气象局气候变化研究 2009 年专项经费的支持下,国家气候中心主持,江西省气候中心、江西师范大学和武汉大学等单位共同参加,由 20 余位长期从事鄱阳湖流域研究的科研人员经两年多的努力共同完成。该报告是"区域/流域气候变化影响评估报告丛书"的一部分,丛书具有一致的编写规范,在内容上不同报告具有各自的特色。本报告共分 8 章,章节安排情况如下:

　　该报告是中国第一部以湖泊单元为研究对象阐述气候变化影响的报告,同时在内容上也照顾到地理区域与行政边界的差异和联系。在章节安排上,既照顾到了气候变化研究中重点研究方向如气候变化对水资源、农业、生态系统、能源、交通等方面的影响研究,同时又突出区域特色内容,如单列一章阐述气候变化对鄱阳湖流域血吸虫病传播的影响。报告在正文前增设 3～4 页篇幅的"提要"部分,将全报告主要观点和结论提炼出来,便于读者提纲挈领地了解该报告的内容。每章设置引言和小结部分,在相关位置增设 2～3 个名词专栏,便于各种读者参考和阅读,结构更为科学合理(殷剑敏等,2011)。

15.3.2.2 《长江三峡库区气候变化影响评估报告》案例

　　三峡水库是三峡大坝建立后蓄水形成的人工湖泊,175 m 正常蓄水位高程时,总库容为 393 亿 m^3,总面积为 1084 hm^2。气候特征上,三峡库区位于地球环境变化速率较大的东亚季风区,其环境具有空间上的复杂性、时间上的易变性,对外界变化的响应和承受力具有敏感和脆弱的特点。三峡库区是长江上游经济带的重要组成部分,是长江中下游地区的生态环境屏障和西部生态环境建设的重点,是中国重要的电力供应基地和内河航运干线地区,在促进长江沿江地区的经济发展、东西部地区经济交流和西部大开发中具有十分重要的战略地位。该报告是由中国气象局国家气候中心组织 20 余位在三峡库区研究中具有丰富理论和实践经验的专家,经过大量资料收集、总结归纳以及作者现有成果撰写而成。报告不拘泥于统一的时空划定,其目的在于阐述三峡库区气候变化的事实以及影响,并因地制宜地提出适应与减缓对策,为全球气候变化背景下,三峡库区社会经济的可持续发展提供理论依据和科技支撑。该报告亦为中国第一本关于三峡库区流域尺度的气候变化脆弱性和适应性研究成果。该报告也是"区域/流域气候变化影响评估报告丛书"的一部分,章节安排情况如下。

　　该报告选取"三峡"库区为研究地区,本身具有独特的特点。该报告在章节安排上,按照顺序依次展开气候变化对水资源、农业、生态系统、能源、交通、人体健康等方面影响的阐述,在具体的内容上充分阐明了气候变化在这一区域对各个行业影响的特征。在研究区具体边界的处理上,该报告没有拘泥于统一的时空划定,既考虑了气候变化与三峡坝区小区域自然要素及社会环境的关系,也考虑了气候变化与三峡大坝紧密联系的长江上游较大范围区域自然要素及社会环境的关系(蔡庆华等,2011)。

15.3.2.3 《华南区域气候变化评估报告》案例

　　华南区域是指广东、广西及海南三省所辖的区域。该区处于对气候变化极为敏感的南海季风区,是中国能源消耗和温室气体排放最集中的地区之一。华南区域气候变化评估报告的编写是中国气象局2009年气候变化专项重点支持的一项工作。该报告即将出版。本节通过专家评审的报告文稿及其决策者摘要对其进行简要的介绍(《华南区域气候变化评估报告》编写委员会,2011)。

　　该报告分上卷《气候变化观测事实及趋势预测》和下卷《气候变化的影响与适应对策》。上卷内容包括华南区域基本气候要素变化事实分析,高影响天气气候事件变化事实分析,珠三角城市化对区域气候变化的影响,21世纪气候变化情景预估,21世纪极端气候事件变化的情景分析。下卷内容包括气候变化对华南海岸带、农业、水资源和能源等领域的影响与适应对策。

在具体评估方法上,该报告利用线性倾向估计分析基本气候要素和高影响天气气候事件对时间变化的趋势和程度。采用城郊对比法以及多时相的卫星遥感和探测资料分析珠三角城市化对区域气候变化的影响,利用 IPCCAR4 的 20 多个全球气候模式加权平均结果以及区域气候模式 RegCM3 的输出结果,预估华南地区 21 世纪温度、降水变化趋势。利用 PRECIS 区域气候模式的输出结果,以及百分法定义的极端气候事件阈值,进行华南地区 21 世纪极端气候事件变化的情景分析。采用文献综述、实地探查、典型研究等相结合的方法,评估气候变化的影响。应用作物气候适宜度模型,分析作物气候适宜度变化,将美国 DSSAT—CERES 作物模式和 PRECIS 区域气候模式相连接,模拟作物产量的变化。利用改进的新安江月径流模型和假定气候情景,分析西江流域水资源对气候变化的敏感性。利用度日分析法、年平均风功率密度、太阳总辐射、情景分析法等分析气候变化对能源的影响。

与国家报告及即将出版的其他区域气候变化影响评估报告相比,该报告在气候变化影响评估部分没有把对生态系统的影响、对人体健康的影响等相关内容编写进来,而是重点评估了气候变化对本区海岸带、农业、水资源以及能源等 4 个方面的影响,这在一定程度上突出了区域特色。该报告的章节结构如下。

15.3.3　分行业开展的(应对)气候变化影响大型研究(行动)专题介绍

15.3.3.1　气候变化与农业

农业是气候变化反应最为敏感的部门之一,同时受到气候因素和非气候因素的影响,如气候变化条件下灌溉水分供应、土壤退化和生物多样性对农业的影响,非气候变化因素的农业政策等因素影响。近年来,有大量科研专家开展了气候变化对农业影响的研究工作,国家也投入大量的经费支撑相关的研究。

为应对气候变化对农业的影响,保障中国粮食安全生产和农业可持续发展,农业部于 2009 年启动了公益性行业(农业)科研专项经费项目"气候变化对农业生产的影响及应对技术研究",正式宣布启动对气候变化对农业生产的影响及应对技术的系统和深入的试验和技术开发研究,全面推动应对气候变化的农业技术发展。该项目是中国在应对气候变化影响上的实际行动的体现,是农业部重视气候变化问题,重视气候变化下农业可持续发展和粮食安全问题的实际行动。将系统和全面地分析气候变化对中国农业的总体影响特征及区域差异,将明确气候变化对中国农业影响的关键产业、关键区域和关键因子,集中攻关关键应对技术。与以往研究不同的是,这个集中了气候变化、农业生态、农业资源与环境、农业作物和动物生产等多个学科和领域,覆盖了 11 个农业部产业技术岗位的近 50 位科学家组成的项目团队,将模型研究与开放性野外定位试验研究相结合,气候变化对农业生物的直接影响与间接影响相结合,气候变化的趋势性影响(升温、CO_2 浓度升高)与极端性天气/气候变化事件的灾害性影响相结合,试验探索气候变化下升温、CO_2 浓度升高和极端性事件对农业生态系统生物区系和生物多样性、病虫害发生和扩展、水分—养分有效供应的影响机理,研究开发水稻、小麦、玉米、大豆、油菜、棉花等主要作物和柑橘、苹果等主要果树栽培耕作、经营、肥水管理、病虫害生态控制的生产性应对技术途径和措施,奶牛、蛋鸡和生猪等主要动物生产的饲草品质改良和饲料创新、场舍环境设施革新、病虫防治等饲养经营应对技术措施,为未来气候变化下农业可持续发展提供技术储备和保障。通过项目的工作,将提出《气候变化对中国农业总体影响的分析与评价》评估报告 1 部,向国家提交《气候变化对中国农业的影响及应对途径》决策咨询报告,建成“气候变化对农业生产影响的综合性研究基地”1 个,并构成应对气候变化的农业技术协作研究网络和一批主要作物/动物生产的试验示范基地,取得农业应对气候变化的实用技术 12 项以上,并通过基地示范向四周辐射。

15.3.3.2　气候变化与水文水资源

气候变化对水文水资源系统影响的研究在 20 世纪 80 年代中期才引起国际水文界的高度重视。1977 年,美国国家研究协会(UNSA)就组织会议讨论了气候变化和供水之间的相互关系及影响。1985 年,WMO 出版了气候变化对水文水资源影响的综述报告,推荐了一些检验和评价方法,之后又出版了水文水资源系统对气候变化的敏感性分析报告。为加快研究步伐,WMO 和 UNEP 共同组建成立了 IPCC,专门从事气候变化的科学评估。1991 年在维也纳举行了第 20 届国际大地测量与国际地理联合(IUGG)大会,水文科学组的主题便是探讨土壤—大气之间相互作用的水文过程。1993 年,在日本召开了第 6 届国际气象和大气物理科学、第 4 届水文科学(IAMAP—IAHS)联合大会,这说明随着全球能量水分循环试验(GEWEX)、国际地圈生物圈计划(IGBP)等国际性合作计划的实施,水文学家开始注意环境变化中土壤—植物—水的全球性研究。2001 年,在荷兰举行了 IGBP 的全球变化科学大会和第 6 届 IAMAP—IAHS 大会,全球变化与人类活动影响下的水文循环及其时空演化规律研究成为 21 世纪水科学研究的热点。

中国自 20 世纪 80 年代起也迅速开展了气候变化对中国水文水资源影响的专门研究。“七五”期间,“中国气候与海面变化及其趋势和影响研究”重大项目中,首先设立了气候变化对西北、华北水资源影响研究。“八五”国家攻关项目“全球变化预测、影响和对策研究”,设立了“气候变化对水文水资源的影响及适应对策”专题。“九五”科技攻关项目“我国短期气候预测系统”中,有一专题是“气候异常对我国水资源及水分循环影响的评估模型”研究。选择淮河流域和青藏高原作为研究区域,参加了 GEWEX 在亚洲季风区试验即 GAME 项目。“十五”科技攻关重点项目“中国可持续发展信息共享系统的开发研究”中设立了“全球环境变化与可持续发展信息共享”专题,建立了中国 50 年和 100 年的气候序列,得到了气候极端事件方面的新结果,给出了未来可能气候变化的趋势,并得出中国陆地 1993 年以来整体处于碳吸收状态的结论。

水利部应对气候变化研究中心出版的《气候变化对水文水资源的影响研究》是本领域的首部专著(张建云等,2007)。

该书系统介绍了气候变化对水文水资源影响研究现状,分析了在气候变化背景下中国水文气象要素的变化及其趋势,介绍和讨论了目前主要应用的影响评估模型及其应用情况,分析评价了水资源系统对气候变化的敏感性及脆弱性,深入探讨了影响河川径流变化的主要因素,定量评价了气候变化和人类活动对河川径流的影响,讨论了气候变化影响评价结果的不确定性,初步提出了减缓气候变化影响的适应性对策,还指出了需要进一步深入研究的科学技术问题,该专著于 2007 年出版。主要章节如下:第一章,绪论;第二章,水文气象要素的变化趋势;第三章,气候变化影响评价模型;第四章,水文模型在典型流域的应用;第五章,陆气耦合技术及水文模型参数识别;第六章,水资源系统对气候变化的敏感性;第七章,水资源系统对气候变化的脆弱性及阈值评估;第八章,径流变化成因定量分析方法;第九章,评价结果的不确定性及适应对策研究。

15.3.3.3 气候变化与林业

中国《应对气候变化国家方案》明确把林业纳入中国减缓气候变化的 6 个重点领域和适应气候变化的 4 个重点领域,提出林业增加温室气体吸收汇、维护和扩大森林生态系统整体功能、构建良好生态环境的政策措施,突出强调了林业在应对气候变化中的特殊地位和发挥的作用。2009 年 6 月召开的中央林业工作会议指出,在应对气候变化中林业具有特殊地位,并强调"应对气候变化,必须把发展林业作为战略选择"。按照《国家方案》的要求,国家林业局从 2007 年 7 月开始,组织专门力量,用 2 年多时间,研究编制了《林业行动计划》。

《林业行动计划》确定了五项基本原则、三个阶段性目标,实施 22 项主要行动。五项基本原则是:坚持林业发展目标和国家应对气候变化战略相结合,坚持扩大森林面积和提高森林质量相结合,坚持增加碳汇和控制排放相结合,坚持政府主导和社会参与相结合,坚持减缓与适应相结合。三个阶段性目标:一是到 2010 年,年均造林育林面积 400 万 hm² 以上,全国森林覆盖率达到 20%,森林蓄积量达到 132 亿 m³,全国森林碳汇能力得到较大增长。二是到 2020 年,年均造林育林面积 500 万 hm² 以上,全国森林覆盖率增加到 23%,森林蓄积量达到 140 亿 m³,森林碳汇能力得到进一步提高。三是到 2050 年,比 2020 年净增森林面积 4700 万 hm²,森林覆盖率达到并稳定在 26% 以上,森林碳汇能力保持相对稳定。实施 22 项主要行动,其中有林业减缓气候变化的 15 项行动,还有林业适应气候变化的 7 项行动。林业减缓气候变化的 15 项行动包括:大力推进全民义务植树,实施重点工程造林,加快珍贵树种用材林培育,实施能源林培育和加工利用一体化项目,实施全国森林可持续经营,扩大封山育林面积,加强森林资源采伐管理,加强林地征占用管理,提高林业执法能力,提高森林火灾防控能力,提高森林病虫鼠兔危害的防控能力,合理开发和利用生物质材料,加强木材高效循环利用,开展重要湿地的抢救性保护与恢复,开展农牧渔业可持续利用示范。林业适应气候变化的 7 项行动,包括提高人工林生态系统的适应性,建立典型森林物种自然保护区,加大重点物种保护力度,提高野生动物疫源疫病监测预警能力,加强荒漠化地区的植被保护,加强湿地保护的基础工作,建立和完善湿地自然保护区网络。

参考文献

蔡庆华, 刘敏, 何永坤, 等 . 2011. 长江三峡库区气候变化影响评估报告 . 北京 : 气象出版社

《气候变化国家评估报告》编写委员会 . 2007. 气候变化国家评估报告 . 北京 : 科学出版社

《第二次气候变化国家评估报告》编写委员会 . 2011. 第二次气候变化国家评估报告 . 北京 : 科学出版社

《华南区域气候变化评估报告》编写委员会 . 2011. 华南区域气候变化评估报告决策者摘要 2011. 北京 : 气象出版社

王伟光, 郑国光 . 2009. 应对气候变化报告 . 北京 : 社会科学文献出版社

王伟光, 郑国光 . 2010. 应对气候变化报告 . 北京 : 社会科学文献出版社

王伟光, 郑国光 . 2011. 应对气候变化报告 . 北京 : 社会科学文献出版社

王伟光, 郑国光 . 2012. 应对气候变化报告 . 北京 : 社会科学文献出版社

殷剑敏, 苏布达, 陈晓玲, 等 . 2011. 鄱阳湖流域气候变化影响评估报告 . 北京 : 气象出版社

张建云, 王国庆 . 2007. 气候变化对水文水资源影响研究 . 北京 : 科学出版社

IPCC. 2007. Climate change 2007：the AR4 Synthesis Report. http：//www. ipcc. ch/

Thomas R. K. , Jerry M. M. , Thomas C. P. 2010. Global Climate Change Impacts in the United States，http：//www. globalchange. gov/publications/reports/scientific-assessments/us-impacts

Meleshko V. P. , Semenov S. M. , Anisimov O. A. , *et al*. 2008. General summary of "Assessment Report on Climate Change and Its Consequences in Russian Federation", http：//climate2008. igce. ru/v2008/pdf/resume_ob_eng. pdf

Ministry of Environment & Forests Government of India. 2010. Climate Change and India：a 4×4 Assessment-a Sectoral and Regional Analysis for 2030 s. http：//moef. nic. in/downloads/public-information/fin-rpt-incca. pdf

Garnaut Ross. 2008. The Garnaut Climate Change Review：final report. www. garnautreview. org. au

Met Office，2011. Climate：Observations，projections and impactswww. metoffice. gov. uk/media/pdf/t/r/UK. pdf

European Environment Agency. 1997. Climate change in the European Union. http：//www. eea. europa. eu/publications/GH-98-96-518-EN-C

European Environment Agency. 2004. Impacts of Europe's changing climate. http：//www. eea. europa. eu/publications/climate_report_2_2004

European Environment Agency. 2005. Climate change and a European low-carbon energy system. http：//www. eea. europa. eu/publications/eea_report_2005_1

European Environment Agency. 2005. Vulnerability and adaptation to climate change in Europe. http：//www. eea. europa. eu/publications/technical_report_2005_1207_144937

European Environment Agency. 2007. Climate change and water adaptation issues . http：//www. eea. europa. eu/publications/technical_report_2007_2

European Environment Agency. 2008. Impacts of Europe's changing climate-2008 indicator-based assessment. http：//www. eea. europa. eu/publications/eea_report_2008_4

European Environment Agency. 2010. Understanding / Mitigating / Adapting climate change-SOER 2010 thematic assessment. http：//www. eea. europa. eu/publications/#c9＝all&c14＝&c12＝&c7＝en&b_start＝10

附录 I

术语表

1 城市生态系统：城市生态系统是城市居民与其环境相互作用而形成的统一整体，也是人类对自然环境的适应、加工、改造而建设起来的特殊的人工生态系统。

城市生态系统是按人类的意愿创建的一种典型的人工生态系统。其主要的特征是以人为核心，对外部的强烈依赖性和密集的人流、物流、能流、信息流、资金流等。

城市生态系统所需求的大部分能量和物质，都需要从其他生态系统（如农田生态系统、森林生态系统、草原生态系统、湖泊生态系统、海洋生态系统）人为地输入；同时，所产生的大量废弃物由于不能完全在本系统内分解和再利用，必须输送到其他生态系统中去。

科学的城市生态规划与设计能使城市生态系统保持良性循环，呈现城市建设、经济建设和环境建设协调发展的格局。

2 冻土：一般是指温度在0℃或0℃以下，并含有冰的各种岩土和土壤。按土的冻结状态保持时间的长短，冻土一般可分为短时冻土（数小时、数日以至半月）、季节冻土（半月至数月）以及多年冻土（数年至数万年以上）。

3 度日：有供暖度日和降温度日之分。供暖度日是某时段平均气温低于基础气温的值，制冷度日即某时段平均气温高于基础气温的值。

4 极端天气气候事件：极端天气气候事件是指天气（气候）的状态严重偏离其平均态时

所发生的事件,可以认为是异常或很少发生的事件,在统计意义上称为极端事件。极端
天气气候事件常定义为超过某个阈值的极端事件。阈值包括极值、绝对阈值和相对阈
值。极值即挑选某个长期序列的极端最大、最小值及其出现的日期和时间。

　　IPCC 第三次评估报告(TAR)和 IPCC 最新公布的 AR4 都对极端天气气候事件作
了明确的定义,对一特定地点和时间,极端天气事件就是从概率分布的角度来看,发生
概率极小的事件,通常发生概率只占该类天气现象的 10% 或者更低,从这样的定义来
看,极端天气事件的特征是随地点而变的,极端气候事件就是在给定时期内,大量极端
天气事件的平均状况,这种平均状态相对于该类天气现象的气候平均态也是极端的。

5　积雪:指由降雪形成的覆盖在地球表面上的雪层,是地面气温低于冰点的寒冷地区
或寒冷季节的特殊自然景观和天气现象。

6　积温:指作物生长发育阶段内逐日平均气温的总和。衡量作物生长发育过程热量条
件的一种标尺,也是表征地区热量条件的一种标尺。以〔度·日〕为单位。

7　减缓气候变化:按 IPCC 减缓气候变化工作组的定义,减缓气候变化是指人类通过削
减温室气体的排放源和/或增加温室气体的吸收汇而对气候系统实施的干预。为了减
缓气候变化,人类社会可以选取相应的手段或措施;这些措施或手段的应用,对社会经
济系统必然产生一定的影响。

8　降水日数:降水日数是指观测有降水的日子。一个降水日测到的最小降水量一般定
为 0.1 mm,降水日数按月或年统计。

9　降水强度:单位时间内的降水量,通常测定 5 min、10 min 和 1 h 内的最大降水量(中
国气象局,2003)。气象部门把下雨下雪都叫做降水,在气象上用降水量来区分降水的
强度,可分为:小雨、中雨、大雨、暴雨、大暴雨、特大暴雨,小雪、中雪、大雪和暴雪等。

10　可再生能源:是指在生态循环中能重复产生的自然资源,它能够循环使用,不断得
到补充,不会随人类的开发利用而日益减少,具有天然的自我再生功能,可以源源不断
地从自然界中得到补充,是人类取之不尽、用之不竭的能源。如水力、潮汐、太阳辐射、
风力、海洋能、草木燃料、地震、火山活动、地下热水、地热蒸汽、温泉、热岩层以及从有机
物质及其废物中提取的燃料,如酒精、沼气等。

11　敏感性:是指某个系统受气候变率或气候变化影响的程度,包括不利的和有利的影
响,影响也许是直接的(如农作物因响应平均温度、温度范围或温度变率而减产)或是间
接的(如由于海平面上升,沿海地区洪水频率增加所造成的破坏)。

12　能见度：是指水平能见度，即指视力正常的人在当时天气条件下，能够从天空背景中看到和辨认出目标物（黑色、大小适度）的最大水平距离，或夜间能看到和确定出的一定强度灯光的最大水平距离。能见度是一个对航空、航海、陆上交通以及军事活动等都有重要影响的气象要素。

13　农业气候资源：是指一个地区的气候条件对农业生产发展的潜在能力。从农业观点看，气候是重要的资源之一，故称农业气候资源。其内容主要包括太阳辐射、热量、水分和风等气候资源。具体是指生长期的长短、热量和降水量及其季节分配、辐射强度、日照时数、光质成分以及 CO_2 含量等。其数量多少、分配特点及其彼此配合情况，在一定程度上决定着农业生产类型的构成、产量的高低和品种的优劣等。农业气候资源在地理分布上，具有其不平衡性，而对一定地区来说又具有其相对稳定性和有限性；在时间上具有季节性和年际变异性。农业气候资源不仅可以被认识和利用，还可以进行改造和培育，例如兴修水利和植林种草，既可改善水分状况，又可为利用光、热资源创造条件。

14　农业界限温度：是指农作物生长发育及田间作业的农业指标温度。稳定通过0℃，5℃，10℃，15℃，20℃等界限温度的初终日期、持续期和积温，是常用的具有普遍农业意义的热量指标系统。

15　排放情景：是指为了制作未来全球和区域气候变化的预测，根据一系列驱动因子（包括人口增长、经济发展、技术进步、环境变化、全球化、公平原则等）的假设提出的未来温室气体和硫化物气溶胶排放的情况。目前，广泛应用的是 SRESA2、SRESA1B、SRESB1 这3种情景。

16　气候：是指地球上某一地区多年时段大气的一般状态，是该时段各种天气过程的综合表现。

气候是长时间内气象要素和天气现象的平均或统计状态，时间尺度为月、季、年、数年到数百年以上。气候以冷、暖、干、湿等特征来衡量，通常由某一时期的平均值和离差值表征。

气象要素（温度、降水、风等）的各种统计量（均值、极值、概率等）是表述气候的基本依据。

17　气候变化：是指气候平均状态统计上的巨大改变或者持续较长一段时间（典型的为10年或更长）的气候变动。气候变化的原因可能是自然的内部进程，或者是外部强迫，或者是人为地持续对大气组成成分和土地利用的改变。

18 气候变化的适应性:适应性是指自然和人为系统对新的或变化的环境做出的调整能力。适应气候变化是指自然和人为系统对于实际的或预期的气候刺激因素及其影响所做出的趋利避害的反应。适应能力是指某系统适应(包括气候变率和极端气候事件)、减轻潜在损失、利用机遇或对付气候变化后果的能力。提高适应能力将是应对气候变化不利影响和促进可持续发展的重要手段。

19 气象干旱:指某时段内,由于蒸发量和降水量的收支不平衡,水分支出大于水分收入而造成的水分短缺现象。气象干旱指数是利用气象要素,根据一定的计算方法所获得的指标,用于监测或评价某区域某时间段内由于天气气候异常引起的水分亏欠程度。气象干旱等级是描述干旱程度的级别标准,即气象干旱指数的级别划分。

20 气候模式:气候系统的数值表述,是建立在其系统各部分的物理、化学和生物学性质及其相互作用和反馈过程的基础上,以解释全部或部分已知的特征。气候系统可以用不同复杂程度的模式进行描述,即通过某个分量或者分量组合就可以对某个模式体系进行识别。各模式的不同可以表现在以下几个方面,如空间维数、物理、化学或生物过程所明确表述的程度,或者经验参数化的应用程度。耦合的大气/海洋/海冰大气环流模式(AOGCM)给出了对气候系统的一个综合描述,可包括化学和生物的复杂模式。气候模式不仅是一种模拟气候的研究手段,而且还被用于业务预测,包括月、季节、年际的气候预测。

21 气候预测或气候预报:试图对未来的实际气候演变作出估算,例如:季、年际或更长时间尺度的气候演变。由于气候系统的未来演变或许对初始条件高度敏感,因此实质上这类预测通常是概率性的。

22 气候预估:对气候系统响应温室气体和气溶胶的排放情景或浓度情景或响应辐射强迫情景所作出的预估,通常是基于气候模式的模拟结果。气候预估与气候预测不同,气候预估主要依赖于所采用排放/浓度/辐射强迫情景,而预估则基于相关的各种假设,例如:未来也许会或也许不会实现的社会经济和技术发展,因此具有相当大的不确定性。

23 气候变率:是指在所有空间和时间尺度上气候平均状态和其他统计值(如标准偏差,出现极值的概率等)的变化,这种变化超出了单个天气事件的变化尺度。变率或许由于气候系统内部的自然过程(内部变率),或由于自然或人为外部强迫(外部变率)所致。

24 气候变化脆弱性:2001 年 IPCC 第三次评估报告中明确界定了自然、社会经济系统响应气候变化脆弱性及相关概念,指出脆弱性是系统容易遭受气候变化(气候平均状况、变率、极端气候事件的频率和强度)破坏的程度或范围。这取决于系统对气候变化的敏感性和适应性(力)是系统内气候变率特征、频度、变化速率及其敏感性和适应能力的函数。

25　气候变化影响:气候变化对自然系统和人类系统的影响,可分为潜在影响和剩余影响,这取决于是否考虑适应。

潜在影响:不考虑适应,某一预估的气候变化所产生的全部影响。

剩余影响:采取适应措施后,气候变化仍将产生的影响。

26　温室气体(简称 GHG):大气中由自然或人为产生的能够吸收和释放地球表面、大气和云射出的热红外辐射谱段特定波长辐射的气体成分,该特性导致温室效应。H_2O、CO_2、氧化亚氮(N_2O)、甲烷(CH_4)和臭氧(O_3)是地球大气中主要的温室气体。此外,大气中还有许多完全由人为产生的温室气体,如《蒙特利尔议定书》所涉及的卤烃和其他含氯和含溴的物质。除 CO_2、N_2O 和 CH_4 外,《京都议定书》将六氟化硫(SF_6)、氢氟碳化物(HFC)和全氟化碳(PFC)定为温室气体。

27　生态系统:指由生物群落与无机环境构成的统一整体。生态系统的范围可大可小,相互交错,最大的生态系统是生物圈。人类主要生活在以城市和农田为主的人工生态系统中。

28　生态系统服务:指生态系统与生态过程所形成的及所维持的人类赖以生存的自然环境与效用。对于人类生存而言,生态系统的许多功能提供的很多服务是无法在市场上买卖而又具有重要价值。包括有机质的生产与生态系统产品,生物多样性的产生与维护,调节气候,减缓灾害,维持土壤功能,传粉播种,控制有害生物,净化环境,感官、心理、精神益处,精神文化的源泉等。

29　生态系统评估:通过把引起生态系统变化的原因,生态系统变化对人类福祉造成的影响,以及管理和政策方面的对策等科学研究成果提供给决策者,以满足其决策需要的一个社会过程。

30　水资源的脆弱性:指水循环系统在气候变化、人类活动等作用的驱动下,水资源系统的结构发生变化,或水资源的数量和质量发生变化,由此引起水资源的供给、需求、管理的变化和旱涝等自然灾害的发生。

31　水资源对气候变化的敏感性:指流域的径流、蒸发及土壤对气候情景的响应程度。若在相同的气候变化情境下,响应的程度越大,水资源系统越敏感,反之不敏感。

32　消落带:指水域生态系统和陆地生态系统交替控制的不稳定的湿地生态系统。

33　新能源：指与长期广泛使用、技术上较为成熟的传统能源（石油、煤炭和天然气），对比而言，以新技术为基础，已经开发但尚未大规模使用，或正在研究试验尚需进一步开发的能源，主要包括太阳能、风能、水能、核能、生物能源、海洋能、地热能和氢能等。

缩略词

AM：Annual Maximum. 年最大值序列

ANNs：Artificial Neural Networks. 人工神经网络

AOGCM：Atmosphere-Ocean General Circulation Model. 海气耦合模式

ARS：Agricultural Research Service. 农业研究中心

BACROS：Basic Crop Growth Simulator. 作物生长模型

BAU：Business As Usual. 基准情景

BIO：Microbial biomass. 微生物量

CCA：Canonical Correlation Analysis. 典型相关分析

CCCma：Canadian Centre for Climate Modeling and Analysis. 加拿大气候模拟和分析中心

CCIS：Canadian Climate Impacts Scenarios. 加拿大气候影响情景

CCLM：COSMO-Climate Limited-area Modelling 动力降尺度区域气候模式

CCM3：Community Climate Model Version 3. 公用气候模式

CCSODS：Crop Computer Simulation，Optimization，Decision Making System. 作物计算
    机模拟优化决策系统

CDM：Clean Development Mechanism. 清洁发展机制

CGE：Computable General Equilibrium. 可计算一般均衡模型

Cl：grasp-climate impacts：Global and Regional Adaptation Support Platform 全球和区
    域适应支持平台

CLM：the Climate version of the LM. LM 模型气候版

CSIRO:Commonwealth Scientific and Industrial Research Organization. 澳大利亚联邦科学与工业研究组织

COSMO:Consortium for Small-scale Modeling. 小尺度模型组合

CZMS:Coastal Zone Management Subgroup. 海岸管理小组

DEM:Digital Elevation Model. 数字高程模型

DPM:Decomposable Plant Material. 易分解植物残体

DSSAT:Decision Support System for Agrotechnology Transfer. 农业技术推广决策支持系统

DWHC:Distributed Water-Heat Coupled Model. 分布式水热耦合模型

EEA:European Environment Agency. 欧洲环境总署

ELC:Enhanced Low Carbon Scenario. 强化低碳情景

ELCROS:Elementary Crop Simulator 作物生长动力模型

FEMA:Federal Emergency Management Agency. 联邦紧急事务管理署

FPR:Fuzzy Pattern Recognition. 模糊模式识别

GAM:Generalized additive models. 广义相加模型

GCMs:General circulation models. 大气环流模式

GDP:Gross Domestic Product. 国内生产总值

GEF:Global Environment Facility. 全球环境基金

GEV:General Extreme Value distribution. 广义极值分布

GLM:Generalized Linear Model. 广义线性模型

GP:Goal Programming. 目标规划

GPD:General Pareto Distribution. 广义帕雷托分布

GUESS:General Ecosystem Simulator. 植被动态模型

GWS:German Weather Service. 德国天气服务

HBV:Hydrologiska Fyrans Vattenbalans model. 水文模型

HIA:Health Impact Assessment. 主流健康评估框架

HRU:Hydrologic Research Unit. 水文响应单元

IAM:IntegratedAssessment Models. 综合评估模型

ICTP:the Abdus Salam International Centre for Theoretical Physics,Italy. 意大利国际理论物理中心

IOM:Inert Organic Material. 惰性有机质

IPAC:Integrated Policy Assessment Model for China. 中国综合政策评价模型

IPCC:Intergovnmental Panel on Climate Change. 联合国政府间气候变化专门委员会

IUGG:International Union of Geodesy and Geophysics. 国际地理联合大会

K-S:Kolmogorov test. 柯尔莫洛夫-斯米尔诺夫方法检验

LC:Low Carbon Scenario. 低碳情景

LM:the Local Model. 地方模型

LME：L Moment Estimator. L 矩法

LSE：Least Square Estimator. 最小二乘法

MACROS：Modules of an Annual Crop Simulator. 一年生作物生长模拟模块

MASH：Multivariate Analysis of Sequence Homogeneity. 序列均一性的多元分析

MLE：Maximum Likelihood Estimator. 极大似然法

MOM：Method of Moments. 矩法

MRBP：Multiple Randomized Block Permutation test. 多元随机块置换检验

NCAR：National Center for Atmospheric Research. 美国国家大气研究中心

NCEP：National Centers for Environmental Prediction. 美国国家环境预报中心

NFIP：the National Flood Insurance Program. 国家洪水保险管理计划

NGO：Non-government Organization. 非政府组织

NHMM：Nonhomogeneous Hidden Markov Model. 隐非齐次马尔可夫模型

NOAA：National Oceanic and Atmospheric Administration. 美国国家海洋和大气管理局

OECD：Organization for Economic Cooperation and Development. 经济合作与发展组织

PCA：Principal Component Analysis. 主成分分析

PIK：Potsdam Institute for Climate Impact Research. 德国波茨坦气候影响研究所

POT：Peak over Threshold. 超门限峰值序列

PWM：Probability Weighted Moments. 概率权重矩法

RCP：Representative Concentration Pathways. 典型浓度路径

REDD：Reducing Emissions from Deforestation and Forest Degradation. 减少毁林排放

RegCM3：Regional Climate Model Version 3. 区域气候模式 3

RegCM4：Regional Climate Model Version 4. 区域气候模式 4

RPM：Resistant plant material. 难分解植物残体

RothC：Rothamsted Carbon Model. RothC 模型

RS：Romote Sensing. 遥感

SARS：Severe Acute Respiratory Syndromes. 严重急性呼吸综合征

SDSM：Statistical Down-Scaling Model. 统计降尺度模型

SNHT：Standard Normal Homogeneity Test. 标准正态齐性检验

SRES：Special Report on Emissions Scenarios. 排放情景特别报告

SSPs：Shared Socio-economic Pathways. 共享社会经济路径

STAR：STAtistical Regional climate model. 区域气候统计模型

SUCROS：Simple and Universal Crop growth Simulator. 作物生长模型

SVD：Singular Value Decomposition. 奇异值分解

SWAT：Soil and Water Assessment Tool. 水土评估工具

SMHI：Swedish Meteorological and Hydrological Institute. 瑞典气象水文研究所

SWIM：Soil and Water Integred Model. 水土综合模型

TopModel：Topgraphy based hydrological Model. 以地形为基础的水文模型

TSMD：Topsoil moisture deficit. 土壤水分亏缺

UNDP：United Nations Development Program. 联合国开发计划署

UNEP：United Nations Environment Pregame. 联合国环境规划署

UNFCCC：United National Framework Convention on Climate Change. 联合国气候变化框架公约

USDA：United States Department of Agriculture. 美国农业部

VIC：Variable Infiltration Capacity. 可变下渗能力水文模型

WGN：Weather Generator. 天气发生器

WHO：World Health Organization. 世界卫生组织

WMO：World Meteorological Organization. 世界气象组织

WTO：World Trade Organization. 世界贸易组织

后　记

　　本书是在国家气候中心牵头组织的一系列流域/区域气候变化影响评估报告的基础上,通过总结和精选,摘编了气候变化影响评估的常用方法和典型案例,涉及了气候变化影响、气候变化减缓与适应,包含了常用的影响适应的评估方法及各种国际上流行的一些评估工具。但是,由于气候变化影响评估方法研究目前尚处于科学研究阶段,特别是国内相关研究积累较少,业务应用案例较少,本书不足之处在所难免,恳请广大读者在使用中反馈意见,也希望各级气象部门在具体应用中提出修改意见或提供本地化的应用案例,以便于进一步改进和完善。

　　衷心感谢本书各章节作者的辛勤工作,为本书的出版你们付出了巨大的辛勤劳动和大量的心血。感谢国家气候中心所提供的必要数据。非常感谢水利部水利信息中心刘春蓁老师和美国内布拉斯加大学胡琪教授对本书第11章工作的指导和帮助。感谢国家气候中心段居琦和气象出版社张锐锐编辑对手稿的修正。

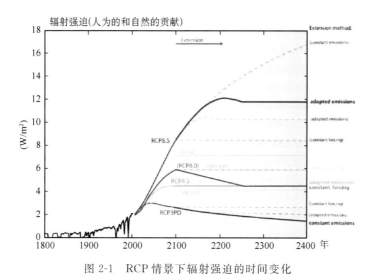

图 2-1 RCP 情景下辐射强迫的时间变化

（http：//www.iiasa.ac.at/web-apps/tnt/RcpDb/dsd? Action＝htmlpage&-page＝welcome）

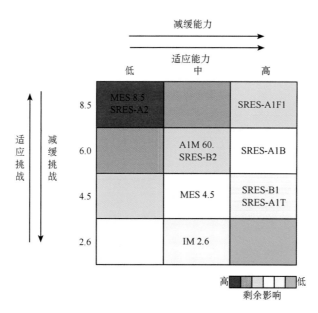

图 2-3 基于 RCPs 的 SSPs 框架中 SRES 情景示意图

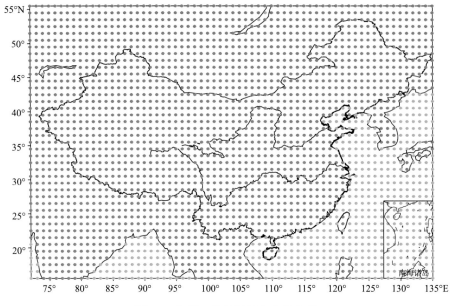

图 2-4　海洋—陆地区域格点分布图

图 2-5　中国地区气候变化预估数据网站

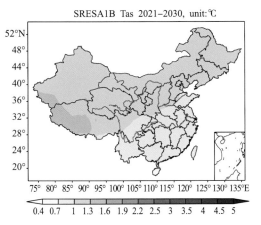

图 2-8a　SRES A1B 排放情景下 2021—
2030 年中国地区气温变化分布图

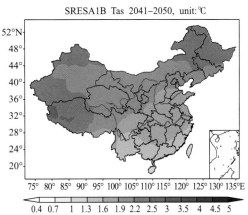

图 2-8b　SRES A1B 排放情景下 2041—
2050 年中国地区气温变化分布图

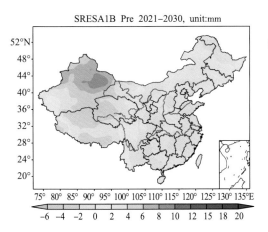

图 2-8c　SRES A1B 排放情景下 2021—
2030 年中国地区降水变化分布图

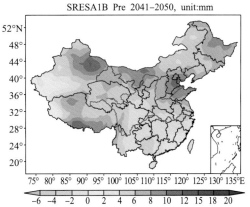

图 2-8d　SRES A1B 排放情景下 2041—
2050 年中国地区降水变化分布图

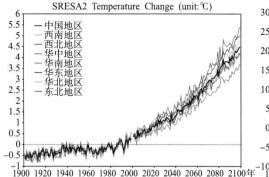

图 2-9a A2 排放情景下 21 世纪中国地区
气温的年平均变化

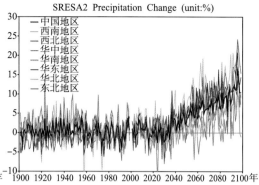

图 2-9b A2 排放情景下 21 世纪中国地区
降水的年平均变化

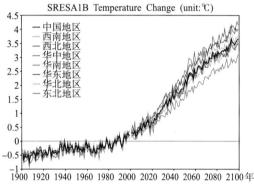

图 2-9c A1B 排放情景下 21 世纪中国地
区气温的年平均变化

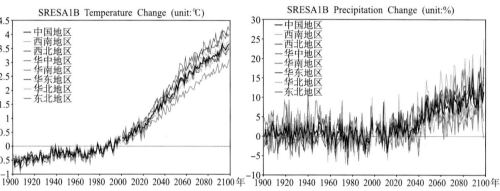

图 2-9d A1B 排放情景下 21 世纪中国地
区降水的年平均变化

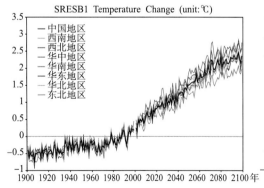

图 2-9e B1 排放情景下 21 世纪中国地区
气温的年平均变化

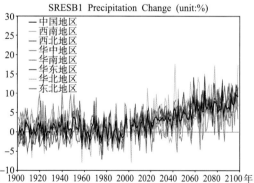

图 2-9f B1 排放情景下 21 世纪中国地区
降水的年平均变化

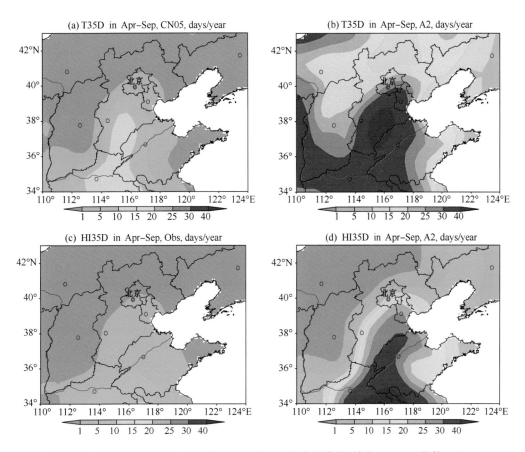

(a) T35D in Apr–Sep, CN05, days/year   (b) T35D in Apr–Sep, A2, days/year

(c) HI35D in Apr–Sep, Obs, days/year   (d) HI35D in Apr–Sep, A2, days/year

图 2-10　华北 4—9 月 T_{35D} 和 HI_{35D} 的观测及对未来的模拟(单位:d/a)(石英等,2009)

(a)1961—1990 年 T_{35D};(b)2071—2100 年 T_{35D};(c)当代 HI_{35D};(d)未来 HI_{35D}

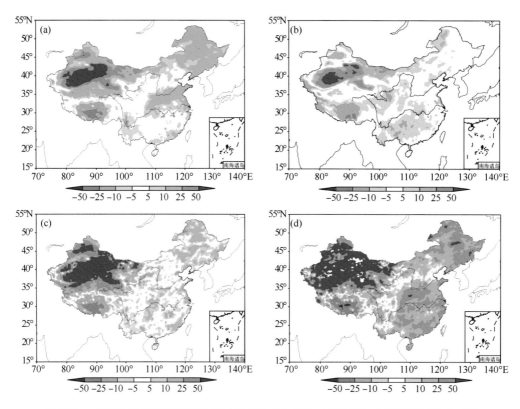

图 2-11　中国区域未来年平均降水(a)及 RR$_1$(b)、RR$_{10}$(c)和 RR$_{20}$(d)的变化(单位:%)

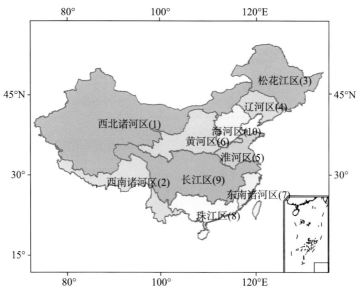

图 2-17　十大流域及 0.5°×0.5°网格点分布

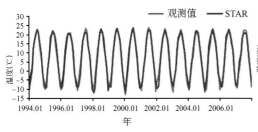

图 2-18 官厅水库区域 1994—2007 年日
平均气温

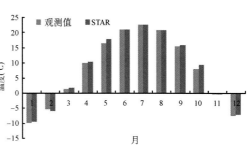

图 2-19 官厅水库区域 1994—2007 年
多年平均日气温

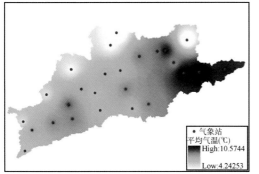

图 2-20 1994—2007 年观测
平均气温空间分布

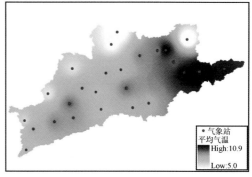

图 2-21 1994—2007 年 STAR
模拟平均气温空间分布

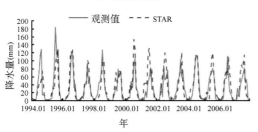

图 2-22 官厅水库区域 1994—2007 年
月平均降水

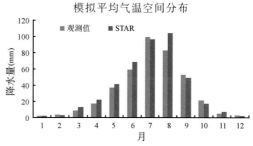

图 2-23 官厅水库区域 1994—2007 年
多年平均月降水

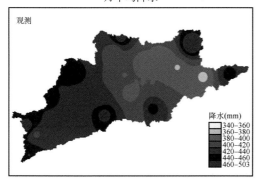

图 2-24 1994—2007 年观测
平均降水空间分布

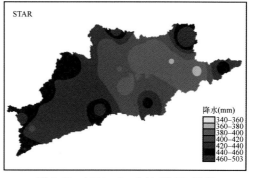

图 2-25 1994—2007 年 STAR 模拟
平均降水空间分布

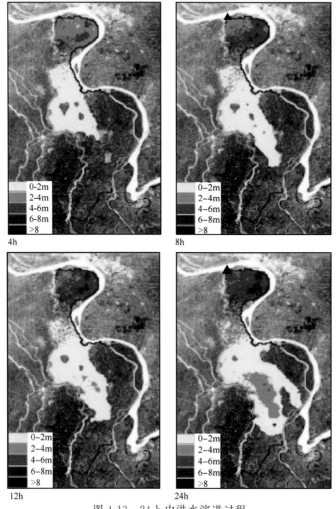

图 4-13　24 h 内洪水演进过程

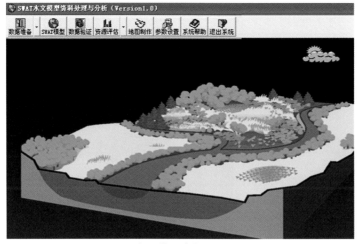

图 4-14　SWAT 水文模型资料处理和分析系统界面

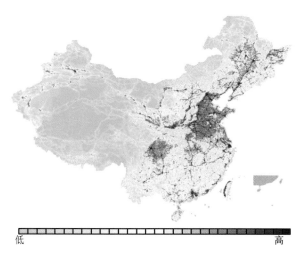

图 5-2　中国人为干扰状况指数

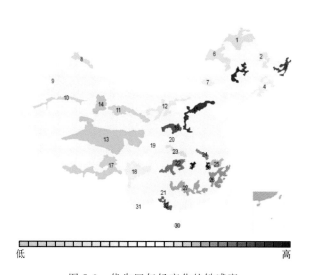

图 5-3　优先区气候变化的敏感度

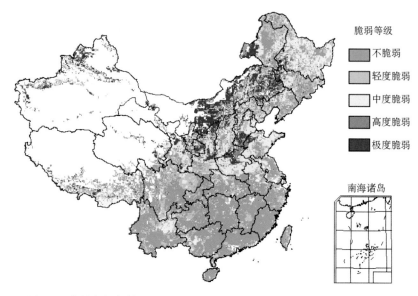

图 5-4 当前气候条件下 1961—1990 年中国自然生态系统脆弱性分布格局

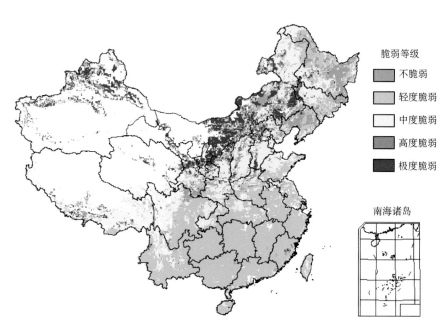

图 5-5 2071—2100 年未来气候变化(IPCC SRES A2)情景下中国自然生态系统脆弱性分布格局

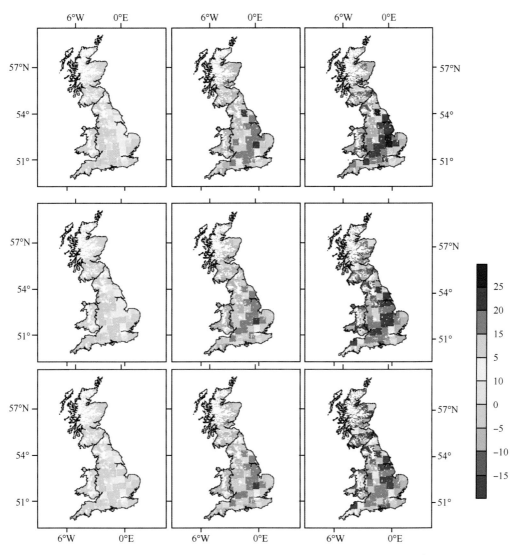

图 5-7 农田土壤有机碳贮藏在不同排放气候变化情景下的变化(%)

从左到右分别为 2020、2050 和 2080 年代的变化率,最上行、中间行、底行分别代表低、中—高和高排放气候变化情景

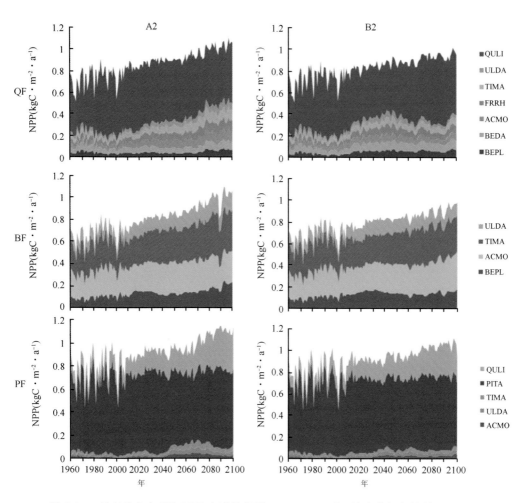

图 5-8 3 种森林生态系统 NPP 在当前情景(1961—1990 年)及未来气候情景(SRES A2 和 B2,2071—2100 年)下的动态变化(QF:辽东栎林,BF:白桦林,PF:油松林,BEPL:白桦,BEDA:棘皮桦,QULI:辽东栎,PITA:油松,ACMO:色木槭,FRRH:大叶白蜡,TIMA:糠椴,ULDA:春榆)

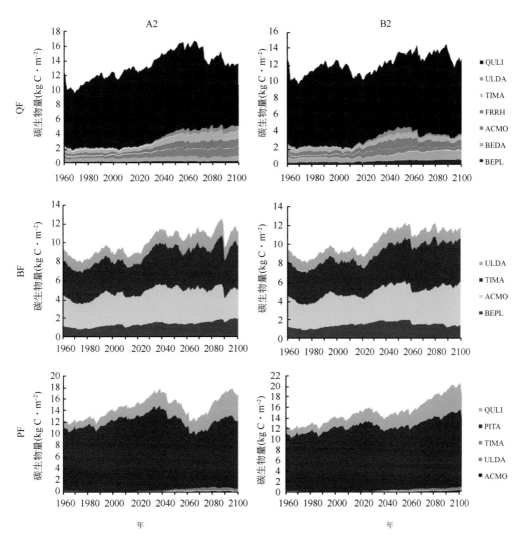

图 5-9　3 种森林生态系统碳生物量(C biomass)在当前情景(1961—1990 年)及未来气候情景(SRES A2 和 B2,2071—2100 年)下的动态变化(注释同图 5-8)

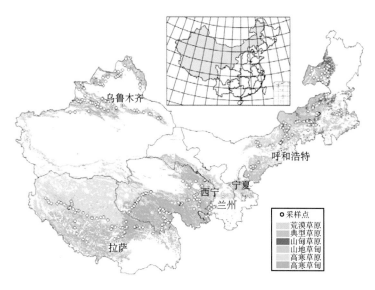

图 5-10　研究区和样地分布图

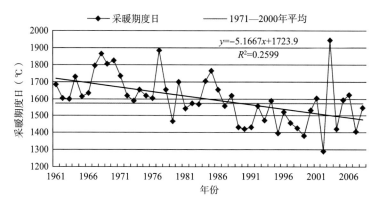

图 7-4　1961—2008 年北方采暖度日总量变化曲线
（冬季采暖季）（国家气候中心，2009）

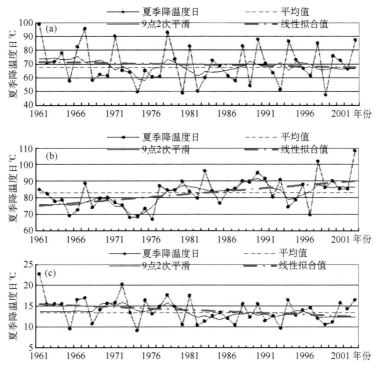

图 7-6　南方区域夏季降温度日历年变化图长江流域区(a);华南区(b);西南区(c)
(张海东等,2008)

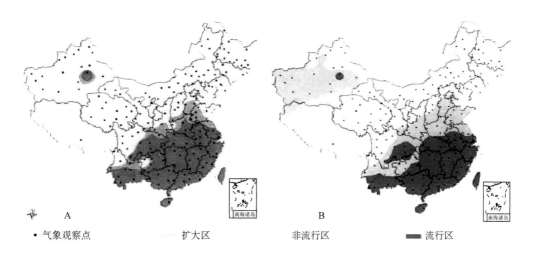

图 9-3　中国 2030 年(A)与 2050(B)年血吸虫病传播空间分布预测图(周晓农等,2004)

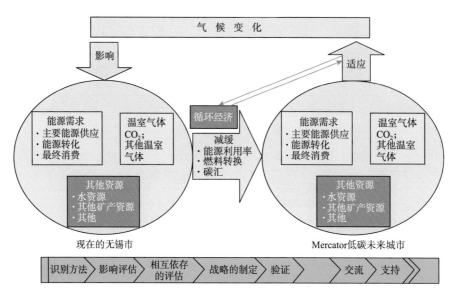

图 10-1 气候变化对城市的综合影响示意图

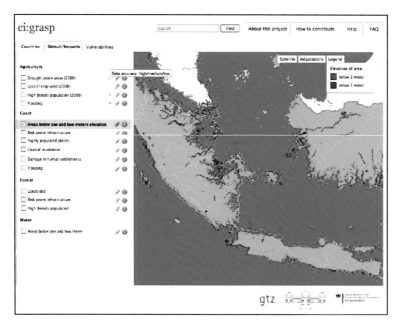

图 13-4 平台操作界面